The Songs of Trees

Stories From Nature's Great Connectors

# 樹之歌

生物學家對

宇宙萬物的哲學思索

David George Haskell

大衛・喬治・哈思克｜著　蕭寶森｜譯

推薦序

# 見微知著，了解生態從聆聽自然之音開始

金恒鑣

樹是地球上體型最大、身材最高及最長壽的生物體。難怪樹往往是自然書寫者青睞的主題。樹可有一百餘公尺高，胸徑可達十一多公尺，樹齡有將近五千年歲的紀錄。

今年春天，坊間出版了兩本關於樹的書。一本是李察．希京斯（Richard Higgins）的《梭羅與樹的語言》（*Thoreau and the Language of Trees*），他是根據《華爾騰》（編注：*Walden*，即《湖濱散記》）的作者大衛．梭羅二百萬言的日記撰寫的。另一本則是前作曾入圍普立茲獎非文學類決選的作家大衛．喬治．哈思克的《樹之歌》。前者尚無中譯版，這裡要談的是《樹之歌》。

《樹之歌》的開頭是這樣寫的：「苔蘚御風飛起，翅是如此纖薄，穿透過的陽光也幾乎未察覺它，因而，照不出一絲色彩，只留下一抹光跡。」這個開頭就深深地吸引了我。我讀後感受到這本書充滿科學的探索、文學的詩韻、生態的哲理及抽象的意境。作者以樹為核心，展示自然界的各種生命是如何緊密地連結在一起，而組成一個不能有破洞的、複雜的生命大網。他引導讀者了解人類在這個生命大網裡的位置，人類對這個大網做了什麼事，及其所引發的後果。這是一本

細說生命現象與過程及人類應有的生態倫理之書，在全球環境遭逢大變化與生物多樣性大量喪失的當前，這是一本地球人應讀，並借以反省之書，一本值得推薦的科普好書。

簡而言之，本書講的是我們要如何取得並闡釋自然界生命發出的聲音信息，以及所有的信息是如何相連而成為一個複雜的生命大網。作者指出，樹是自然界偉大的信息連接中樞。我們所處的環境充滿信息，這些信息以各種物質或能量的形式存在著。每一個信息都內含深奧難解的意義，要收集並解讀每一個信息不是容易的事。更困難的是，表面上兩個看來不相干的信息，實際上，經過分析後，可能是密切關聯的。更清楚的說，沒有訊息是各自獨立的，而它們全是息息相關的。唯有把所有獨立的信息集合起來，找出它們之間的關係，了解這個關係與其他關係的意義，始能作為我們對待地球環境與生物多樣性的參考與準則。當前的「大數據科學」逐漸使我們釐清各種生命之間的關係，為人類的可持續發展指出問題之所在，並儘可能的找到解決問題的指南。

作者精心挑選了分布在幾個大陸洲的十二棵樹（每棵都有所在的地名與地理坐標），他用心觀察、仔細傾聽，探究每株樹對環境的反應與適應，及其存在的生態意義。

作者先選了一株在南美洲雨林內具有地標地位的「吉貝樹」。雨林的最大特徵是不但雨量非常多，且終年下不停。雨滴從空中落下抵達樹冠，每一滴雨碰到的植物部位可能不同，穿過樹林的路徑可能相異。有的雨滴在抵達土壤之前，可能已在樹上的某處滯留了數個月。一路上，雨滴發出的各種聲音，就像優雅的語言，它宣告了環境與植物的多樣性。

作者到了北方寒溫帶探訪一株香冷杉。香冷杉是北美洲北方氣候區的一種代表性常綠針葉樹種。尖塔狀樹冠、筆直的樹幹、規則的輪生枝條，還有許多深紫紅色、昂立在高枝頭的毬果，有的毬果高十公分，其上的鱗片內藏著約一公分的種子。作者坐在樹林裡，耳中傳來一陣陣秋風吹過香冷杉與鳥啄種子的聲音。他傾聽山雀收藏香冷杉的種子的忙碌聲。山雀收藏種子的記憶力，是香冷杉對未來的夢。

作者帶讀者到田納西州看一棵風倒綠白蠟樹（編注：即書中提到的綠梣樹）。死亡之樹的哀歌其實是數千種其他生物的歡慶之歌。樹雖然死亡，樹體卻仍然留在生命網內，發展出生前不曾存在的關係。作者聆聽大地上隨時隨處都可能上演的「死即是生」的生命之歌。

對死亡之樹而言，死亡是屍體腐解的哀歌，然而，對直接仰賴死樹以生存與繁衍的真菌、細菌、蚯蚓及昆蟲幼蟲，或間接靠死樹生活的鳥與而言，是收穫之歌。生命網內的生命多樣性便是如此維繫下去的。

綠白蠟樹是被一陣暴風雨吹倒的，一如臺灣山區許許多多樹木，每年在颱風吹襲下所有的遭遇。一些大樹壽終倒下，空出許多露天的林地，地上原本辛苦活在大樹陰影下的小樹，這時就像中了大樂透。它們照足了陽光，吸飽了倒樹樹根已用不到的營養與土壤水，快速竄升、茁壯，不出十多年已可擠在其他大樹之間，爭得一席之地。它們對播遷種子與傳宗接代有了盼望。同樣的，臺灣的生物多樣性的維持有賴颱風與森林的聯手，它們是首要大功臣。

暴風雨、雪，甚至自然發生的大火與土石流，表面上是災害，事實上是維持我們的星球之生物多樣性的重要力量。死亡之樹促進一連串的分解作用，活絡生命網內能量傳遞與物質循環，整個過程相當熱鬧。能量是不滅的，在其轉換過程，有的會變成聲能，其中某些為深具慧根與慧心的作者所接收，而將這些聲音及其意義，記錄在這本書裡。

當下的重大生態問題包括外來入侵種與全球環境變化等議題。即使生長在人煙罕至之偏遠地區的香冷杉或吉貝樹，也深受人類工業文明的毒害。作者關心原生森林裡的樹木，也關心城市裡由人類種下的路樹。他從原生樹種談到引進樹種，再敘及入侵樹種。透過曼哈頓大城路旁的梨樹、耶路撒冷的橄欖樹及日本五葉松的故事，明顯地看到樹與人類長久與持續的關係。在以人類為主的環境裡，樹需要人的照顧，而人乃依賴樹為生；人與樹都無法獨立於生命網絡之外。

此外，作者還談到時下流行的生態美學。何謂生態美學？或者自然美學？火山爆發，地震與海嘯，野火燎原，颱風豪雨淹漫大地等自然環境帶來的擾動，及所有這些擾動及其造成的結局，在逆向操作自然的人類眼中是災害。然而，這些擾動催促遠古生命的出現，協助繽紛生命的演化，及提供生態的服務。然而，人類卻視而不見或聽而不聞，不知珍惜，沒有給予應有的評價。事實上，萬物所期待的生存與重生機會，全維繫在所有的自然擾動現象與過程上。因此，要能持續保持自然的能力，必須要維持生命群聚應有的關係，這才是生態美學。生態美學在於維持生命網內所有生命的既複雜又緊密的關係。人要鑑賞生態之美，必須重新思考生命之網的意義與完整性。

（本文作者為生態學家）

推薦序

# 浪漫卻又理智的自然書寫

黃貞祥

有多久沒站在一棵大樹旁看著它迎風搖曳、歡聲歌唱了呢？《森林祕境：生物學家的自然觀察年誌》是一本我非常喜愛的好書，作者大衛・喬治・哈思克是位美國南方大學的同行，他以一年的時間，在田納西州塞瓦尼鎮（Sewanee, Tennessee）一塊面積僅一平方公尺的老生林進行觀察，追蹤大自然的四季變化，《森林祕境》就像是這片小森林的週記。他透過生動的筆觸，把森林的面貌以及林中生物的情態，描寫得活靈活現。

哈思克以曼荼羅為符號，來比喻那片森林裡，幻化無常而又繽紛美妙的生命！《森林祕境》已非一般的科普寫作，而是一本優異的紀實文學作品，是一位博物學家用極為優美的文筆，為一片森林寫出充滿詩意的感人篇章。他除了以一位科學家的身分來分析這片森林的一景一物，也以哲學家和藝術家的情懷感受那片森林帶來的哲理和詩情畫意。

當我得知他的第二部作品《樹之歌》要在台灣出版，心情也興奮得像一棵婆娑起舞的樹。讀完了這本《樹之歌》，對哈思克更為敬佩。從書名上理解，我以為這是本專門談樹的書，沒想到原來這本書何止是「樹之歌」而已，其實已該算是生命的史詩般了！但願我能有他的耳、他的眼、他的筆、他的心，能夠如此細膩地感知世界，又能如此巧奪天工地譜下樹的千古絕唱。

哈思克離開他待了一年的曼荼羅地，到世界各處邂逅了不同樹木，傾聽它們歌唱。所到之處有厄瓜多、加拿大、喬治亞州、田納西州、日本、蘇格蘭、科羅拉多州、伊利諾州、曼哈頓、耶路撒冷、華府，他遊歷四方去傾聽吉貝樹、香冷杉、菜棕、三椏、榛木、紅杉與美西黃松、槭樹、棉白楊、豆梨、橄欖、日本五葉松的吟唱。他的足跡不僅更廣，他的心更廣了，還穿越了時間，在波瀾壯闊的生命史中遨遊。

在一章又一章中，他化身為樹，為樹木設身處地地觀看了世界。樹豎立在土地上，安安靜靜地從容應對周遭環境，何嘗不比忙碌竄動的動物更能細心觀察呢？他的文筆總是優美極了，解放了束縛在樹木裡的美聲，同時也被樹木不同詞曲和旋律感染了，各篇章隨樹起舞而性格和作風各異，但充滿了各種哲理和省思。

我們會以為一本談自然寫作的書，會感性地讓人更嚮往鄉間的生活，可是哈思克雖然文筆優美浪漫，但他卻仍保有理智的心。他告訴我們，高密度的城市生活，其實可能更節能減碳，對生態環境更好。我們無法想像幾百、幾千萬人住到郊區開車上班，無論是排碳還是土地開發，對環境的衝擊有多大。但城市畢竟讓人遠離了大自然，忘了我們不過大自然的一小部分。

樹木發出的不僅僅有悅耳之歌，也有悽美的悲歌。我們對待有養育之恩的大自然堪稱恩將仇報，這已是罄竹難書，何必再犧牲樹木倒下製作的紙墨呢？人類有時候連對待同胞也沒多客氣，習慣在林中活動的白人哈思克，沒忘掉南方的樹林中，原本是美洲原住民永遠回不去的家園，也曾掛著白人洩恨掛上的黑人同胞屍骨。他也沒有忘記，美國國家公園當初的設立，是白人探險家要展現男子氣概，今天看來並不多高尚。

回到哈思克流連忘返的樹林裡，蟲鳴鳥叫也是交響曲中錦上添花的獨唱、重唱及合唱吧？螳螂捕蟬，黃雀在後，樹林裡也充滿了暗藏的殺機和嚴酷的競爭，這是自然的規律和循環，就只是天地不仁、以萬物為芻狗的存在，無需用人世間的禮教約束。

人最可貴的是懂得學會尊重生命、珍惜生命、體驗生命。人世間萬物依靠微妙複雜甚至互相矛盾的關係存在，整個森林是個龐大不可分割的網絡，我們身邊的世界更是，只是我們都瞎子摸象地自以為是。萬事萬物就像一個曼荼羅裡的曼荼羅，無常又無我地幻化出各自的美麗！

來一同聆聽樹之歌吧！

（本文作者為國立清華大學生命科學系助理教授、泛科學專欄作者）

獻給我的父母，琴與喬治．哈思克

# 目錄

我坐在香冷杉樹下、苔蘚與燧石層之上，能夠從許多方面感知森林的行為。這一切都是古代燧石層網絡思維的延伸，只是如今變得更加複雜。未來，此一思維會如何演變，將取決於針葉、樹根、微生物、真菌和人類之間的關係。



對菜棕來說，沙灘上充滿了各式各樣的磨難。沙地裡的鹽分會使得它們的根部和葉子脫水。除此之外，沙灘上時而乾燥炎熱，時而又會被熱帶暴風雨和滿潮所帶來的雨水淹沒……儘管如此，菜棕這位「沙子衝浪手」仍然繼續乘浪前行。



儲存在綠梣樹的纖維素中的陽光能量，先是進入甲蟲的血肉，而後再進入鳥兒的肚腹。鳥兒的嘴喙卡嗒卡嗒敲擊木頭的聲音，乃是源自綠梣樹的能量，是它在這森林中所呼出的最後一口悠長氣息的一部分。



萬一有一天，造紙工廠和電子螢幕（兩者都必須耗用大量的能源）都崩壞時，我們這個時代所留存的一切，將會被記錄在用三椏、雁皮、棉或楮樹製成的手工和紙上。那是川上御前的水和纖維所形成的產物。

# 第二部

# 第三部

**棉白楊** 229

在達爾文的演化論讓我們明白萬物的關連之後，我們應該了解一點：人類並非是「和大自然同行」，而是「行走在大自然中」。當我們體認到人類是屬於大自然的，是這個生命共同體的一部分，而非置身其外時，我們自然就有能力區辨何者為美、何者為善。

**豆梨** 263

如果說紐約的人行道像一條平直的河流，那麼行道樹就是迂曲的河彎。無論它們是否「有意」，它們都在這座人種繁多、權力結構失衡、空間有限的擁擠城市裡，扮演了一個具有社會與文化功能的角色。

**橄欖樹** 297

採收期間，每棵樹都成了人們談天說地的場所。他們聊著人類、樹木、土地，以及三者間的關係。等到園子裡的橄欖採收完畢時，他們彼此之間已經交換了幾萬句話語。於是，這片土地的記憶、連結與律動，便會有一部分留在人們的意識中。

**日本五葉松** 333

這些盆栽的未來並不存在於任何個體的自我中，比如樹木的種子或人類的心智，而是存在於各種關係中。盆

栽藝術讓我們看見了樹木的本質。一棵樹是一個生命共同體，由各式各樣的對話所形成。

# 前言

對荷馬時代的希臘人而言，名望（kleos）乃是由歌聲構築而成。經由空氣的振動，品評並回憶一個人的一生。

因此，傾聽歌聲便能知曉那流傳後世的種種。

我豎起耳朵傾聽樹的歌聲，試圖了解它們在生態上的「名望」。然而，我發現它們當中並無所謂英雄，也沒有哪一種樹是歷史的關鍵所繫。相反的，它們的歌聲中訴說的是生命共同體的故事，是物種之間的對話，是一個由各種關係所形成的網絡。人類也隸屬於這個網絡。我們是萬物的血親。

因此，傾聽樹木的歌聲就是在傾聽我們自己的聲音，以及我們所屬大家族的聲音。

本書的每一章都收錄了一種樹木的歌聲，描述聲音的特性、它誕生的過程，以及我們的身體、情緒和智性對它的回應。這些歌聲當中，有一大部分旋律是從地底下傳來的。

因此，傾聽這些樹木的歌聲就是拿著一具聽診器觸碰大地的肌膚，聆聽其下的脈動。

書中所收錄的樹木來自各式各樣的地方。前幾章講述的幾種樹木雖然看似遠離人煙，但它們的生命無論在過去或未來，都和人類緊緊交織在一起。其中有些自太初以來就和人類有了連結，有些則是到了工業時代才開始為人們所運用。繼這些樹木之後，我接著檢視那些滅絕已久的樹木所留下的化石與木炭，因為這些古物可以顯示過往生物演化與地質變遷的歷程，同時或許也能讓我們一窺地球的未來。第三部關注的則是生長於城市和田間的樹木，在這些由人類所主宰的地區，似乎看不到大自然的存在或運作，但事實上所有的物種仍然緊密相連。

無論在哪一個地方，樹木的歌聲都源自萬物之間的關係。一棵樹木雖然看起來像是獨立的個體，但從它們的生活方式看來，事實並非如此。無論樹木、人類、昆蟲、鳥兒、細菌都是集合體。生命乃是網絡的具體呈現；然而，這些生命網絡並不全然是溫馨良善的。相反的，其中充滿了生態與演化上的衝突，物種必須在合作與競爭之間找到一條出路。其結果往往並非演化出更強悍獨立的個體，而是使個體逐漸融入群體。

由於生命就是網絡，因此「大自然」或「環境」並非獨立存在於人類之外。我們是生命共同體的一部分。這個共同體是由我們與「他者」的關係所構成，因此從生物學的觀點來看，許多哲學體系的核心理念中所抱持的「人與大自然」二元對立的觀點只是一個幻象。我們並非民間歌謠中的「世界的陌生過客」，也不是威廉・華茲華斯（William Wordsworth）的抒情詩中那些和大自然脫節、陷入一灘人工的「死水」、破壞了「事物的美好形狀」的造物。我們的身體和心靈、我們的「科學和藝術」，向來都是大自然的一部分。

我們無法自外於生命之歌。那樂音造就了我們，是我們的本質所在。因此，我們必須恪遵「人類是屬於大自然的」這樣的準則。當人類正以各種方式損傷、改變並斷絕全球各地的生物網絡時，我們更需要有這樣的認知。生命的出現、存在與美麗都源自這些網絡，而樹木則是連結網絡的重要物種。透過聆聽它們的歌聲，我們可以學習如何在這些網絡中生活。

# 01.

# 第一部

## The Songs of Trees

Stories From Nature's Great Connectors

# 吉貝樹

N

✕ 厄瓜多，提普提尼河（Tiputini River）附近

0°38'10.2" S, 76°08'39.5" W

苔蘚上了天，它們的翅翼如此纖薄，在陽光照射下幾乎透明，只有一層似有若無的色澤。其上小葉蔓生，株莖一根根伸得老長，靠著底下的一束纖維與包覆樹枝表面的一層真菌與水藻相連。這些苔蘚不像其他地方的苔蘚那般蜷伏在地上，而是生活在無邊無際的水氣中。在這裡，空氣就是水。它們生長在這裡，有如茫茫大海中的絲狀海草。

森林彷彿用嘴巴對著這裡的所有生物呼氣。那氣息炎熱、濃烈、幾近哺乳動物的味道，而且似乎是從森林的血液中直接流進我們的肺部，充滿生氣，極其親密，令人窒息。在這正午時分，苔蘚在空中飄浮，我們這一群人卻仰躺著，蜷縮在森林高處大自然那肥沃豐饒的肚腹中。此刻，我們所在的位置是靠近厄瓜多西部的葉蘇尼生物圈保護區（Yasuní Biosphere Reserve），四周是一萬六千平方公里的亞馬遜森林。這片森林涵蓋一座國家公園、一處種族保留區和一個緩衝帶，

並且和哥倫比亞與祕魯境內的其他森林相連。從衛星上俯瞰，這些森林乃是地表最大的綠色斑塊之一。

雨。每隔幾個小時，雨水便從天而降，述說著這座森林特有的語言。亞馬遜森林的雨與眾不同，不僅量多（每年三千五百毫米，是多雨倫敦的六倍），也有它獨特的語彙和句法。森林樹冠層上方的空氣中，充滿了肉眼不可見的孢子和植物化學分子。水蒸汽會在這些孢子和化學分子上逐漸聚集並膨脹。亞馬遜森林的每一小匙空氣所含的這類粒子只有一千個多一點，密度低於其他地區的十分之一；在人口大量聚集的地方，被人類的引擎和煙囪排放到天空中的粒子多達幾十億個。我們的工業就像那些正做著沙浴的鳥兒一般，猛力的拍動翅膀，揚起一陣塵埃。每一個汙染微粒、土壤的塵埃，或樹木的孢子，都有可能成為一滴雨水。亞馬遜森林面積遼闊，大部分林地上方的空氣裡都是森林所排放的物質，而非人類工業活動的產物。非洲的塵土或城市的霧霾有時會被風吹到這裡來，但大致上亞馬遜森林的雨水有著自己的語言。由於粒子較少、水蒸汽充足，這裡的雨滴格外碩大，聲音也比大多數地區的雨水更加厚重。

我們聽到的雨聲並非來自靜靜降落的水，而是雨滴遇到各種物體後所發出的聲音。雨水是天空的聲音，被它所遇到的物體翻譯成各種不同的語言。就像所有的語言一般，雨的聲音也有各種不同的表達形式，更何況此地的雨水如此豐沛，等待著它的「譯者」又是如此之多。在這裡，你會聽到傾盆大雨讓鐵皮屋頂吱吱震動的聲音，雨滴落在千百隻掠過天空的蝙蝠的翅膀上、濺碎後落入下方河流的聲音，以及水氣濃重的雲朵沉落樹梢，把葉子弄溼時所發出的類似蘸了墨水的毛筆碰觸紙面的聲音。

然而，把雨的語言演繹得最為精彩的還是植物的葉子。亞馬遜森林是地表植物種類最多的地區，一公頃的土地上就有超過六百種樹木，比整個北美洲加起來還要多。如果在相鄰的另一公頃土地上進行調查，可能還會發現更多。我每次來到這個草木繁多的寶地，總會以一棵吉貝樹（*Ceiba pentandra*）——當地人往往稱之為「賽博樹」（Ceibo）——為基地。此樹的樹幹底部周長約二十九步，有幾條板根從中心向外呈輻射狀伸展，每一條根都是從高及人類頭部的地方長出，逐漸往下延伸到森林的地面。樹幹直徑為三公尺，其寬度是帕德嫩神殿柱子的一倍半，雖然尺寸可觀，但其實並不如寒冷或乾燥地帶那些動輒數千歲的松樹、橄欖樹和紅杉那般古老。事實上，由於亞馬遜森林充斥著各種菌類和昆蟲，因此很少有吉貝樹可以活到兩、三百歲以上。根據一些生態學家的估計，這棵樹大約在一百五十歲到兩百五十歲之間。它之所以如此高大，並不是因為年紀很大，而是因為吉貝樹的樹苗每年都可以竄高兩公尺。這樣的生長速度使得它們的木材材質較軟，分泌的化學防禦物質也較少。這棵吉貝樹的樹冠（最頂端的枝葉）狀如一座寬闊的圓頂，足足有四十公尺高，相當於人類建築物十層樓的高度，比周圍的樹木足足高出十公尺。我在樹頂張望，發現這座森林的樹冠層並不像溫帶森林那般平坦。從我置身之處到地平線之間，另有十二棵吉貝樹，每棵都像小丘一般凸出於一整片參差不齊、有許多裂縫的樹冠層之上。

看來，吉貝樹是森林中的巨人。它是傳說中的「世界之軸」（axis mundi）嗎？或許吧。但雨的聲音提醒我們不能用單一的概念把這樹和它所屬的群落分開。每一滴從天而降的雨水都宛如鼓棒，輕輕敲著有如鼓膜的樹葉。從那聲音當中，我們可以聽出植物的多樣性。每一種植物（包括吉貝樹和生長在它上端和四周的許多物種）都有屬於自己的獨特聲音，這些聲音反映出它們各自的葉子的形體特徵。

在雨滴的撞擊下，飛天苔蘚的寬廣小葉發出了「滴答滴答」的聲音。海芋那長如我的手臂、略呈心型的葉片，在雨滴消散後仍舊「嘟！嘟！嘟！」的餘音裊裊。鄰近的一株植物那又大又硬、有如餐盤的葉子，則發出緊繃的「啪！啪！啪！」、彷彿金屬火花濺開的聲音。叢生於一株假輪葉科（*Clavija*）灌木頂端的蓮座狀長矛形葉片，在雨滴的敲擊下「噠！噠！噠！」的各自顫動，聲音單調而平淡，聽起來不像較硬的葉片所發出的聲響那般急切。亞馬遜酪梨樹的葉子聲音低沉而俐落，有如木頭受到了重擊。

這些聲音都來自吉貝樹的下層植被。這些植物生長在吉貝樹亭亭如蓋的枝椏下方，以及樹幹周遭堆滿腐爛落葉的土壤中。雨水落在下層植被之前，會先流經樹梢的葉子。這些葉子大多表面光滑、尾端尖細或呈絲狀，是熱帶地區的樹葉特有的形狀，名為「滴水葉尖」（drip tip）。由於葉面光滑，再加上特殊的葉尖形狀，雨水會聚集在葉尖，形成斗大的淚珠狀雨滴。當這些雨滴愈來愈大，其中的水便會形成一面鏡片，折射太陽光，映現出森林的倒影。此外，由於葉尖極細，承受不住太大的水滴，因此這些水滴每隔幾秒鐘就會被排掉，但接著又會有另一個水滴逐漸成形、脹大，再度閃閃生輝的映現出森林的倒影，而後又再落下。如此這般周而復始，葉子上的水便得以流走，使葉面變乾，讓那些喜愛溼氣的真菌和水藻不致生長得太快。上層植物的滴水葉尖會使原本已經碩大的雨滴變得更大，並使它們掉落在下層植被的葉片上。由於愈大的葉子所聚集的水愈多，水滴掉落的速度也愈快，因此下層植被的「雨之韻律」乃是由吉貝樹樹冠上各種植物的葉片形狀決定，下層葉子不同的尺寸、形狀、厚薄、質地和軟硬度，則讓雨聲顯得更有層次，就連地面上的落葉層所發出的聲響也格外有勁，彷彿成千上萬個發條鬧鐘滴答作響。每個發條在「喳！」的一聲後便鬆開了。那是堆滿各色腐爛枝葉的地面所特有的聲音。

在吉貝樹的樹冠上，各種植物所形成的雨聲同樣多采多姿，只是較不易察覺。此處的雨滴較小，落在周遭眾多樹木的葉片上時，形成了有如河中湍流的聲音，讓人很難聽出不同葉片在聲音上的差異。此刻，我站在吉貝樹高處的枝枒間，位於眾樹之上，因此那湍流的聲音是來自腳下。聽到腳下傳來雨水的聲音，我一時之間竟感覺自己似乎處於倒立的狀態，一如葉面上的水滴所呈現的映像。我沿著全長四十公尺的一系列金屬梯子爬到樹頂時，在不同的高度聽到了不同的雨聲：在距離地面一、兩公尺之處，落葉層和下層植被的雨聲逐漸消逝，我聽見的是雨點落在稀疏的葉片、向陽的枝子，以及蜿蜒的樹根上所發出的不規律聲響。到了二十公尺高之處，由於樹葉濃密，那流水湍湍的聲音又出現了。在繼續朝著更高處攀爬時，我陸續聽見從各種樹木那兒傳來的雨聲：先是絞殺榕（strangler fig）那有如速記打字員一般「嗒嗒嗒嗒」的聲音，而後是雨點拂過多毛的藤蔓葉子所發出的刺耳聲音。我爬到湍流層的上方時，那嘩拉嘩拉的聲音就到了我的腳下。我開始聽見雨水啪嗒啪嗒打在肥厚的蘭葉上、滴在鳳梨科植物的光滑葉片上，以及輕輕落在蔓綠絨那有如大象耳朵的葉子上的聲音。有成千上百種植物生長在這棵吉貝樹的樹冠上。樹上的每一寸表面都擠滿了綠油油的草木。

在這裡，人類用來隔絕雨水的裝置不僅派不上用場，還會妨礙聽覺。雨衣雖能讓人不致淋溼，但在這熱帶地區，那塑膠材質會使人感覺更加悶熱，讓你一身大汗，由內溼到外。此外，亞馬遜森林的雨聲和其他許多森林不同。你可以從中聽出許多訊息。因此，雨點落在聚酯纖維、尼龍或棉布衣物上時所發出的聲音，會干擾你的聽覺，分散你的注意力。相較之下，人類的髮膚由於質地柔軟輕盈，顯得安靜無聲。對於雨水，我的雙手、肩膀和臉部是以感覺來回應，而非聲音。

當年西方傳教士到來後，堅持要這裡的土著（當時他們已經淪為殖民地的人民，並且改信了基督教）穿上衣服，但這項規定卻帶來一個意想不到的後果：人們的耳朵裡逐漸只有自己的聲音，不再像過去那樣聆聽森林的訊息，了解自己與動植物之間的關係。我和此地的土著瓦奧拉尼人（Waorani）談話時，他們幾乎都會主動提及他們穿著衣服前往鎮上時感覺多麼彆扭和束縛。瓦奧拉尼人已經在亞馬遜森林裡居住了數千年，如今他們的生活和文化卻飽受外來者威脅。對他們而言，服裝的影響非常重大。我猜想其中原因之一是，他們因此無法透過聲音與他們所屬的群落連結。這對一個生活在由許多物種組成的群落中的民族而言，委實是一項重大的損失。誠如早期織布廠的工人因為受織布機的噪音影響而失聰，人們有時也會因為穿上衣裳而變聾。

在吉貝樹的樹冠上，動物的聲音掩蓋了草木的旋律。牠們或哀鳴，或低語，或長嚎，有的尖叫，有的囀鳴，有的呼呼作響，叫聲各不相同，其中有許多無法以人類的語言準確描述。此刻，一隻拇指大小、體色藍中帶綠、斑爛耀眼的叉尾妍蜂鳥正把喙伸進斑馬鳳梨（zebra bromeliad）紅色的拱狀花朵中。牠的翅膀快速振動，發出了近似鞭子一般尖銳的「咻！咻！」一聲。一隻青蛙也在這斑馬鳳梨厚實多肉的蓮座叢狀葉片中「嘓！嘓！嘓！」輕快的叫著，引得其他幾十隻青蛙跟著唱和。這些青蛙都躲藏在叢生於吉貝樹枝幹表面的鳳梨科植物中。鳳梨科植物和那些有滴水葉尖的植物不同，它的葉片垂直，呈蓮座形排列，能夠聚集並儲存雨水。每一株鳳梨科植物的葉片基部隙縫可容納的水達四公升之多，是青蛙和成千上百種其他生物繁殖的處所。靠著這些生長在樹冠處的鳳梨科植物，一公頃的森林便可以儲存五萬公升的雨水，其中大部分集中於吉貝樹的枝枒表面。因此，吉貝樹可說是天空中的湖泊。

除了鳳梨科植物，樹冠裡還有其他可供生物棲息的處所，那便是存在於樹冠間的各種「微氣候」（microclimate）。這裡的微氣候數量之多，堪比數百公頃的溫帶森林。在枝枒之間，陽光照射不到之處，已經出現一個個小小的沼澤。下雨時，樹幹的節孔積水，就成了短暫的溼地。數十年來堆積在樹冠處的落葉，也形成了一層又厚又肥沃的土壤，就像地面的落葉層。這些土壤位於粗大的樹枝上，卡在那些糾結纏繞的藤蔓裡。一棵無花果樹便長在這樣的腐葉堆裡，樹幹已經像人體一般粗壯。另有六、七棵樹也生長在枝枒交會處，成了一座離地五十公尺的空中森林。這些樹都長在北邊和東邊，因為此處的土壤終年潮溼，樹葉也茂密無比，有如一座林蔭的深谷。在陽光可以照射到的西南側枝幹上，長著仙人掌、地衣和葉緣鋒利的鳳梨科植物。它們必須忍受這裡時而乾燥、時而潮溼的環境，遇到雨水便趁機生長，一旦曝曬在赤道陽光下，便立刻變得又乾又脆。除了以上這些植物，還有各式蔓藤與蘭科花草交錯雜生在垂直的樹幹表面，形成一層能夠保住水的護墊，許多蕨類植物便在這裡生根茁壯。長在吉貝樹最上方的是它本身的葉子。這些葉子每一片都如同孩童的手掌大小，包含大約八片呈扇形分布的細長小葉。吉貝樹的葉子都長在細枝頂端，看起來有如籠罩在樹頂的一層朦朧薄紗。由於吉貝樹如此高大，相形之下，這些葉子看來似乎沒什麼分量，但它們不像下面的植物一般受到保護，必須承受大雷雨和下爆氣流（downburst）的風，而它們那小巧的形狀和扇形的排列，使得葉子在被風吹襲時能夠順勢閉攏，不與風對抗。

一直以來，大多數熱帶生物學家所研究的都是地面上的生物，但近年來，有些科學家利用塔樓、繩梯和起重機等設備登上樹頂，結果在那裡發現了許多在別的地方從未見過的物種，其數量高達森林中所有物種的一半，甚至可能遠不止此數。過去，我們都把森林中許多種樹木的樹冠合稱為「樹冠層」（canopy），但如今看來，這個名詞委實太過簡單，不足以描述這樣一個複雜的三度空間。

從生物多樣性的地圖，我們也可以一窺吉貝樹上物種的豐富樣貌。科學家在計算全球植物、兩棲類、爬蟲類和哺乳類動物（這些生物只是地球諸多物種的一小部分，卻是我們最熟知的一群）的數量後，繪製出一些地圖，以不同的色彩標示各個族群物種數量的多寡。我們從這些地圖便可以看出每個族群數量最多的地區。根據這些地圖，所有族群生物多樣性最高的地帶落在厄瓜多東部與祕魯北部，亦即亞馬遜森林西部。將這些族群裡的物種再加以細分後，所顯示的結果也是如此。從大多數指標來看，亞馬遜森林西部無疑是現代陸棲生物最多樣化的地區，而這個現象乃是生命的創造力被熱帶的高溫和雨水催化的結果。由於亞馬遜西部在過去數百萬甚或數千萬年以來一直是熱帶森林，因此生物有的是時間可以慢慢演化。儘管我們對亞馬遜西部的地質演變過程所知無幾，但此區位於高聳的安地斯山和變動不居的大西洋海岸線之間，因此或許很容易受到來自大海和高山的外來物種入侵，使得此地的生物益發豐富多樣。

如果你跟著一位植物學專家（植物學教授或經驗豐富的森林嚮導）在這座森林裡行走，就會了解裡面的生物是如何豐富多樣。這些專家對那些常見的植物知之甚詳，了解它們的生物特性和文化脈絡（包括它們在人類的生活中所扮演的角色），而且也都對某個子群的植物做過數十年的專業研究，能夠辨識它們，說得出有關它們的種種。然而，亞馬遜森林裡有超過半數的植物他們連認都認不出來，遑論知道有關它們的種種了。這裡到處都是西方科學家不認識、也不曾聽聞的物種。最近就有幾個植物學家在走往此處某個生物研究站的餐廳路上，發現了一個新的物種。置身在這座森林裡，會讓人感到謙卑，因為萬物都是我們的遠親，而我們對它們的了解是如此之少！

此刻，在吉貝樹的高枝，雨勢已然減緩。一對在空中疾飛的緋紅金剛鸚鵡「嘎！嘎！

嘎！」的掠過我們頭頂，體色豔麗，聲音歡快。樹上的蟲子此起彼落的鳴叫，有的「卡嗒卡嗒」，有的「呼哧呼哧」，有的發出「唧唧唧唧」的顫音，音高各不相同。一隻鉛灰色的鴿子不斷重複著簡單而低沉的旋律。不久，一群棲息在幾根樹枝上的鳥兒——其中包括焰冠黑唐納雀（flame-crested tanager）、白額尼鴷（white-fronted nunbird）和藍頂美洲咬鵑（Blue-crowned Trogon）等至少四十種鳥類——也加入了歌唱的行列。一公里外的幾隻吼猴也在嚎叫，聲音聽起來像是遠處的噴射機引擎。除了持續不歇的蟲鳴之外，偶爾也能聽到各種轟鳴、嘯叫和高呼聲。那是住在此地的九或十種靈長類動物所發出的聲音。

雲朵逐漸化為一縷縷霧氣，然後就消散了。陽光照射下來，氣溫驟然升高了十度。不到兩分鐘，我的肌膚就變乾了，但我那一身已經被雨淋得溼透的衣服，可能好幾天之後還是無法完全乾透。此刻，有近千隻蜜蜂停在我身上，吸吮我的汗液。儘管太陽出來後，我立刻就罩上一頂防蚊頭罩，但有許多隻蜜蜂體型極小，足以穿透網眼，於是牠們便擺動著牠們那尖利的腿，飛進了我的眼睛，刺得我眼睛發疼。於是，大約一個小時後，我便撤出牠們的地盤，從樹頂沿著樹幹往下爬，回到了光線昏暗的地面。

再次置身於這個熟悉的世界，我竟像是回到了柏拉圖寓言中的洞穴，感覺已經大為不同。樹上的天地是如繁複美麗，無與倫比。因此，我雖置身於「平面國」，行走在森林的地面上，腦海中卻一再浮現高處那些生物的聲音和影像。

事實上，亞馬遜西部森林的聲音從未沉寂。在這裡，連結萬物的網絡是如此緊密，無論白天或夜晚，你都可以感受到蘊含在空氣中的飽滿能量。在這樣強烈的能量中，生命網絡的本質遂以極端的方式顯現。

乍看之下，這個生命網絡似乎充滿強烈、甚至令人恐懼的衝突。森林裡危機四伏。當你置身於吉貝樹上或行走於泥濘的小徑上，務必要切記一件事情：你若滑了一跤，或者想站穩一點，千萬別伸手去抓旁邊的樹枝，因為那些樹枝上往往有各種尖刺，表面也粗糙不平，可能會扎傷你的手。就算你運氣好，抓到了一根表面光滑的樹枝，那些虎視眈眈的螞蟻和蛇也不會放過你。你的皮膚一旦有了傷口，很容易就會潰爛化膿，因為此地的空氣中充滿了細菌和真菌的孢子。

事實上，就算你沒有伸手，危險也會自動找上門來。有一次，我彎下腰，想把我的筆記本拿起來時，突然有一隻子彈蟻「噗！」的一聲，從附近的樹上掉到我襯衫領子和頸背的隙縫裡。過去有些好奇的昆蟲學家曾經刻意體驗被各種昆蟲叮咬的滋味，並且把被子彈蟻咬到的疼痛列為最高等級。那隻子彈蟻一落在我的頸背上，立刻用腹部的毒針螫了我一下。那種疼痛感就像在敲一座以純銅鑄造的鐘：明顯、尖銳而俐落。剎那間，我感覺自己好像被某種小型武器擊中了，也才發現原來我的神經會如此鈴鈴作響。於是，我立刻伸出左手，將那隻子彈蟻拂掉。但牠在落地前，又用牠的大顎朝我的食指咬了一口，在上面劃下兩道溝槽。那種痛感和被毒針螫到時不同，不是單純的疼痛，而是彷彿一聲尖叫、一陣火焰、一場騷亂。不到幾分鐘，這混亂與驚慌的感覺便傳遍我的手臂，使我的整隻手都被汗水所溼透。接下來一個小時，我的手臂陷入癱瘓狀態，左側的胸肌也有種被擰絞、挫傷的感覺。幾個小時後，在藥物的作用下，痛楚逐漸減輕，成了一種灼熱的疼，如同被大黃蜂叮咬的感覺，不至於令人無法忍受。我從此見識到亞馬遜森林的真面目。在這樣的一個生物網絡中，我完全感受不到梭羅所謂的「無可言喻的純真與善良」。相反的，在這座雨林中，生物戰的技藝與學問已經發展到了極致。

那子彈蟻的攻擊只不過在我的手指上留下一道細小的疤痕，其他昆蟲所留下的紀念品可能更加持久，也更具危險性。我在吉貝樹的樹冠中曾經被一群比較溫和的蟲子包圍，其中有一隻是蚊子。牠的身體是閃亮的寶藍色，體型大如一枚胸針。牠嗡嗡嗡的飛來飛去，並趁著我分心的時候，將牠的口器刺進我的手部吸血。我損失的血液微不足道，但這隻趨血蚊（*Haemagogus* mosquito）進食時，牠的唾液也流進我的毛細血管中，提供了病毒入侵的管道。這種趨血蚊專門棲息於樹頂，在潮溼的隙縫中產卵，蟲卵遇到雨水便孵化成幼蟲，靠著雨水維生。雌蟲成年後喜歡吸猴子的血，而且存活期很長，於是便成了絕佳的疾病傳染媒介。這隻趨血蚊在叮咬我之前，可能已經叮過絨毛猴、吼猴、僧面猴、蜘蛛猴、捲尾猴、樫柳猴、梟猴、伶猴、狨猴或松鼠猴。對病毒而言，樹頂可說是滿蓄靈長類鮮血的沼澤地，蚊子是連結這些沼澤地的小溪，而其他數十種蝙蝠和齧齒動物則是支流。對病毒、細菌、單細胞生物和其他生活在血液中的病原體而言，趨血蚊真是富饒的居所。

所幸，我那次被叮咬之後並沒有染上叢林型黃熱病或其他疾病，但這隻蚊子提醒我們：詩人丁尼生（Tennyson）筆下那些尖牙利爪的美洲獅、蛇和食人魚固然令人矚目，但在森林中，生物之間的戰爭大多發生在我們無法感知的層級。科學家觀察各種生物的DNA樣本後發現：每一種生物的血液和肌肉裡都有其他種生物寄生。除了某些特殊的例子之外，這類寄生現象多半無法以肉眼看見。有一回，我正在聆聽雨水從一株鳳梨科植物的葉片滴落的聲音時，突然看見一隻螞蟻用大顎咬住一片葉子的外緣。當時牠已經死亡，而牠死前的最後一個舉動便是緊緊咬住那片葉子。這是因為牠的體內已經遭到一種蛇形蟲草屬真菌（*Ophiocordyceps*）寄生。這些真菌將牠的身體吃掉後，再以某種方式命令牠爬到一片迎風的葉子上，緊緊咬住葉緣。此刻，那螞蟻的脖子上已經長出一根菌絲，菌絲頂端有一個鼓鼓的小囊，它會將具有感染力的真菌孢子，噴灑在經過下方的所有螞蟻身上。

除此之外，植物的葉子也會受到各種攻擊。細菌和真菌會穿透它們的角質層和呼吸孔；昆蟲會啃咬幼嫩的新芽。因此，印加屬植物（這是科學家們研究較多的植物之一）的嫩葉有一半的重量是由毒素構成。這是它們為了防禦自己，不得不做出的昂貴投資，而且這並非特例。印加屬植物是森林中頗為常見且種類豐富的一屬植物。它們的嫩葉即便含有如此多毒素，仍可能遭到嚴重的蛀蝕與啃咬，以致它們的形狀看起來就像滿布彈孔的槍靶；較老、較硬的葉子所含的毒素略少，但也多達葉片重量的三分之一。由此可見，病原體無所不在，而且草食性動物對植物的啃齧也永不休止。

雨林中生物競爭激烈，造成了物種激增，但物種的繁多也使得生物間的競爭益形白熱化。在如此多物種聚集一處的情況下，生物之間高度競爭、彼此利用剝削的現象自是難免。這樣的情況促使生物演化出新的特色，讓亞馬遜森林的物種更加多樣化。當某一個物種的數量激增，天敵也會跟著變多。這時，如果你具有某種稀罕的特色，就會比你的同類更占優勢，因為你的敵人會很難找到你。這種稀有性可以表現在生化物質上。如果一種植物生長在一群近親之間，在各方面都跟它們很像，卻擁有獨特的防禦性化學成分，它就能成功繁衍。因此，熱帶植物的物種之所以如此豐富，部分原因就是森林中充滿了各種真菌和毛毛蟲。光是一公頃的林地所包含的昆蟲可能就多達六萬種，數量更可能高達十億隻，其中有一半一生當中只做一件事：以植物為食並繁殖後代。至於真菌和細菌，它們的種類和數量雖然未經估算，但同樣極其可觀。

為了生存與繁衍，生物個體必須在周而復始、永無休止的對抗中極力奮戰。這樣的衝突確實非常激烈，而且似乎有可能促使生物走上各自分立、各行其是的道路。然而，事實正好相反。這場「物競天擇」的演化之戰已經創造出一座熔爐，鎔化了個體，消弭了界線，鍛造出一個個既牢固且多元的生物網絡。

這個現象也有一部分反映在亞馬遜地區人類社會的文化中。瓦奧拉尼人數千年來一直居住在亞馬遜西部，有很長一段時間是以狩獵、採集和種植作物維生。然而，後來抵達的傳教士和殖民者不僅帶來了疾病，也致力「同化」他們，使得他們的人數大量減少，文化也幾近滅絕。目前，約有兩千名瓦奧拉尼人居住在葉蘇尼生物圈保護區一帶，其中一部分住在設有公立學校和診所的固定聚落中，有一部分則自願在森林中過著與世隔絕的生活。這些住在森林中的瓦奧拉尼人並沒有將植物分類的習慣。在他們口中，許多「種」植物都有好幾個名字，而且，他們通常是以植物與其他物種的關係，或在人類社會中的用途來稱呼它們。人類學家蘿拉・雷瓦爾（Laura Rival）曾在她的文章中指出，瓦奧拉尼人在接受訪問時，如果提到某個「樹種」的名稱，一定會同時描述它的生態背景，例如它的周遭有哪些草木等等。

在瓦奧拉尼族的社會中，沒有人像喜馬拉雅山上的穴居隱士那般過著遺世獨立的生活，也沒有人像梭羅那般獨自居住在林中小屋，「憑著自己的勞力過活」。他們形容自己過的是「有如一體的生活」。他們雖然很重視個人的獨特性、自主性和技藝，但這些都表現在關係與社群中。如果有人遁入林中，意圖自力更生，一定會被視為生了重病或憤世嫉俗之人，必死無疑。瓦奧拉尼人的姓名也是群體的產物。一個人一旦離開一個群體，進入另一個群體，就不能再沿用舊名；他會得到一個新的身分，而且從此不能再恢復舊日的身分。

對於瓦奧拉尼人而言，在森林裡迷路（尤其是在夜晚獨自行動時）是一件很可怕的事，即便熟諳森林的老手也視此為畏途。萬一真的迷了路，瓦奧拉尼人會找一棵吉貝樹，把它變成一個「重低音喇叭」。他們的做法是：用力敲打樹木的板根，讓整個樹幹震動、發出極其低沉的聲音，藉此召喚朋友和家人前來救援。由於吉貝樹樹型高大，因此它所發出的聲音會比人的叫喊聲更大；親友聽到空氣中傳來的震動，便會前往營救。這種訊號對走失的兒童特別有用，因為他們的家人都知道吉貝樹所在的位置，因此那聲音除了示警之外，也能發揮引路的作用。除此之外，獵人和戰士在打到獵物或殺死敵人時，也會利用吉貝樹傳達訊息。因此，吉貝樹不僅是森林中許多生物聚集的中心，也能成為人們聯絡的管道，救人性命。難怪它會成為瓦奧拉尼族創世神話中的生命之樹。

吉貝樹和整個森林群落的成員之所以能夠在嚴苛的環境中存活，是因為它／牠們將自己融入整個網絡中。在競爭如此激烈的環境中，生物雖然都精通攻擊、防禦之道，但它／牠們卻必須放下自我、與他人結盟才能存活。這類結盟關係有一部分存在於同一種生物之間，例如子彈蟻（之前攻擊我的那種螞蟻）、行軍蟻（牠們列隊行進時，吉貝樹下的落葉層都會為之晃動）和切葉蟻（牠們會把一捆捆的綠葉帶回地下巢穴），都是以群體而非個體為單位。我沿著吉貝樹的樹幹往上爬時，也看到了許多這類聯盟。比方說，住在樹幹底部的蜘蛛網中的一群蜘蛛就是社會型的動物，牠們的總數約有數十隻，會共同編織並防守牠們的網子，彼此禍福相依。個別蜘蛛的特性只在有益於群體時才會受到重視。有些群體會比其他群體更具競爭優勢。因此，社會型的蜘蛛是透過群體演化的。同樣的，有許多種鳥類和猴子也會由幾個家庭組成群體，彼此互相依賴。

除了同一個物種之間的聯盟，不同物種結盟的現象也很普遍。吉貝樹的根部和葉子上的一群群真菌和細菌就和樹木形成一個聯盟，彼此不分你我，互利共生。這樣的關係是必要的，因為亞馬遜森林的土壤古老而貧瘠，其中尤以磷最為缺乏。真菌的菌絲綿延伸展、縱橫交錯，可以大大增加樹木吸收磷的面積，而吉貝樹則以葉片內的糖分回報。如此一來，即便土壤如此貧瘠，兩者還是得以欣欣向榮。

除了樹木之外，真菌也會供養許多種螞蟻。儘管我先前提到的那棵鳳梨科植物上的螞蟻是被一種真菌殺害，但有幾種真菌卻會和螞蟻形成命運共同體，彼此互相幫助。以切葉蟻為例，牠們固然會替真菌工作，但從某個角度看，真菌也在為螞蟻服務。事實上，在這樣的聯盟中，究竟誰幫誰，已經很難分得清楚了。切葉蟻會成群出動（牠們的隊伍有時可能長達數十或數百公尺），把新鮮的葉子運送到牠們在地下的巢穴，供那裡的真菌食用，然後再以這些真菌為食。在這個過程中，住在切葉蟻的體毛之間的一種細菌——假諾卡式菌屬（*pseudonocardia*）的細菌——會分泌化學物質，抑制外來真菌，讓巢裡的真菌保持在健康狀態。因此，螞蟻、真菌和細菌共同組成了一個實體，而這個實體的本質便是由關係所形成的網絡。其中的任何一個部分如果不與其他幾個部分相互作用，便無法生存。這類被稱為「真菌蟻」（attine ants）的螞蟻共有兩百多種，切葉蟻只不過是其中之一，牠們全都靠栽培真菌維生。

此外，住在鳳梨科植物內部的成千上百種細菌、單細胞生物、海綿、甲殼動物和蠕蟲，則是靠著那些往來於各個水窪之間的青蛙才能生存。介形蟲（形狀很像蝦子的一種細小生物）會附著在青蛙的皮膚上；纖毛蟲（一種以鳳梨科植物內的細菌為食的單細胞生物）則會附著在這些介形蟲身上；而這些纖毛蟲身上又有更小的細菌和真菌寄生。以上這些生物和各種飛蟲的幼蟲，都會把糞便排泄在鳳梨科植物葉叢間的積水中，如此一來，鳳梨科植物便可以得到它們所需的氮和其他養分。因此，我們可以說鳳梨科植物擁有自己專屬的堆肥場。而這個由鳳梨科植物、動物和細菌所形成的網絡，就像切葉蟻和真菌共生的關係一般，所有成員緊密的交織在一起，彼此難解難分。因此，亞馬遜森林並不是由各個互相連結的實體所形成的集合；它本身就是一個由物種間的關係所組成的網絡。

人類文化中的各種哲學思維也表現出這樣的本質。對數百年乃至數千年來一直生活在亞馬遜森林網絡裡的瓦奧拉尼人、舒瓦人（Shuar）、克丘亞人（Quichua）以及其他民族而言，森林並非「其他」生物和物體的集合。這幾個民族雖然語言和歷史殊異，信仰也各不相同，但他們似乎都認為森林是由精靈、夢境和「清醒時的」現實交會融合的地方，而非西方科學界家眼中由各種客體組成的一個生態系統。因此，整座森林（包括居住在其中的人類）是一體的，而且其中的成員並非各不相干的存在，因為人與萬物自從太初以來就有靈性上的連結。森林中的精靈並非來自另外一個世界（遙遠的天堂或地獄）的鬼魂，而是森林的本質。它們存在於大地，連結土壤與想像。這樣的觀念乃是源自亞馬遜各民族世世代代的親身體驗。

我們無法以英文的語言和概念來理解這些精靈，因為這些語言和概念乃是來自亞馬遜以外的地區。一位名叫梅耶．羅德里奎茲（Mayer Rodriguez）的森林嚮導很清楚的指出了西方人在這方面的文化隔閡。羅德里奎茲曾經為成千上百位來自美國大學的研究人員和學生擔任嚮導。他告訴我，當他說起有關森林精靈的故事時，我們這些西方人不僅不相信，也無法理解。我們雖然聽見了，但並沒有聽進去。我們不可能理解他所說的東西，因為我們不曾生活在亞馬遜森林中，也不曾親身體驗森林中的關係網絡。

這個關係網絡源遠流長、世代承傳，而且涵蓋甚廣。羅德里奎茲先生的這番話，讓我們這些外來客對於亞馬遜的種種有了進一步的理解，卻也使我們明白我們永遠無法像生活在森林內的民族一般了解這座森林。知識是一種關係；歸屬感是屬於靈性層面的知識。

西方人的頭腦能夠感知並理解抽象的事物，例如概念、規則、過程、關係和模式。這些都是肉眼不可見的事物，我們卻相信它們像物體一般真實不虛。森林精靈之於亞馬遜人民，或許就像金錢、時間或國家之於西方人，是一種既虛幻又真實的存在。

有一次，我造訪了亞馬遜森林之後，曾和一名瓦奧拉尼族的男子聊天。他之前曾和幾個族人一起爬上吉貝樹，搭建那座讓我得以爬到樹冠的梯塔（他是個政治活躍分子，有人身安全上的顧慮，所以在此不便說出他的名字）。他表示，在建造梯塔期間，他曾經在夜晚時分來到吉貝樹下，以奎東茄的果實環繞樹幹，以鎮住樹裡的美洲豹精靈，然後再和樹木說話，請求它原諒。他還升起幾堆小小的營火，用來保護他自己和那棵吉貝樹。他在提到這棵吉貝樹時，顯然是把它當成一個人（而非一個物體）來看待。他說，他們把螺栓鎖進高處的樹枝內，是對吉貝樹的一種褻瀆。比較理想的方式應該是讓那梯塔在枝幹間自由移動，不鑽洞，也不用任何金屬製品。這樣的梯子可以讓瓦奧拉尼族的孩童爬到樹頂去吹奏音樂，或從事各種視覺藝術。那已經是好幾年前的事了。他在訴說這件事時，臉上的神情只有些許哀愁和無奈，但他說在搭建梯塔期間，有許多天他的心情都亂糟糟的。當時和他一起工作的其他厄瓜多人和北美人，都很高興能在這麼美麗的地方搭建一座優雅的梯塔。他們說這樣的工作他們之前做過，看到他這麼擔心，都覺得他很煩。

事實上，瓦奧拉尼人並不反對人們傷害或殘殺生靈。他們會砍伐植物、獵捕猴子和其他動物，也會努力殲滅外來的殖民者和其他部族，捍衛自己的文化。居住在殖民地區的瓦奧拉尼人雖然擁有進口的食物和較大規模的農作，因此比較不依賴森林維生，但仍時常砍伐山林並獵殺動物。因此，那位參與梯塔搭建作業的男子之所以認為他們不該傷害吉貝樹，並不是因為瓦奧拉尼人反對砍伐與殺戮動植物，而是因為吉貝樹乃是生命之樹。「沒有它，我們就會死。」他說。在樹上鑽洞、裝上螺栓，是戕害並褻瀆生命泉源的舉動。我意識到他還有另一個比較說不出口的顧慮：在樹上裝設了階梯和護欄之後，西方人就能輕易登上樹冠。對他來說，這是件危險的事，因為那梯塔是外來客用來達成某個目標的手段，表現出他們如何看待人與森林之間的關係，陳述了他們對森林本質的看法。所以，對他而言，搭造或攀登那個梯塔的舉動具有道德上的意涵。踩在梯級上的每個「噹啷！噹啷！」聲，都訴說著一種不同於森林居民的思維。

儘管如此，這座梯塔卻也讓外來客更加了解這樣的思維所導致的後果。從梯塔高處，我們看到了瓦奧拉尼族和克丘亞族所居住的土地，也看到了外來思維對這片土地所造成的影響。它對森林精魂的斲傷，恐將遠大於此刻我們所站立的這座梯塔。

黃昏時，一隻䳍（tinamou）在森林中唱歌。這種鳥體型大如火雞，是鴯鶓（食火雞）的親戚。很少有人看過牠們的身影，但每到黃昏我們都能聽到牠們唱出的旋律。那聲音純淨一如匠人精心熔鑄、鍛造的銀飾。安迪斯山脈住民的肯納簫（quena）想必是模仿牠的音色與調子。此刻，樹冠下方的林木已經為暗夜吞沒，但在我們所置身的樹頂，暮色多逗留了三十分鐘。我們聽著䳍的歌聲，沐浴在西方天空橘灰色的夕陽光影中。

當光線逐漸變暗，鳳梨科植物上的青蛙從牠們所棲身的水塘中發出了一陣陣「咯咯」、「嘓嘓」的聲音，過了五、六分鐘後便安靜下來。但只要周遭一有動靜（一隻迷路青蛙的叫聲、人的聲音，或鳥兒在巢中被同伴踩到的聲音），牠們就會立刻開始鳴唱。不久，三種不同的貓頭鷹也加入了歌唱行列。有幾隻冠鴞在樹冠下方發出規律的「哼哼」聲，與牠們的伴侶、鄰居和那些藏在金龜樹（Inga tree）低處枝枒間的幼雛聯絡。一群眼鏡鴞也在一根彎曲的樹枝上叫著，聲音低沉綿軟、不斷重複，在樹枝周圍顫動，有如一個定位很差的輪胎。遠處一隻黃褐色的鳴角鴞（screech owl）則不停發出高亢、尖銳、簡短的「嘟嘟嘟嘟」聲。除此之外，昆蟲也一陣一陣的鳴叫，有高亢如鑽子的聲音，有清晰連綿的唧唧聲，也有如鋸子和鈴鐺般的聲響。白天不時可聞的猴子和鸚鵡聲已經逐漸隱沒。吉貝樹高處的枝葉在黃昏的陣陣強風中嚓嚓作響，但不久風便逐漸平息，吉貝樹也恢復了寂靜。

夕陽已經沉落了兩個小時。此刻，我們置身於森林深處，距離最近的小鎮古柯（Coca）約莫一天車程，除了手電筒和食堂裡那部會在晚上短暫運轉的發電機之外，根本無電可用。因此，天空按理應該是一座黑漆漆的穹隆，上面綴滿如耀眼白沙般的星子。然而，此刻夜空中卻有著亮光。那是五公里外的汽油燃燒塔和鑽油營地的柴油電燈所發出的光，這些光像城鎮的燈火一般，濺入墨色的夜空，使得星子為之黯淡。當樹葉不再窸窣搖動，發電機和壓縮機轟隆作響的聲音便流過樹冠的枝椏間。之所以如此，是因為這座生物繁多的森林底下有一座「墳場」。那是白堊紀海岸地帶的遺跡。一億年前在陽光的照射下大量生長於此區三角洲和淺海地帶的水藻，如今已經變成地底一層蘊含石油的物質。厄瓜多東部和祕魯北部這兩個全球物種最豐富、文化最多樣的地區，正好都是油礦的所在地。價值數百億乃至數千億美元的石油，就儲存在這幾座森林底下。石油外銷所得占厄瓜多出口營收的一半，政府預算當中也有三分之一來自石油。厄瓜多政府在無法如期支付西方國家所持有的公債後，目前積欠中國一筆債務，並且被指定以石油償還。由於厄瓜多物資普遍極度匱乏，經濟機會有限，因此對該國人民而言，出售亞馬遜森林地區的石油似乎是改善生活的可行辦法，特別是在貸款和石油銷售所得都能用在社會福利事務的情況下。對政府而言，開採亞馬遜森林的油田則是他們可以取得資金並確保連任的方便法門。

在大多數國家，開採石油這件事通常不太會引起爭議。在北美洲，大多數油田都是理所當然就被開採了，僅有少數幾座曾經引發全國論戰。北海的石油也被北歐國家大量開採。中東的油田則只有在戰爭爆發或市場供需失衡時才會減產。從厄瓜多的經濟指標來看，它實在沒有放著現成的石油不去開採的本錢，但開發亞馬遜油田的計畫卻引發了激烈抗爭，並促使各界（包括該國總統、社會大眾，以居住在亞馬遜森林內的少數族群）紛紛設法研擬對策，以解決相關的問題。

在厄瓜多，石油是國有財產，人民無權擁有，但國、民營公司只要獲得特許，便可以開採石油。至於誰可以在哪裡開採，則是由政府決定。在這些決策中，引發最多爭議的便是葉蘇尼國家公園（Yasuní National Park）的採油權。這座國家公園距我們所在的吉貝樹只有幾百公尺，屬於葉蘇尼生物圈保護區的一部分，其範圍將近一萬平方公里，是生物多樣性最高的地區之一。此外，這座公園毗鄰面積六千平方公里的瓦奧拉尼種族保留區。有些瓦奧拉尼人自願住在這座公園和種族保留區內，過著與世隔絕的生活。但如今，葉蘇尼國家公園的北半部已經被劃為好幾個採油區塊。據估計，光是「伊旭品戈－坦波可恰－提普提尼」這個區塊（Ishpingo-Tambococha-Tiputini，簡稱ＩＴＴ，其範圍包含葉蘇尼國家公園東北部邊境）所蘊藏的石油量就多達八億桶，相當於厄瓜多石油蘊藏量的百分之二十。除此之外，葉蘇尼國家公園附近還有一些已經被開採的油田。一九七〇年代時，幾家美國公司曾把含油廢棄物傾倒在國家公園的大片林地上，至今法院仍在為誰該負責清理而爭議不休。

為了開採石油，政府開闢了一條條道路，穿越森林，通往採油區，對當地社區造成了深遠的影響。由於新的道路可以通往市場，獵人們便將森林中可吃的動物宰殺一空。殖民者也紛紛向原住民購買林地，開發為農田和莊園。在石油公司禁止殖民人士進入的地區，有些原本居無定所的原住民群體在新建道路的兩側建立了村莊。許多社區因為人們辯論是否要和石油公司合作而出現分歧。除此之外，他們也為了誰應當獲得石油公司的津貼而爭論不休。石油公司所提供的津貼和就業機會，固然能為當地原住民帶來物質利益，但這樣的好處並不長久，因為那些原住民社區後來就逐漸因為殖民人士的緣故而搬遷了。如今，在阿烏卡路（Vía Auca，這是通往舊油田的主要交通動脈）兩旁的樹木上，已經幾乎看不到一株鳳梨科植物，生長在其中的動物也跟著消失了。從前數量繁多的那些鳥類也不再出現於油田道路兩旁。吉貝樹就算得以免遭砍伐，卻也因為樹上的生物群落消失而變得靜寂無聲。一位瓦奧拉尼人告訴我：開採石油的舉動就像是把吉貝樹截肢，使得生命之樹失去了手腳。有一部分瓦奧拉尼人則試著和石油業者談判，設法和這些外來者合作。

儘管厄瓜多亟需這些礦藏，但幾年前該國似乎想到一個可以保護亞馬遜森林的辦法。二〇〇七年時，厄瓜多總統拉斐爾・柯利亞（Rafael Correa）提出了一個方案：如果國際社會能夠拿出相當於ＩＴＴ區石油產值的一半資金來協助厄瓜多以永續的方式發展經濟，則厄國將永不開採該區的油礦。其後，他更進一步在聯合國和石油輸出國組織（OPEC）中提出一個規模更大的計畫，籲請各國協助開發中國家管理石化燃料的礦藏，以因應氣候變遷問題。在此同時，厄瓜多政府也為國內的油礦管理訂定新的標準。二〇〇八年時，厄瓜多憲法明令保障「大地之母」（Pacha Mama）的權益，因為「我們是大自然的一部分」。這些權益包括除了人類以外的其他生物生存和演化的權利，以及人類取得生存所需的用水和健康食物的權利。柯利亞針對葉蘇尼區的油礦所提的方案，正是此一精神的體現。一時之間，前景似乎頗為樂觀。

這項方案如果成功，將可使得葉蘇尼地區的油礦免於被開採，並避免排放過多的碳。從全球的角度來看，後面這一點尤其重要，因為我們如果希望地球的平均氣溫不致升高攝氏兩度以上（這是現今各項國際氣候會議所宣布的目標），就不能再繼續開採埋藏在地底的能源。因此，我們縱使手上持有一張藏寶圖，知道這些寶藏位於何處，也不能將它們挖掘出來。事實上，這類寶藏還真不少。目前全球已知的化石燃料礦藏，乃是我們所能容許燃燒量（以免全球平均氣溫升高超過兩度）的三倍。

然而，柯利亞的方案並未成功。這是因為：厄瓜多如果不開採它的油礦，就必須獨自承擔它所喪失的機會成本，但那些排碳量最多、口袋很深的工業化國家的人民，並不願意分擔厄瓜多放棄採油所導致的損失。不過，要他們買油卻是很容易的事。於是，在吉貝樹這兒，每天都可以聽到機器運轉的聲音。夜晚時，石油廢氣燃燒後所形成的火柱竄得比森林中的任何一棵樹都高，也照亮了此刻我們置身其中的這棵吉貝樹。很快的，石油公司就會進行震波勘測，用強大的聲波穿透地面，並藉由回音判定油礦所在的位置。

柯利亞是一個精明的戰略家，他在提出有關葉蘇尼的計畫時已經擬妥一個備用方案，而這個方案如今已經開始執行：開採亞馬遜的油田。二〇一六年三月，國營的亞馬遜石油公司（Petroamazonas）在ＩＴＴ區開鑿了第一口油井，其位置就在葉蘇尼國家公園北邊。而且柯利亞並非南美洲唯一有這種思維的政治領袖。到目前為止，亞馬遜西部有超過七十萬平方公里的森林，已經被好幾個國家的政府劃入開採石油和天然氣的「區塊」，其中包含厄瓜多和祕魯境內大部分的林地，以及哥倫比亞和巴西的大片雨林。這些區塊當中，有百分之六十已經開始進行開採或探勘石油和天然氣的作業，地點大多位在新闢的森林道路兩旁。有一小部分的開採地點無路可通，只能搭乘飛機或船隻進出，並靠著油管運送石油。剩下的百分之四十的區塊目前仍處於宣傳階段，尚未包給任何一家石油公司。

依照目前的規畫，亞馬遜西部大多數地區的油礦未來勢必會被大量開採，但厄瓜多人並不樂見此事發生。他們絕大多數都不贊成在葉蘇尼地區開採石油，目前已經有人針對此事提出請願書，並且獲得超過七十五萬人的連署。這個數字已經遠遠超過提案發動公投所需的門檻，但在柯利亞的操作下，選舉委員會宣布這些簽名大多無效。目前，反對開採石油的人士都遭到了騷擾；那些捍衛「大地之母」的人都面臨丟掉飯碗甚或更嚴重的後果；在法庭裡，那些「立場」有問題的法官都被調走了。我訪談過的許多人士都為此感到憂慮。他們說，在經濟發展的旗號下，反對採油的人現在都被當成了罪人。

不過，這些人士仍然以各種方式表達他們的訴求。有民眾在昆圖（Quinto）遊行抗議；一些非營利組織和學者也發布了相關的研究和新聞稿；許多激進人士透過網路大力抨擊，國外人士也紛紛發表意見，指指點點。這場抗爭與其他許多抗爭不同之處在於：推動它的主要族群本身就是亞馬遜森林生態的一員。他們聆聽這座森林的聲音，而且他們的生命哲學已經在厄瓜多的政治對話和憲法中生根。他們那來自森林、屬於森林的思維，已經散播到全國各地。

然而，西方人並不容易理解這些思維，就像他們很難理解森林精靈所代表的意涵。我們不免會有一些先入為主的想法，而這些想法會使我們懷有偏見，從而削弱、扭曲了我們所聽見的話語，形成溝通上的障礙。在亞馬遜森林邊緣的石油小鎮，你明顯可以看到種族歧視的痕跡。那裡的阿烏卡自由計程車公司（Cooperativa de Taxis Auca Libre）、阿烏卡旅館（Hotel El Auca），和通往油田的主要道路阿烏卡路，都以「Auca」這個字（意為「原始的野蠻人」）來命名。在鎮上的餐廳，我們的瓦奧拉尼同伴明顯受到輕慢；南邊的舒阿人和阿蘇阿爾人（Ashuar）也抱怨他們受到種族歧視；住在薩拉亞庫（Sarayaku）的克丘亞人受到軍方恫嚇，並且遭不明暴徒攻擊。部分偏見則是被包裹在善意的糖衣中。那些尋求森林住民「永恆智慧」的西方人，把他們心中的理想投射在原住民族群身上，渾然不知所有的文化——無論源自亞馬遜森林或雅典——都會改變，也都具有現代性。事實上，早在工業革命傳入美洲之前，亞馬遜地區就曾經歷過一連串的變化：在西班牙人到來之前，此地的各部落一度交相征戰，造成了幾次巨變；大批原住民在印加帝國的占領下被迫遷出家園；無數人口因舊大陸的疾病而死亡；西班牙人的到來，以及數百年的殖民統治。工業革命開始後，外在的變遷加速。這些外在的因素和內部文化的改變，共同造就了今日亞馬遜地區的面貌。如果把亞馬遜的原住民視為太初的民族，完全不受現代化的汙染，那就像是用auca這樣的字眼來侮辱他們一般，不了解每個文化都會以自己的方式表現它的現代特色。

亞馬遜森林的原住民就像其他所有民族一般，是憑著過去經驗來理解這個世界，但他們的觀念會隨著時間改變，並選擇性的以務實的方式向外界表達，並且會受到背景和個性的影響。就像雨的聲音是由葉子的滴水葉尖所形成，我們耳中所聽見的並不是雨本身的聲音，而是經過「翻譯」的雨聲。同樣的，我們的種種成見和誤解會形成我們理解上的障礙，但並不會擋住所有的聲音。我在和當地的人士交談時，就聽見了（或自以為聽見了）樹木的聲音。

德瑞莎．雪琦（Teresa Shiki）是舒阿族婦女，也是一位療癒師、社運分子和教師。她從一個傳教機構（他們給她吃差勁的食物、讓她認識一些聖人和塑像，並禁止她說族語）那兒逃了出來，進入亞馬遜森林，找到了她的祖母，並且在那裡學到了如何傾聽草木花卉的聲音，了解它們的用途。她說：「每一棵樹都有生命，都會說話。吉貝樹代表的是所有植物的生命。你所聽到的絕不只是「一棵」樹的聲音，因為沒有一棵樹是單獨活著的。」她會一邊行走，一邊聆聽，也會聆聽植物在她的夢境中所說的話語。「我們的夢境會連結到花草樹木的根，也會連結到我們的祖先那兒。開採石油？那是失心瘋的行為，既不長進，又不切實際。」她看到石油工業已經逐漸改變本地社區的形貌，但她認為這樣的經濟模式就像是踩著炙熱的煤炭逃跑，怎麼逃也逃不掉。「像這樣的跑法，你哪兒也去不了。當可怕的夢魘降臨，你要去到吉貝樹那兒，聆聽它的話語，深入它的內心，和它貼近。唯有靠著吉貝樹的能量，我們那枯竭的心靈才能再度變得充實，我們也才有希望存活。要獲得吉貝樹的能量，我們就必須和它建立一種默契。」如今，雪琦已經在土壤劣化的林地上重新造出一座森林，並且率領歐梅拉基金會（Omaere Foundation）向當地住民和外來訪客介紹有關森林的知識，並分享森林中的藥草，以重建人與森林之間的關係。

一名克丘亞男子向我介紹他的祖父，而他的曾祖父生前是一位很厲害的薩滿。老爺爺和我談話時，他的孫子正忙著把一串閃亮的燈泡纏繞在一棵塑膠聖誕樹（一株假冷杉）上。老人告訴我：「傳教士教我們讀經、寫字，於是我們就不再對樹木感興趣了。從前，我們要靠著聆聽森林的聲音，才能打獵或找到動物。但現在這些東西大多被我們遺忘了。」

如今，他的孫子正在重新學習那些被前兩個世代所遺忘的東西：森林的語言，並且和來自全世界的遊客分享。他說：「吉貝樹單獨聳立在眾樹之間，禁得起風吹雨打。它把風聚集在它寬闊的枝枒間，讓風力往下走。當吉貝樹被砍掉，我們就失去了這種力量。現在的薩滿都比較弱，其中有許多根本是騙子。在森林裡，在沒有油井和工廠的地方，生物會聚集在吉貝樹那兒，受它庇護。美洲豹會把食物放在吉貝樹的枝幹間。蛇和烏龜會在樹下柔軟的土壤裡產卵。貘會用鼻子嗅聞土壤的氣味，尋找腐爛的水果。蝸牛、馬陸和蝙蝠會聚集在樹幹上，或板根的凹處。」他帶我們去看小鎮附近最大一棵尚未被砍伐的吉貝樹。那樹矗立在一片放牛的草地和屋舍田園中，上面有許多蝸牛和馬陸。住在他家隔壁的女孩說，她在夜裡聽見精靈在吉貝樹的樹幹和樹頂像小鳥一般嘁嘁喳喳說個不停，讓她很害怕。她說：「有時，上帝會劈開吉貝樹，以便殺死住在裡面的精靈。」聽起來，傳教士、石油商人和上帝倒像是一夥的。

在小鎮中心，有幾個穿著西裝、任職於地方政府的克丘亞族男子。他們說：「中央政府凌遲吉貝樹，傷害它們，導致它們死亡。就連國家的保育計畫也鼓勵人們砍樹。因此，我們已經找不到藥草，也沒有動物可獵。政府的保育措施侵害了原住民的社區。政府應該讓森林保持完整，讓它歸屬於原住民，並且由原住民來管理。否則，森林就會變得沒有秩序，裡面的生物也會死亡。

我們經常會到吉貝樹那兒去擁抱它，請它賜給我們力量，尤其是在我們要和石化產業的人打交道的時候。森林的聲音能為我們指引方向，幫助我們，也能讓我們快樂或傷心。就像所有樹木一樣，吉貝樹也有屬於它自己的聲音。我們觸摸一棵高大的吉貝樹，聆聽它的歌聲，就能獲得正面的能量。」

另一位克丘亞族男子則是一半時間住在森林裡，另一半時間從事政治抗爭活動，以免克丘亞族的土地受到石化工業的摧殘。他說：「樹木有音樂。河流有生命、會唱歌。我們的歌都是從它們那裡學來的。當我們說樹木會唱歌時，人們都把我們當成瘋子，但瘋的不是我們，而是那些輕視我們的人。我們的信念是：要讓人們知道樹木、河流有音樂、會唱歌，也有生命；我們要把所謂的『國家公園』變成活生生的森林；要讓我們的土地處處園圃，長滿會開花、會唱歌的樹。這片土地不是所謂的『空地』；我們和森林裡的數百萬生物共同生活了很長一段時間，熟悉樹木的歌聲。但政府所制定的〈空地與殖民法〉（Law of Empty Lands and Colonization）卻說這是一塊無人的空地。」

如同苔蘚一般，亞馬遜森林的思維也能長出翅膀，飛上天空。在薩拉亞庫這個飽受殖民人士和石油業者侵擾的克丘亞族社區，卡洛斯·瓜林加（Carlos Viteri Gualinga）和他的夥伴們已經開始將這些思維形諸文字，傳播到森林以外的地區。為了對抗他們的社區所受到的諸多侵擾，他們把自己的部分理念翻譯出來，發布在學術期刊和政治宣傳小冊中。他們認為所謂的「進步」，不應該是從「低度開發國家」變成「已開發國家」的直線式過程，也不應該以物質財富的多寡來衡量。相反的，良好和諧的生活（súmac káusai, alli káusai）才應該是「所有人類努力的目標或任務」。唯有人類彼此之間、人類和其他物種，以及森林的精靈之間建立「團結互惠」的關係，才能達成這樣的目標。西方人在開發過程中將「鮮血與火焰」強加於亞馬遜森林的行為，破壞了這樣的關係。

這些訴求透過出版物傳到了位於安第斯山的厄瓜多首都基多（Quito）。儘管薩拉亞庫的地位未受承認，但這些文字卻被納入厄瓜多的憲法：「吾人……將建立新的生活形態，與萬物和平共存，與大自然和諧相處，以期獲致良好的生活。」

但在安第斯山的空氣中，在政府的廳堂中，「良好的生活」這個字眼卻偏離了原本的意義，成了社會主義、永續發展人士和工業經濟的工具。他們聲稱，經濟發展可以帶給人民「良好的生活」，石油的開採也會提升人民的生活品質。森林的思維飛到了山脈，飛到了國家的政治中心後，已經不復其本來面貌。它們原本是來自人民、吉貝樹、河流與土壤的音樂，但繞了一圈傳回森林後，卻成了鑽油台隆隆作響、汽車輪胎在碎石子路上奔馳不絕的聲音。

事實已經證明，「互惠與團結」乃是森林中的生存之道。但如今，森林本身的生存已經岌岌可危。森林中的生物在面對規模愈大、愈激烈的攻擊時，必須更密切合作才能存活。基於此，亞馬遜地區那些一度關係緊張乃至互相殘殺的部族如今已開始合作。他們雖然內部的摩擦不斷（因為每個部族的自主性都很強），但他們所組成的厄瓜多原住民聯盟（Confederation of Indigenous Nationalities）聲勢卻頗為強大，足以改變該國政治對話的調性與內容。如今，他們已經和其他國家的原住民聯合起來，組成了跨國的公園守衛隊。美洲人權法院（Inter-American Court of Human Rights）那些來自中南美洲各國的法官在審理薩拉亞庫人控告政府和石油公司的案子之後，終於判決薩拉亞庫人勝訴。厄瓜多政府雖然接受部分的判決結果，對於其他裁定仍然極力抗拒，但他們反應之激烈，正足以顯示原住民聯盟力量之強大。

在亞馬遜地區，人與大自然的競爭確實日益激烈。如果只有這樣，這座森林勢必將逐漸滅亡，而我們從阿烏卡路這條路上就能明顯看得出來。所幸，要求人與萬物和諧共存的呼聲也已出現。這兩股勢力仍在彼此較勁，但它們的能量卻充滿了創造力，因此不僅苔蘚和青蛙上了天，連森林的思維也長出了翅膀。

# 香冷杉

✕ 加拿大安大略省西北部，喀卡貝卡（Kakabeka）

48°23'45.7" N, 89°37'17.2" W

我站在一座岩石峭壁上，俯瞰著一座山谷。谷裡盡是北寒林（boreal forest）特有的紋理和色澤：藍綠色的冷杉針葉、風吹過處閃閃顫動的楊樹與白樺樹葉、尖細的雲杉樹頂、顏色蒼鬱、高低不齊的樹冠層、底下泥沼裡的矮小樹木，以及老樹被風吹倒後新長出來的一叢叢常綠樹。此刻，我所站立的小徑旁就有一叢這樣的小常綠樹。樹叢很密，想穿過去勢必會被狠狠刮掉一層皮。這些小樹上方巍然矗立著一棵高達八公尺、樹齡約三十年的香冷杉。站在小徑上，可以看到它的整根樹幹。由於它生長在高聳的峭壁上，不時有陣陣微風吹來，因此夏天時偶爾可以讓我免於此地成千上百隻蚊蟲的叮咬。

一個宛如細緻金屬製品的聲音，從香冷杉的樹頂傳了下來：「叮叮—Zreep。」彷彿有人敲著鉚釘並用銼刀打磨著粗糙的金屬製品邊緣。有幾隻鳥在樹頂的毬果裡翻尋，並且不停的叫著，互相知會哪裡的種子最多。牠們啄食之際，一片片薄屑從冷杉的枝葉間掉落下來。那是毬果的果鱗。它們幾乎像空氣一樣輕盈，落下來時不斷拂過樹上的針葉。

夏天時，這些毬果呈岩藍色，並處於閉合狀態，且會分泌大量樹脂，讓鳥兒和松鼠不願接近。但現在是十月，這些毬果已經變成褐色，上面的樹脂也已乾燥並脫落，而且果鱗都張開了，露出一排排薄薄的、半透明的紙。一陣風吹來，毬果發出了輕輕的「啪！」的一聲，並開始嘶嘶作響，然後那些紙片就像風箏一般飄走了。有些往上升，有些則轉了幾圈落在地上。每一個風箏底部都坐著一位乘客，那便是香冷杉的種子。這些種子幾乎不比承載它們的那些紙片厚，而且它們個頭雖然很小，卻充滿熱量。鳥兒們受到這些種子吸引，會用牠們的嘴喙像風一般掃過那些毬果。於是，每個毬果所蘊藏的陽光能量就被分割成數百等分。一座長滿青苔的堤岸收到了隱藏在一個冷杉胚中的能量；一隻松金翅（pine siskin）吃得肚子圓滾滾的；五十雀（nuthatch）則把啄來的種子存放在樹皮的裂縫底下，以供冬天時食用。

在香冷杉上出沒的鳥兒當中，叫聲最響亮的莫過於黑冕山雀（black-capped chickadee）了。這座森林長滿了冷杉、雲杉和松樹，因此我頂多只能看到一、兩公尺之外的景物，卻可以聽見幾十公尺之外的黑冕山雀所傳來的叫聲。牠們的聲音就像牠們那動個不停的身軀一般，時而搖擺，時而跳躍，忽高忽低，忽快忽慢。牠們會先發出帶著喉音的「deer deer」聲，然後便升高八度，發出含有兩個音符的短促尖銳顫音，聽起來像是在用力摩擦著玻璃一般。在一串含糊不清的低語中穿插著又高又尖的叫聲，然後音調又立刻降低，成為嘶啞的「Chik-a dew dew」聲音，也因此在英文中牠們才會被命名為chickadee。

無論在哪個季節，每當我造訪這棵香冷杉，總有一群山雀圍繞著我。我不知道牠們究竟是在打量我、向我致意，抑或只是剛好經過。牠們看我看得很仔細。只要有一隻山雀來到我這兒，並且提高音調呼叫，就會有六、七隻跟著飛過來，聚集在我四周。我則站在那兒，一動也不動。牠們棲息在距離我的臉部只有幾公分而且不停抖動的細枝上，時而歪頭，時而低頭用黑漆漆的眼睛打量我。牠們從我臉部一側飛到另一側時，會發出一種刺耳的聲音。此刻，我眼中所看到的山雀已不再是牠們停在樹梢上的遙遠身影，而是一個外觀精細繁複的生物（這想必也是牠們在彼此眼中的模樣）：牠們肩膀上的羽毛是灰色的，有著窗花格般的圖案；飛羽的邊緣有如利刃；臉頰上則有整齊的絨毛。除了山雀之外，其他幾種鳥兒也陸續前來湊熱鬧（牠們或許是聽出山雀叫聲的改變）。最先抵達的是一隻北森鶯（northern parula warbler）。接著，一隻木蘭林鶯（magnolia warbler）和一隻紅胸鳾（red-breasted nuthatch）也飛了過來。這三隻鳥看了我一眼之後就消失無蹤了，但黑冕山雀則比較好奇，停駐了好幾分鐘後才回頭繼續在冷杉針葉中搜尋昆蟲，或啄著毬果。我想對牠們而言，這只是短暫的停駐，不算什麼，但這些山雀遠比我之前所遇見的更大膽，也更好奇。最值得注意的是：我如此近距離聆聽牠們的叫聲時，發現牠們的音色和語調有很多細微變化，之前聽起來像是「deer」的鳴叫聲，竟是由許多不同的音所組成。

以英文而言，我們光是用二十六個簡單的幾何圖形就建構出一種書寫語言。但我在聆聽黑冠山雀的叫聲的那幾分鐘當中，所聽到的字素（grapheme）可能不亞於二十六個。這些聲音究竟如何建構了牠們所經驗到的世界？關於這點，我們所知甚少。牠們在繁殖季節或位於窩巢附近時，會發出某些特定的叫聲，某些聲音則是用來傳達有關危險的訊息。牠們可以用細微的聲音差異來表示不同掠食者的降臨。五十雀則會竊聽附近的山雀叫聲，以便得知有哪一種以鳥類為食的貓頭鷹已經來到森林中。除此之外，山雀們在互動時還會使用其他許多種聲音來溝通，聽起來似乎是在示愛或爭吵。毫無疑問的，我們的語言和牠們的溝通方式在許多方面都大不相同，但如果你仔細傾聽，會發現兩者的內涵一樣豐富。

黑冠山雀是社會性鳥類，牠們的智力顯現在個體的行為和社會關係上。因此，牠們是同時生活在「自我」和「網絡」這兩個世界裡。但這正是森林的本質，山雀只不過是其中的一個例子。所有生物都具有這樣的特性，而這種特性或許自生命誕生以來就已經存在。山雀的生活反映出香冷杉、森林和各種生物網絡那極富創造力的雙重特質。

秋天時，山雀腦子裡的神經網絡會變得更加精細緻密，腦內儲存空間資訊的部位會變得更大、更複雜，使牠們得以記住自己把種子和昆蟲藏在哪裡的樹皮和地衣叢中。這樣強大的記性，是為了要應付秋末和寒冬時可能挨餓的日子。生活在北寒林裡的這些山雀，牠們腦內儲存空間資訊的部位更是特別的大，神經也格外緻密。這是物競天擇的結果；在生存的壓力下，牠們的大腦必須為冬天做好準備，使牠們在食物稀少的季節也能存活。

除此之外，山雀的記憶也能透過社會網絡保存下來。牠們會密切注意同伴的行為，如果有一隻山雀無意中發現一種新的覓食方法（或處理食物的辦法），其他山雀就會跟著模仿。一旦學到了，這種方法就會變成集體記憶，代代傳承，保存在牠們的社會網絡中。舉個例子，在歐洲，不同地區的山雀族群各自有不同的傳統。在森林中某個地區的山雀可能會偏好某一種打開毬果或捕捉昆蟲的方法，那是牠們的祖先偶然發現後便承傳下來的方法。在幾個世代之前，森林西邊或許有一隻山雀發現了一種能夠比較快速取出冷杉種子的方法。在此同時，森林東邊也有一隻山雀發現了另外一種打開毬果的新方法（和前者只有些微差異）。到了現在，這兩隻鳥雖然都已經死亡，而且兩種方法同樣有效，但東西兩邊的鳥兒所用的方法仍然不同。鳥兒會捨棄個體的自主性，遵循群體的傳統，就算牠們嘗試過另外一種方法，發現效果也不錯，最後還是會採取群體偏好的進食習慣。

鳥兒的行為對香冷杉有很大的影響。儘管香冷杉的種子大部分是透過風力傳布，但毬果的鱗片往往要靠鳥兒用嘴喙敲啄才能四處飛散。事實上，鳥兒啄食種子的行為，對樹木的未來有兩種相反的影響。鳥兒如果把種子吃得太乾淨，將會妨礙香冷杉繁殖，造成後者的損失。種子進入鳥兒的肚腸後，就變成鳥兒藉以振翅飛行的能量，從此再也無法長成幼苗。這對香冷杉而言，是重大的損失，因為一棵香冷杉要花兩年的時間蓄積足夠的能量，才能成熟並產生種子。不過，山雀和其他鳥類也會把牠們找到的冷杉種子藏匿在森林各處的腐木中，或其他適合種子生長的地方。到了冬天時，這些種子雖然有許多會被鳥兒找出來吃掉，但也有一些會被遺忘。因此，香冷杉對未來的夢想是否得以實現，關鍵在於鳥兒的記性。就像在亞馬遜森林中一般，看不見的夢想有時確實存在。儘管這樣的事實對另外一個有著不同思維和文化的物種來說，顯得太過抽象，但對香冷杉而言，山雀的記性確實就像土壤、雨水和陽光一樣重要。

正如山雀把知識同時儲存在個體和集體的「心智」中，香冷杉也表現出同樣的智慧和行為。它雖然沒有神經系統，但它的細胞裡充滿各種荷爾蒙、蛋白質和訊息傳遞分子，它們會彼此協調合作，讓植物能夠感知周遭環境的變化並做出回應。

有些回應可能需要很長的時間，例如朝著有陽光處長出枝幹，或把根伸進肥沃的土壤裡。植物的構造並不是偶然間決定的，而是隨著情況改變不斷評估並調整的結果。樹木的細枝能感知自身所在位置的陽光強度，並據此決定自己該往哪個方向生長。位於陰暗處的樹枝會長出扇狀的扁平針葉，以便增加日光照射的面積；但在日照強烈之處，針葉會長成向上傾斜的形狀，以便收集陽光並避免遮住下方的針葉。樹枝會長出和周遭的枝幹垂直的旁枝，以避免光線被擋住，並讓自己能夠照射到陽光。

有些反應只持續幾分鐘。冷杉針葉的上表皮有一層蠟質，平坦而光滑，下表皮上則有兩道銀色的縱紋。用放大鏡來看，你會發現每條縱紋其實是由十二列白色的小點所組成，它們的數量共有好幾百個，一列列排得非常筆直，有如小麥草一般，在綠色的表皮上顯得相當耀眼。這些白點是針葉的呼吸孔，每個呼吸孔都是由兩個弧形細胞中間的隙縫所形成。這些弧形細胞會整合有關針葉內部環境的資訊，然後將呼吸孔打開或關閉，以便吸入氣體或排出水氣。針葉裡的每個細胞都會做類似的評估和決定，不停的傳送並接收各種訊號，並根據所處的環境調整自己的行為。

當動物的神經出現這樣的傳導現象，我們便稱之為「行為」和「思想」。如果我們放寬定義，不要求這些「行為」和「思想」的主體一定要有神經，則香冷杉就是一個有行為能力和思考能力的生物。事實上，脊椎動物（包括人類在內）用來產生電荷梯度以刺激神經組織的蛋白質，和植物細胞裡那些造成類似電興奮的蛋白質有密切關係。植物細胞受到電流刺激後，傳送訊號的速度較慢，至少要花一分鐘的時間才能傳到葉片的另一端，只有人類四肢的神經衝動傳導速度的兩萬分之一。但這些訊號的功能和動物的神經類似，是用電荷的脈衝來使植物的不同部位能夠彼此溝通。但植物並沒有大腦可以協調這些訊號，因此植物的「思考」是分散式的，發生在細胞與細胞的連結中。

香冷杉也有記憶。如果毛毛蟲或駝鹿吃了它的針葉，這樣的傷害便會烙印在樹裡的化學物質中，就像山雀在險些遭到掠食後，神經細胞會出現變化一般。香冷杉在被咬食後，長出的枝葉會含有更多氣味難聞的樹脂，藉以保護自己，就像一隻鳥在險遭老鷹獵捕後會特別提高警覺一般。除此之外，香冷杉也能記住將近一年前的氣溫，並藉此決定何時該讓自己的細胞準備過冬。植物的記憶可以延續幾個世代，就像壓力很大的父母所生出的小孩即使成長於良好的環境中，他們在生育時也會像父母一樣，比較容易發生基因突變。至於植物是如何記憶，我們目前所知不多。科學家用水芹所做的一些實驗顯示，其中有一部分似乎和包裹ＤＮＡ的蛋白質所產生的變化有關。植物似乎可以藉著包裹方式的鬆緊程度來儲存相關資訊，讓自己記得哪些基因將來最能派上用場。植物的記憶便是以這類方式儲存在它的生化構造裡。

此外，植物的根部和細枝能夠記憶光線、重力、高溫和礦物質。達爾文曾經在實驗中發現植物具有若干這類能力。他把豆子的幼根轉個方向，結果發現它們過了許多個小時之後還能記得原先的方向。他指出，這些根所表現出來的行為就像是一隻無頭的動物，雖然頭被砍了，但身體的各個部位還是有記憶的。香冷杉是否擁有和豆子與水芹相同的能力，目前尚不得而知，但它內部的化學構造和細胞網絡，和豆子、水芹是一樣的。

植物的智慧有一部分並不存在於其體內，而是存在於它（尤其是根尖的部分）和其他物種的關係中。它們的根尖會和其他物種（尤其是細菌和真菌）對話，彼此交換化學物質；這類的交換並非單一物種的決定，而是整個生態群落的決定。在這個過程中，細菌會分泌一些小小的分子做為訊號，讓細胞能做出共同的決定。這些分子會滲入植物根部的細胞，和植物的化學物質結合，促進根的生長並調節根部的構造。植物的根也會向細菌發送訊號，提供它們糖分，讓細菌能夠獲得營養並啟動它們的基因。細菌受到食物的吸引和化學訊號的鼓勵，會群集在根部四周，看起來有如一層凝膠。這些細菌一旦安家落戶後，便會保護植物根部，使其不致受到外界攻擊以及土壤中鹽分濃度改變的影響，並促進它的生長。

此外，植物的根也會發送化學訊號到土壤各處，和真菌對話。那些與植物共生的真菌接收到訊號後，就會朝著這條根的方向生長，並傳送化學訊號加以回應。然後，根和真菌兩者的細胞膜表面便會產生變化，讓彼此能有更密切的接觸。如果傳送化學訊號和細胞生長的順序對了，根和真菌便會彼此糾纏，開始交換糖分與礦物質。除了交換食物之外，植物的根部也會透過蔓延各處的真菌菌絲傳送化學訊號給其他植物，讓它們知道它所面臨的問題，例如受到蟲子攻擊或土壤愈來愈乾等等。因此，土壤就像市集一樣，植物的根部在此聚集，彼此交換食物，並打聽左鄰右舍的消息。

在各種植物當中，有將近百分之九十會和真菌形成地下聯盟。因此，當我們看著一座森林、一片草原，或一座綠葉繁茂的都會公園時，我們眼中所見的那些青翠草木，只是形成它們群落的整個網絡的一部分。許多樹木（尤其像香冷杉這種生長在寒帶酸性土壤中的樹木）的根部都和真菌建立了異常緊密的關係，每一條根都被一層真菌的組織所包覆。藉由這樣的合作，兩者才能在北寒林那嚴苛的環境中繁榮滋長。

葉子也是這個溝通網絡的一部分。葉子裡的細胞不僅能嗅聞空氣，藉此偵測鄰居的健康狀況，也會釋放氣味，吸引那些會幫它們把毛毛蟲吃掉的昆蟲。在這個溝通過程中，聲音扮演了一個角色。當一片葉子察覺毛毛蟲的嘴巴一開一闔所造成的震動時，就會分泌化學物質來對付那隻毛毛蟲。因此，葉子的細胞會整合化學訊號和聲音的線索，藉此感知周遭的動靜並做出回應。

然而，植物的葉子並非完全是由植物的細胞組合而成。它們那光滑的葉面上散布著真菌細胞，葉子的內部也有幾十種真菌寄生。葉子的真菌就像根部的真菌一樣，其細胞體積比植物小，而且沒有可行光合作用的色素。事實上，真菌和動物的關係比它們和植物的關係更接近，因為它們並不是從陽光獲取食物，而是把食物吸收進它們體內。這是植物和真菌結盟的現象如此普遍又如此成功的原因。兩者由於差異夠大，因此可以互補。這兩種性質殊異的生物結合在一起，形成了一個反應敏捷、多才多藝的聯盟，在葉子裡如此，在土壤中亦然。一片含有真菌的葉子，遠比一片只有植物細胞的葉子，更能偵測到食草動物的存在，也更能殺死致病的真菌，並耐受極端的氣溫。這類寄生在葉子內部的真菌可能有一百萬種，使得它們成為地球上最多樣化的生物族群之一。

女作家維吉妮亞．吳爾芙（Virginia Woolf）曾經寫道：「真正的生命」是我們共同的生命，而非「我們各自的生命」。這種說法也適用於樹木和天空。我們如今對樹木的天性的了解也證實了此一說法；這不是個隱喻，而是活生生的事實。就像吉貝樹下那個由切葉蟻、真菌和細菌所組成的聯盟一般，樹木的根部、真菌和細菌的組合是無法被分割開來並單獨存在的。在森林中，吳爾芙口中的共同的生命乃是唯一的生命。

在大自然中，樹木和其他物種之間的關係更是複雜許多。每個網絡所做成的決定，都是根據來自成千上萬個物種的訊息。相形之下，山雀所面臨的環境就顯得很單純。因此，我們可以看出：能夠思考的不只是香冷杉而已，而是一整座森林。這個共同的生命是有頭腦的。我們宣稱森林會「思考」，並不是將森林擬人化。森林的思想來自於各種生物所組成的關係網絡，而不是如同人類一般來自頭腦。這個關係網絡是由冷杉的針葉細胞、簇集在根尖的細菌、能以觸鬚來嗅聞植物化學分子的昆蟲、記得自己把食物藏在哪裡的動物，以及能夠感覺周遭化學物質的真菌所形成的。其中包含了形形色色的各種關係。這意味著：無論就速度、結構或形式而言，森林的思考方式都和人類大不相同。然而，人類、山雀和其他有神經的生物也是森林的一分子。因此，森林的智慧來自許多種互相連結的思想組合。神經和大腦只不過是森林心智的一部分罷了。

當香冷杉的樹梢傳來鳥兒覓食的聲音時，地上也響起了「叮叮噹噹」的聲響。一隻松雞從一叢香冷杉與雲杉的幼樹間昂首闊步的走了出來。牠的腳步踩在腐爛的針葉上時，宛如狐狸一樣安靜，但走到小徑上時，就開始劈啪作響。我的雙腳落在地面時，則有如走在撒滿碎玻璃的人行道上，發出了碾壓、碎裂的聲音。事實上，連樹木的根部都有聲音。樹根在生長時會鼓脹變大，一碰到岩石碎片就會發出「卡嗒、卡嗒」的聲音。這聲音非常微弱，而且被土壤所隔絕，我得把一根探針插在岩地裡才能聽見。相較於這些卡嗒聲，我的手指拂過那探針的聲音簡直有如怒吼。有些植物學家認為，根部所發出的這類聲音會刺激植物生長，但這樣的說法仍有爭議。到目前為止，相關的研究太少，而且實驗證據並不明確。因此，目前我們仍未能確定這些聲音只是根部生長的副作用、沒什麼重要性，還是像根部所傳送的化學訊號一般，是一種有意義的對話。

我眼前這棵香冷杉四周的土壤是由堅硬、易碎的岩層所組成。其中一層是黑色的燧石，一層是赭色的鐵礦，層層相間。有幾層薄得像鉛筆芯，但大多數都厚如人的手指。燧石是一種礦物，幾乎完全是由矽土組成，摸起來像玻璃，裂開來時會變成一片片表面光滑但邊緣尖利、足以劃破皮膚的石塊。這些石塊經工匠巧手可化身為刀子和刮刀，而且上面都有特殊的黑赭相間條紋，是最早在這塊土地上殖民的古印第安人所遺留下來的唯一文物。後來的幾個印第安民族也利用燧石的鋒利邊緣做出了較複雜的工具，例如扁斧、石鏃和鑿子等。更後來的歐洲人則發明了新的用途。由於燧石的邊緣劃過鋼鐵表面時會產生一連串火花，因此他們便根據這個原理製造出早期的步槍。步槍內的「機槍燧石」所產生的火花，會經過狹小的內膛，點燃槍裡所填充的組裝彈藥。因此，這種地質構造被稱為「燧石層」（The Gunflint Formation）。這片岩層從明尼蘇達州中北部綿延至安大略省西部。我眼前的這棵香冷杉所生長的地點，就靠近這片岩層的中央，位於加拿大雷灣市（Thunder Bay）以西三十公里處。

在燧石層之間有薄片狀的鐵礦礦床。每當山坡上下起雨來，這些礦床中的鐵便會隨著雨水流走，形成一條條顏色黯淡的細流。在岩石剛裸露出來的地方（如山崩之處，或土壤受到侵蝕的小徑兩旁），地面看起來就像是一座堆滿生鏽石頭的廢料場，鐵不斷從其中流失。這些小溪流到下游時，由於挾帶了岩層中的鐵以及從森林土壤中流出的單寧，顏色看起來就像是沖泡太久的濃茶。

這些都是將近二十億年前沉積在海床上的岩石。當時海中的氧氣濃度不斷上升，使得大量漂浮在海洋中的鐵被氧化。這些氧化鐵（鏽鐵）便逐漸沉積為厚厚的鐵層，形成遍布全球各地的「帶狀鐵礦床」，現在更被視為是地球該時期的地質特徵。由於這些岩層中含有大量的鐵，如今才會成為開採鐵礦的處所。燧石層地帶便散布著好幾座大型的鐵礦場。

如果仔細檢視這些鏽鐵礦之間的燧石層，就可以知道當時的氧氣從何而來，以及什麼因素造成了鐵的沉積。這些燧石的純淨矽酸鹽結晶中鑲嵌著許多細絲和球體，是那些早已死亡的細胞所留下的印記。在澳洲一塊更古老的岩石出土前，它們一度是我們所知最早的生物化石。這些細胞大多行光合作用，利用陽光使得碳與糖分結合，並釋放出氧氣。因此被香冷杉的根所推擠、被松雞的腳和我的靴子所踩踏過的這處岩層，可說是一座無名的地質紀念碑，記錄著地球最初的生命。

達爾文並不知道這些化石的存在。在他那個年代，最早的化石是大約六億年前的寒武紀時期，那些體型大、構造複雜的動物所留下來的，但寒武紀之前的生物卻沒有留下任何化石紀錄。這對達爾文來說一直是個「無法解釋」的謎團，他因此認為這足以證明他的演化論觀點不一定是正確的。直到一九五〇年代，燧石層的化石才被發現，使得地球有生物存在的時間延長了三倍以上。其後，在澳洲發現的化石更把地球生命出現的時間，往前推進了十億年以上。如今我們已經知道，地球在至少三十五億年前就已經有了生命。這和當年達爾文的推測是一致的。

燧石層裡的化石藏得很隱密。這些燧石看起來就像黑檀木一般烏黑，因為其中含有許多碳，而這些碳的存在正顯示岩石裡可能存有生物遺跡。燧石裡的化石細胞，大小只有我們肉眼可以辨識的尺寸的五十分之一。為了要看得更清楚一些，古生物學家用電子顯微鏡的光束照射這些岩石，然後用電腦軟體把反射回來的能量變成3D影像。這些利用現代顯微鏡技術所得到的圖像，已經公布在網站上，任何人只要上網就可以看到這些古老的細胞，其清晰程度並不亞於當年達爾文和同時代的科學家所看到的動物骨骼等化石。

相較於生長在燧石層上方的森林，燧石層裡的這些化石群落所包含的物種很少，頂多只有二、三十個。其中並沒有任何多細胞生物，而且許多細胞和那些行光合作用的現代細菌極為相似，都呈絲狀。有一部分則呈簡單的球體，少數細胞有細長的手臂或厚厚的莢膜。它們雖然數量不多，種類很少，形狀也很簡單，但它們彼此的關係以及各自的生命歷程，卻是後來許多複雜物種的雛形。由此可見，生命的主題和物種之間的關係，在生命的初始便已然確立。這和人類的音樂與藝術發展的歷程很像。據我們所知，世上最早被製造出來的樂器，是舊石器時代以高山兀鷲的骨骼所做成的長笛。這種長笛所採用的五聲音階，後世有許多民族音樂也跟著沿用。此外，根據畢卡索的說法，舊石器時代在拉斯科（Lascaux）洞穴中創作動物壁畫的那些人「已經發明了所有技法」。生物的演化歷程就像音樂和視覺藝術一般，是根據最初的主題即興發揮，而後逐漸變得益發精巧繁複。燧石層的化石群落中的主題便是「競爭」，而這也是後來的生物所需面對最重要的課題：個體與群體之間的拔河、單一物種與生物網絡之間的較勁。

燧石層中的一些細胞當年就像浮游生物一般漂浮在泥濘渾濁的水中，水底有一層層黏糊糊的物質，其中散居著好幾種不同的生物。在當時，這整個生物群落就已經出現區隔，不同的物種各自過著不同的生活。有些似乎是獨來獨往，有些則群集一處。其中最常見的一種生物不僅聚集在一起，甚至融合成一體。你不需要用顯微鏡（至少在剛開始的時候）就能看見它們的化石。從上面往下看，這些化石有如一幅由許多片瓷磚鑲嵌而成的馬賽克圖案，每片的直徑從幾公分到一公尺多不等，同樣尺寸的「瓷磚」一層層並排堆疊。我們所看到的圖案只是化石的最表層，它的厚度其實可達一公尺，每一層都是一個層石藻（stromatolite）。每個層石藻在活著的時候，外面都包覆了一層微生物，這些微生物會生長在之前的層石藻所留下的沉積物上，形成新的一層，就像一座城市一般漸次發展。經過千百年之後，原本低矮的村莊，就成了堅實的高塔。

這些層石藻的活組織位於表面，沐浴在陽光中。其中大多數是一種名為「岡弗林藻」（*Gunflintia*）的細菌，呈圈狀或絲狀，會行光合作用。在它們當中住著兩種較大的細菌：休倫孢（*Huroniospora*）和成群的 *Corymbococcus*。這兩種細菌都呈球狀，它們散布在絲狀的岡弗林藻中，看起來像是長在一層苔蘚上的花草。在這許許多多的綠色細菌中，藏著一些很小的球狀細菌；從它們的化學構造來看，這些小細菌應該是專門捕食或分解其他細菌的一種生物。另外還有十二種功能不明的細胞住在燧石層的層石藻中。從這些生物的化石當中，我們可以看出它們在生態上有密切的連結，並且互相依賴。

現今在墨西哥和澳洲的溫暖環礁湖中，也住著許多活生生的層石藻。這些現代版的層石藻雖然已經出現新種，但我們還是可以從它們的生活形態中，一窺當年燧石層的生物群落中彼此之間的關係。在現今每個活的層石藻表面，每幾分之一毫米的地方就住著一種不同的細菌，形成了一個非常多樣化的群落，有如一個小型的吉貝樹樹冠。這些細菌以附近的細菌所分泌的化學物質為食。因此，這個群落的基本特性便是各種不同的細菌彼此互相依賴。它們藉著各種化學梯度（chemical gradients）和電子的交流產生動力。白天時，它們利用陽光製造食物，夜晚時則會將硫加工，並跟著改變自己內部的化學結構。如果燧石層的古層石藻和這些現代的層石藻相似，則它們就是一闕以各種生物譜寫而成的樂章。在這一闋樂章中，每一個音符的活力都完全取決於它所在的那個樂句。因此，早在二十億年前，生物的個體和群體之間就已經沒有明確的界線。

所謂的「個體」指的是一個岡弗林藻細胞、一連串弗林藻細胞，還是一整片層石藻？或許，我們應該著眼的不是「個體」（也就是生物的「單位」），因為生命的本質或許並非不同生物的組合，而是生物之間的關係。燧石層群落基本上是一個多種生物互動的網絡，而非各種生物的集合體。對於這類問題，任何一個簡單的答案都無法涵蓋這些微生物小宇宙的全貌。如今，整個地球也像是一個層石藻，其表面覆蓋著薄薄一層生物網絡，底下則是過往的遺跡。

這棵生長於燧石層中的香冷杉，是地球表面的薄膜當中的一根細絲。它的樹幹是垂直的，與網狀的組織正好相反，似乎是「個體性」的一個範例。的確，這棵香冷杉確實是一顆種子當中的一個胚芽長成的。它的DNA裡有獨特的基因。當它倒下時，它的「個體」就不復存在，因此它是生物界中一個有生有滅的個體。然而，就像所有樹木一樣，這棵香冷杉「獨立存在」的狀態，也只是我們從某個角度所看到的一個幻象而已。它的每一根針葉、每一條根，都是植物、細菌和真菌細胞的綜合體，彼此之間無法分割。這棵香冷杉的種子能夠落入土裡是一隻鳥的功勞，而那隻鳥的羽毛上滿是細菌，腸子裡有各式微生物，且生活在一個有自己的文化的社會裡。在種子爆開、發芽之後，幼苗之所以能夠長大，是因為沒有駝鹿將它吞進胃裡（駝鹿的胃有四個腔室，裡面充滿各種可以幫助消化的微生物）。而駝鹿之所以沒有出現，要感謝狼、獵人和那些讓駝鹿感染了線蟲和病毒的蚊子。這棵香冷杉樹所置身的森林，可說是現代版的層石藻。它也會像亞馬遜森林一樣將各種分子逸散到天空，形成雨水。松樹、雲杉和冷杉的香氣，會在空氣的化學作用之下聚集起來形成微粒，這些微粒又會吸引霧氣，變成一小滴、一小滴的物質。這些物質再加上北美地區空氣中的塵埃、煙霧和廢氣之後，就形成了細雨。因此，這棵香冷杉的生命是由各種生物間的關係所造就而成。當我們不再只注視著個體，會發現生命不只存在著網絡。它本身就是網絡。

「原子」（即單一物種）和「網絡」之間的拔河，早在燧石層時代之前就已經開始。保存在那些燧石中的層石藻群落確實非常古老，但其中的細胞在那之前就已經經過至少十億年的演化。至於生命的起源則更加久遠。過去數十年來，生物學家對生命的定義向來是：「一個自我複製的過程。」因此，我們要從生化角度來解釋生命的起源，就必須找出那些能夠準確複製自己的穩定分子。事實上，也的確有一些這類的分子存在，其中最明顯的便是RNA（核糖核酸）。RNA的化學結構和DNA類似。這些分子像是有生命的摺紙，它們把自己折疊一番後就創造出了新的副本：一個形式與功能兼具的分子。如果這就是生命的起源，則「個體主義」的說法將占上風。然而，從化學分子的網絡來看，生命可能源自另一種模式。這些化學網絡是各種分子間的關係的集合。這些關係一旦確立，這個網絡就會開始複製整個網絡，而非任何一個特定的個體。其中最簡單的例子便是化學上的三元組（triad）：A分子不會複製自己，而是會產生B分子，然後B分子再生出C分子，接著C分子又產生A分子。在實驗室中，原始的化學分子能夠聚集在一起，形成這樣的網絡，然後在競賽中擊敗那些自我複製的分子。

人類製造出來的第一批人工細胞也具有網絡的性質。科學家讓幾小群互相連結的化學分子產生化學反應時，它們就出現了類似生命的跡象：它們會周而復始的製造蛋白質，產生各種化學訊號，並且能使其內在狀態保持穩定，而這些正是我們身體裡的每一個細胞所做的事。這些人造細胞裡的網絡配置方式，決定了它們的反應速度、振蕩節奏，以及產生訊號的方式。如果沒有這樣的網絡，這些同質的「化學湯」(chemical soup)並不會出現任何生命氣息。

目前，生物科技產業也開始注意到這樣的現象。早期科學家在製造DNA時曾經嘗試操控單一細胞，讓它們完成一些相對簡單的任務。舉個例子，他們把人類一個負責製造胰島素的基因嵌入一種細菌體內，結果這個細菌的後代便成了製藥工廠。它們住在受到精密控管的液化食物裡，不停的製造胰島素。但是後來科學家們發現：這種以個體著眼的做法，不足以使細菌完成較複雜的任務。他們無法以基因工程技術發展出一種能夠把木頭變為液態生質燃料，或把成分複雜的汙染物加以清除的細菌。然而，當他們設法讓不同的細菌彼此互動，形成一個共同合作的網絡時，這些細菌卻能做到單一個體所無法做到的事。大自然中的情況更加複雜。萬物的生態和演化，都是由關係網絡所驅動。

生物的化學關係鮮少變成化石，我們也的確無法從古老的燧石中窺知其中的各種生物間的化學關係。因此，我們可能永遠無法確知生命是如何開始，但「網絡」似乎比「單一物種」更具有演化上的優勢和成效。網絡能使生物避開競爭者，也能啟動細胞的化學機制，而且在經過很長的時間後仍然存在。

一個網絡在建立完成之後，可以被稱為一個「個體」，但此一個體的特性在於它是許多種關係的集合體，而非某一種分子或遺傳密碼的穩定存在。關係的細節會隨著時間而改變——例如某個網絡可能會多一個通往D的反饋迴路，A則變得可有可無——但網絡本身會一直存在，也是這個生物體的本質。因此，生命在本質上有一種矛盾的、具創造力的二元性：它是「原子」或「網絡」；它既非「原子」，也非「網絡」；但也可以說它既是「原子」，也是「網絡」。這不是一個隱喻，而是生命的根本特性。生命同時以兩種形式存在，也因此原本死氣沉沉的宇宙才有了生命。

從生命初始時的化學湯，到中期的燧石層，到現在的森林，生命的網絡不僅持續存在，且變得更多樣化，同時也獲致了比早期大千倍、萬倍的細胞和身體。在現代的生物界中，微生物是數量最多的物種，但它們之前從未有機會發展成多細胞生物。它們就像它們的祖先一樣，生活在混亂無序的群落裡，時而彼此結盟，時而相互對抗。不過，當年卻有少數幾種微生物成功的建立了「聯邦制度」。它們聚集在一起，脫離了原本生活的微生物沼澤（但它們身上仍包覆著那些處於無政府狀態的親戚），或游或爬或走的，超越了層石藻的階段，進入了屬於大型生物的世界。

由於當時的海洋富含氧氣，這些新的生物因此擁有了維持新陳代謝所需的物質條件。但氧氣並不能解決另一個更大的問題：如何讓這些生物集合起來，成為一個更安定、更協調的群落？就香冷杉而言，它的針葉、根部和樹皮的繁殖利益，完全都被納入一個更大的細胞集合內。這樣的安排是不穩定的。大群的利益和其內一小群細胞的利益可能會有衝突，從而使得大群無法維持長久。不受約束的個別細胞可能會像癌症一樣在內部造反，破壞網絡。在實驗室裡進行的一些試驗中，細菌會自發性的聚集，形成對大家都有好處的集合。這便是植物或動物身體的最初版本。然後，就會有某些細菌細胞開始產生突變，坐收群體所帶來的利益，卻沒有做出維繫群體所需的努力。這些白吃白喝的細菌有一陣子會長得很好，但到後來它們的數量就變得太多，以致整個集合開始分崩離析。那麼，它們該如何更接緊密的連結在一起，才有可能變成一棵冷杉或一隻山雀呢？

偶爾，會有一些突變對群體有利，卻對個體本身有害，這些突變正是使得生物的集合變得更加緊密的因素。有些細胞會開始負責在身體裡扮演某一個角色，這種「特化」（specialization）現象通常被認為是增進效率的一個步驟，因為一個細胞如果集中全力扮演好葉子、果鱗或根的角色，可能會勝過一個「通才」型的細胞。特化現象還有一個比較不明顯的好處：任何增進細胞特化程度的突變，都會使細胞比較不會搞個人主義。單單一個根部細胞是不可能長得好的，但如果把根部的細胞和葉子的細胞連結，它們在演化過程中可能就會比較有競爭力。然而，這樣的連結一旦建立，這些細胞就不可能再回復到原來單打獨鬥的狀態了。另外一種使得單一細胞無法演化、卻對群體有利的突變，是計畫性的細胞死亡（genetically preprogrammed death of cells）。如果我們腦內無關緊要的細胞沒有自我犧牲、自動凋亡，讓神經系統得以自我清理，我們的大腦將無法發生作用。如果我們的每個指（趾）頭之間的胚胎細胞不死亡，我們的每根腳趾和手指將會連在一起。細胞的這些變化——「特化」和「計畫性的細胞死亡」——就像刺繡的人所打的死結。一旦發生了，就回不去了。

在攝氏零下四十度的氣溫中，寒冷彷彿有了生命。它不再只是一種感受，而是一種真切的存在，那種感覺就好像有某種東西用力頂住我全身上下的體膚。我無論坐著、站著或在香冷杉附近走動，那寒冷的氣溫都像寒帶的摔角選手一般，緊緊抓住我不放。一陣陣刺骨的寒意傳過我的臉頰，沿著我的背脊往下竄，流過我的雙手。因此，我每次只能坐在那兒觀察兩、三個小時，之後就得大步走動、跑步或躲到鎮上去，以掙脫那摔角選手的魔掌。

這寒氣不僅朝著人直撲而來，也會使聲音出現折射現象。這座森林位於大氣逆溫層（冷空氣在下、熱空氣在上）底下。對於聲波而言，冷空氣就像是糖蜜，當聲波經過其中時，行進的速度會低於在高處的溫暖空氣中傳遞的聲波。這樣的差異會使得聲波像一面透鏡一般向下彎曲，因此聲音的能量無法消散，只能在平面傳布，並集中於地面。於是，遠處那些原本聽不清楚的聲音就被放大了，聽起來彷彿近在眼前。

此刻，置身在這座冷杉林中，我聽見了一輛載貨火車所發出的汽笛聲。那條鐵軌所在之處距離此地將近一小時路程，但在這個清晨，那火車的柴油引擎和鋼鐵輪子的聲音卻彷彿就在我腳邊響起。此外，加拿大橫貫公路上的貨車引擎加足馬力開上斜坡、橡膠輪胎在冰上疾馳，以及雪車嘎嘎作響的刺耳聲音也清晰可聞，和林中紅松鼠的顫鳴聲與山雀的啾啾聲交織在一起。這些聲音乃是現代與古代陽光的體現。咬齧冷杉葉芽的松鼠、在樹上搜尋種子與昆蟲的山雀，都是靠著樹木去年夏天所行的光合作用獲取能量。柴油和汽油則是以幾千萬年乃至幾億年的陽光擠壓醞釀而成，如今在暢快的引擎怒吼聲中釋放出能量。這些強大的能量匯聚在一起，敲擊著我的耳膜。那是生命將陽光化為歌聲的一股無可遏抑的衝動。

那列火車是朝著東方行駛，很可能是要把加拿大西部的穀物載運到雷灣，儲存在當地一座座櫛比鱗次、規模有如市鎮的筒倉裡。雷灣是全球最大的穀物出口港之一，加拿大草原所出產的穀物到了此地後，會改由貨船運送到蘇必略湖彼岸，進入全球貿易市場。雷灣博物館中有一幅世界地圖，上面釘著一條條彩色的絲帶，顯示這個貿易網連結到亞洲、歐洲、非洲和美洲各地，簡直有如一幅刺繡版的全球地圖。

在儲放穀物的那些筒倉旁邊，有一堆堆幾乎和筒倉一般高的原木和木漿，那是供應給木顆粒工廠、鋸木廠和紙廠的原料。在這寒冷的天氣裡，一座大型紙廠噴出了一陣陣蒸汽，其高度直逼小鎮南邊的山嶺，而且顏色、紋理和形狀不斷變幻，成了天際線上的主要風景。如果你在近處聆聽，會發現紙廠傳出來的聲音同樣多采多姿。不停轉動的鐵製輸送帶發出了有如心跳般的規律節奏，輸氣管彷彿正在喘氣和嘆息，正等著卸貨的加拿大太平洋鐵路公司（Canadian Pacific Railway）火車的引擎活塞則咚咚作響。從紙廠的金屬板牆壁後面，傳來了汩汩的流水聲與轆轆的聲響，那是木材被碾壓成漿、再被壓扁的聲音。但在聽到這些聲音之前，我就已經先聞到工廠裡傳來的氣味。被碾碎的木頭有一股熾熱的、有如馬鈴薯般的氣息，其中還夾雜著一縷縷潮溼的硫化氫氣味。就像來自西邊的穀物一般，加拿大北邊森林裡的木材也是從雷灣這個港口運到全世界的許多地方。加拿大是全球鋸材產量最大的國家，也是第二大木漿生產國（僅次於美國）。全球的這兩類木製品中，大約有百分之十是來自加拿大的森林。

我眼前的這棵香冷杉矗立在北寒林的邊緣，此處自古以來就是物資交流繁忙的地方，目前最熱絡的固然是能源、穀物和木材的交易，但在兩百年前，毛皮和菸草才是貿易大宗。每到夏天時，加拿大中部和北部的獵人便會聚集在此，以他們設陷阱捕捉到的動物的毛皮交換一捆捆的菸草。這棵香冷杉就位於當時的一條貿易路線上。在那個年代，從水路來的貨物必須經由陸上轉運，以便繞過上下落差達四十公尺的卡卡貝卡瀑布（Kakabeka Falls）。當時的工人得背著兩個重達四十公斤的背包，跋涉過位於燧石層上那條鐵鏽斑斑的小徑，走到當時的「水上公路」卡米尼斯蒂奎亞河（Kaministiquia River），以便用獨木舟將貨物送到內陸。因著這些工人的努力，維吉尼亞州的菸草才得以來到這座森林，而森林裡數以十萬計的毛皮才得以運送到歐洲。當時，最受青睞的動物是河狸，因為牠的絨毛可以用來製成氈帽，但麝鼠、狐狸、水獺、熊、狼獾等各式各樣的北方動物，乃至北極海豹的毛皮，也都在交易之列。然而，毛皮貿易不久就衰退了，礦產和木材取而代之，成為當地主要的出口品。在更早時，也就是殖民人士到來之前，此區印第安人的銅器一度販售到南美洲，南美洲人製陶的技術也傳到了北方。當時主要的運送工具是以白樺木樹皮製成的獨木舟，而這些獨木舟必須以香冷杉的樹脂黏合並防水。因此，我們可以說，那些芬芳的樹脂是各地的貨物與知識得以交流的媒介。

人們追隨這些毛皮、礦產和木材前來。最先到來的是從事相關貿易的人士，接著便是巧取土地的殖民者；近年來，則有不少人為了工作遠道而來。雷灣博物館中穀物貿易路線圖上的絲帶所代表的全球性地域交流，也表現在該市豐富多樣的文化內涵中。紙廠旁有個福特．威廉原民自治區（Fort William First Nation），是現今北美原住民歐及布威族（Ojibwe）居住的地方。它坐落於周遭那些已經被殖民人士占領的土地中央，形同一座孤島。當年英、法兩國的殖民者在這些土地上建造的營地和堡壘已經不復可見，但他們的屍骨則埋在附近的河岸。這座城鎮如今已經很現代化。我在鎮上的一家芬蘭餐館可以吃到鹹魚，聽到周遭的退休老人以芬蘭式的英語聊天。沿著路再往下走便是義大利文化中心（Italian Cultural Centre）和聖卡西米爾教堂（Church of St. Casimir），教堂內的彌撒是以波蘭語舉行。夏天時，水岸會舉行印度節慶，在來自德國和香港的貨船前表演巴克提舞（bhakti dance）。一個擺滿俗氣貓王紀念品的小餐館，播放著他所唱的〈Funny How Time Slips Away〉這首歌。這些都距鐵路線、木材廠或碼頭不遠。

以上這些連結和移動，都是那個以陽光為動能的網絡的延伸，由人類的行動建構而成。我們人類仍舊採取燧石層生物群落的模式：流動、溝通、互相依賴，並排放氣體。這些行動來勢洶洶、規模浩大，已經開始迅速改變全球的網絡架構，但這樣巨大的變化並非史上頭一遭發生。遠古的層石藻就曾經帶來一項新的變革：岡弗林藻所釋放的氧氣，殺死了所有碰巧對這種新的化學物質沒有防禦能力的微生物。接著，層石藻的後代又壓制了自己的祖先，將它們覆蓋起來，並吃掉一層又一層的細菌群落。其結果就是：層石藻如今只能生長在少數偏遠落後、競爭極少的環礁湖中。同樣的，最初演化出來的一批樹木也搶奪了前人（那些生長在它們下方、沒有樹幹的植物）的陽光，使得光線無法照射到那些植物。此外，這些遠古的樹木又釋放出更多氧氣，促使各種飛蟲和大型動物被演化出來。這種種變化都改變了物種之間的關係，造成了混亂的局面。因此，當我聽到柴油火車頭拉著滿載穀物的車廂前進，以及卡車運著金屬礦物在陸上奔馳的聲音時，我彷彿聽見根據古老主題譜寫而成的變奏曲。

生物網絡鮮少長久處於沉寂的狀態，每隔一段時間總會上演「篡位」與「革命」的戲碼，破壞原有的秩序，也創造出新的事物。各種思潮、組織和節奏都會逐漸消逝。對於喜愛既有旋律的人而言，這乃是令人痛苦的損失。那些新出現的陌生旋律固然嘈雜刺耳，卻也可能是未來和諧樂章的前奏。

一九七二年時，天上多了一顆奇怪的星星。那是一顆約莫一輛卡車大小的「陸地衛星」（Landsat satellite）。自從它發射進入太空軌道後，人類終於有了一顆屬於自己的星星，從此不再需要仰觀天上星辰的變化以預測未來。同時，史上歷時最久的一項自太空觀測地球植被和地形的計畫也於焉開展。到二〇一三年時，已經有八枚這樣的衛星進入太空。這些陸地衛星在天空中運行，每一百分鐘便環繞地球一周，並且同時用電子感應器記錄地球上的情況。它們的運行路徑就像麥田裡的割麥機一樣，呈並列的長條形，以便偵測範圍能涵蓋整個地球表面。根據它們偵測的結果，我們便可判定地球過去幾十年來的演變趨勢，並預測未來的發展。

這些陸地衛星像是永不閉攏的眼睛，它們看得見繁茂的新生森林，也看得見那些被砍伐一空的林地。我們因此發現：後者遠多於前者。整體而言，全世界的森林覆蓋面積正急遽縮減。光是二十一世紀的前十二年，被砍伐的森林面積就多達兩百三十萬平方公里，但再生的林地只有八十萬平方公里。在北部地區，因森林火災和伐木而喪失的林地，比新生的林地多出兩倍以上。但我們從官方的統計數字中卻看不出這個現象，因為政府把所有可能長出小樹的地方都算做「森林」，即使當地可能連一棵樹木都沒有。幸好陸地衛星所拍攝的照片呈現了真實的狀況；這些照片顯示，北寒林的面積正在縮減中。

陸地衛星影像的解析度為三十公尺，它們像是用粗筆畫出來的，但森林群落則有如最細緻的工筆畫。要了解那些衛星所攝得的圖像，我們必須回到地面。那年夏天，我再次造訪那棵香冷杉時，森林中已經聽不見火車和卡車的聲響（但在夜晚時，由於冷空氣聚集，「聲透鏡」（sound lens〕的效果會再度出現），取而代之的是樹木在風的指揮下合唱的聲音。當空氣移動緩慢時，楊樹的葉子只是簌簌顫動，直到風力變強時，才開始啪嗒作響。白樺樹的葉子比較乾燥，也比較安靜一些；它們只是輕輕拍動著，等到風力增強時，才開始嘶嘶作響。在這些落葉喬木的聲音中，香冷杉那「沙沙沙」的摩擦聲幾乎完全被掩蓋了。它那些硬挺的針葉是一根根分開來的，只有在風力最強的時候才會發出一點聲音。但是當它的細枝和樹幹開始在風中擺動搖晃時，那些卡在枝椏間的枯褐落葉則不斷摩擦著懸垂在細枝下方厚厚的一層馬毛菌（horsehair）、鹿角蕨（antler）和蓮座狀地衣（rosette lichen），發出了沙沙聲響。樹上的果鱗和乾枯的針葉紛紛落入樹下的苔蘚裡。風速變快時，摩擦愈發劇烈。整棵樹嘶嘶作響，那聲音像是有人用細鋼絲絨打磨著桌面，強勁刺耳卻又柔和。

香冷杉的夏日之歌是枯葉、苔蘚和地衣的合唱，這三者似乎並非森林網絡中的重要部分。這是因為人類的感官往往只注意聲音較大的生物，而非地上的針葉、糾結的苔蘚，或地衣所發出的低語。也因此，我們往往認為前者才具有重要性。然而，如果我們在聆聽老鷹、松鼠和楊樹的聲音之餘，不花一點時間注視森林中的腐葉與渣滓，我們就會被自己所蒙蔽。只要仔細觀察這些默默無聞的森林成員，我們就能看出森林的變化如何關係到地球能源與物質的循環。換句話說，在北寒林的土壤與這類「低等」的生物身上，我們可以讀出陸地衛星數據所代表的意涵。

在北寒林中，土壤的碳含量是樹幹、樹枝、地衣和其他地上生物加起來的三倍。因此，植物的根部、微生物和腐爛的有機質，是儲存碳的大寶庫。可以說，此區的土壤就算不是全球碳含量最高的地方（甚至勝過草木繁茂的熱帶森林），也相去無幾（視確切的計算方法而定）。就整個地球而言，土壤的碳含量是大氣的三倍，因此地球氣候的未來可說是取決於這些沙沙作響的冷杉針葉。如果這些落葉所含的碳被釋放到空氣中，因二氧化碳所導致的溫室效應將會變得更加嚴重。

北寒林的碳含量之所以如此豐富，有一部分是因為它的面積很大（全世界現存的森林中，有三分之一在北方），但即使不將面積大小列入考量，這些森林所含的碳還是多得不成比例。這是因為乾枯的針葉和苔蘚在寒冷且飽含水氣的土壤中分解得很慢，於是無機質便迅速累積，然而北寒林的土壤在一年當中有很長一段時間都處於冰封狀態，因此那些能把固形物轉化成二氧化碳的微生物都無法發揮作用。到了夏季時，由於氣溫不高，時間也短，再加上土壤潮溼且呈酸性，微生物的作用也很緩慢。此刻，我站在香冷杉旁邊，就有上百隻翅膀斑斕的蚊子嗡嗡嗡的揮動著翅膀，像一朵雲般籠罩著我，可見此地環境之潮溼。

這樣的狀況使得土壤裡的碳逐漸累積。從上一次的冰河期到現在，在這數千年間，北寒林的土壤和泥炭地已經累積至少五千億公噸的碳。我們在購物中心陳列園藝資材的走道上，便可以一窺這些碳的蹤跡。那些裝在一張張棧板上、堆得跟天花板一般高的泥碳苔（peat moss），全都來自北方和北極的溼軟土壤，裡面都含有碳。

如今，北寒林的暖化速度遠高於其他地區，以致森林火災日益頻繁，許多林地因而喪失。火災發生時，不僅土壤中的碳會被燃燒，其他的碳也會因為覆蓋的草木被火燒掉而暴露在外。當土壤裡的碳因為火災而釋放到大氣中時，原本能夠吸收碳、儲存碳的北寒林就會將碳釋放到大氣中，從「碳匯」（carbon sink）變成了「碳源」（carbon source）。由於大氣中的碳會造成溫室效應，因此當北寒林從碳匯變成碳源時，地球暖化的現象便會更加嚴重。

除了火災之外，還有一個比較不明顯但同樣重要的因素會影響碳的排放，那便是土壤中的生物網絡的變化。當氣候變暖時，土壤裡的微生物會變得非常活躍。土壤的溫度愈高，它們的活動速度就會呈幾何級數增加。如果溫暖的天氣持續幾天或幾個星期，土壤群落的組成結構就會發生變化。喜愛高溫的微生物會取代那些已經適應寒冷氣候的微生物，加速分解作用，使得物質腐爛得更快。枯掉的針葉、植物的根、真菌和各種微生物經過土壤裡的生物群落處理後，會被排放到空中，形同另一種森林火災。這種火災並不會冒煙，但它所造成的影響卻無所不在。因此，它對全球碳排放量的重要性，甚至更大於那些比較引人注目的森林火災。

除了土壤生物群落的改變之外，氮的多寡也會影響物質分解的速度。在氮量不多時，微生物的作用會比較緩慢，土壤裡的碳也就因此愈來愈多。而在大多數的北寒林中，土壤裡的微生物都會面臨氮素略微不足的現象。這是因為遍覆森林地表的地衣和苔蘚會攔截並捕捉雨水和塵土中的氮分子，使得它們無法進入土壤中。然而，當森林發生火災或造林業者在林中噴灑除草劑時，這些地衣和苔蘚便會消失，氮素也就毫無阻礙的流到土壤中，使得那些微生物如同服用了咖啡因一般加速分解作用。

除此之外，樹根、真菌和微生物之間的關係也會影響氮的作用。在北寒林中，大多數樹木的根都和那些專門從土裡吸收氮素的真菌結合。樹木可以藉此獲得它們所需要的碳，真菌則能從樹木那兒取得糖分。但土裡那些不在樹根附近的微生物就成了輸家，因為樹根和真菌的聯盟會把氮搶走，使得那些微生物無法用氮來分解物質。在這種聯盟關係非常興盛的地區，土壤裡的微生物就無法活躍的作用，土壤裡的碳量也會因此逐漸增加。這便是北寒林裡的情況。但在南方的森林裡，樹木的根部是和另外幾種真菌結合（這些真菌並不會提取土壤裡的氮素）。然而，由於地球暖化的結果，南方的這類樹木已經逐漸進入北寒林。如果這個現象持續下去，北寒林的土壤將會排放出更多的碳。

此刻，我坐在香冷杉樹下、苔蘚與燧石層之上，能夠從許多方面——毬果鱗片落地的聲音、火車的轟鳴、樹根與真菌的聯盟、山雀的群體文化記憶、碳的收支，或陸地衛星的圖像——感知森林的行為。這一切都是古代燧石層網絡思維的延伸，只是如今變得更加複雜。未來，此一思維會如何演變，將取決於針葉、樹根、微生物、真菌和人類之間的關係。

人類是否能夠以前瞻性的眼光來調整我們在這個關係中所扮演的角色？目前，我們已經在北方各國的做法中看到了一絲曙光。過去這二十年來，那些持續在法庭中奮戰的人士已經團結起來，針對北寒林的保育、林業和工業問題進行跨國性的規畫。木材公司、工業界、保育團體、環保運動人士和各國政府（包括那些原民國族）也已經展開對話。這類對話以許多不同的形式進行，其成果則展現於各種協定、架構、方案、小組和協調會中。這類對談乃是森林思維的一部分，生物網絡藉著這類分散各處的對話，彼此聆聽並做出調整，藉以達成某種程度的凝聚性。到目前為止，已經有數十萬平方公里（超過加拿大北部森林的十分之一，相當於許多國家整個國土的面積）的北寒林被納入保育區，以禁絕過度砍伐木材的行為（以避免提高排碳量）、保護瀕危動物，並以永續的方式生產木材。在某些地方，參與談判的各方彼此之間的關係處於緊張狀態（就像在雨林中一般，衝突乃是網絡的一部分）。然而，規畫或協商的內容固然重要，更重要的或許是人與人之間藉由這些對話所產生的更多連結。有了這些連結，人們便可以交流彼此不同的經驗，以及對全球生態的看法，這對北寒林的保育將會有所助益。

在峭壁的底部、香冷杉樹的下方，山雀絮絮聒聒個不停。一隻年幼的白頭海鵰發出了一聲尖銳的鳴叫。牠飛起時，翅膀笨拙的拍擊著樹梢。一群渡鴉看到了牠，便跟著飛了起來，在牠四周俯衝、盤旋。小海鵰費力的揮動著翅膀，顯然不是那些敏捷渡鴉的對手。但後者並未撲上前去，似乎無意對牠發動攻擊，只想和牠玩耍。牠們一直跟著那隻小海鵰，直到牠飛到一座山頂上後，才返回牠們位於冷杉附近山坡上的窩巢。這段期間，牠們呱呱呱的叫了幾十下。

黑色的燧石中先後出現了化學網絡和生物網絡，如今又出現了文化網絡。那群渡鴉交談之際，空氣中迴盪著智性的漣漪。當山雀和冷杉因著一顆種子而產生連結時，兩者的回憶也交織在一起。我拿著筆在以木材（或許是一條小根）製成的紙上書寫，思考著有關森林的種種。

# 菜棕

天上的星球在真空中繞著圈子。地球和月球繞著太陽轉動，使得人間有了日夜。月球則環繞著旋轉的地球，在彼此的天空中畫出一道弧線。如果沒有重力像線一般把所有物質（無論是星星、月球上的塵埃，或海洋中的水）連結起來，這些星球就會四處飛散。

地球的水體會隨著月球而移動。事實上，地面也受到月球重力牽引，只不過岩石因為太過堅硬，無法躍起，而海洋就比較有反應，會因為月球的牽引和地球的轉動而出現漲潮、退潮的現象，而且這種現象在全球各地的海岸都看得到。海洋中的水何其之多、何其之重，人類即使運用再多的能源、再高明的科技，也無法將之移動，但那些不停轉動的星球卻只憑著彼此間的連結，就能產生一股無形的力量，把如此重的海水抬了起來。

當這些星球在運行過程中形成一條直線，海洋同時受到太陽和月球的引力影響，潮水會漲

N

✕ 美國喬治亞洲，
聖凱瑟琳斯島

31°35’40.4”N, 81°09’02.2”W

得很高、退得很低，形成波濤洶湧的「大潮」。過了幾天後，當月球和太陽不再位於同一條直線上，引力就變得很弱，潮差就會變小，形成所謂的「小潮」。

從抽象的天體幾何學概念來看，海水的漲落是有秩序的，充滿數學的優雅。即便崎嶇的海岸地形和海水的深淺會使潮汐產生若干變化，但整體來說仍然非常和諧。也就是說：太陽和月球對大地、海洋的影響，有一定的規則可循。

此刻，沒有陽光，沒有月亮，海上風雨肆虐。我耳中只聽到海水狂暴的喧譁。除了幾波潮水嘶嘶作響之外，大部分的浪都是低吼著奔騰而來，其勢洶洶，遇到海灣和沙嘴，便轉向前進，彼此撞擊，聲音之大，連我的胸腔都為之震動。每隔幾秒鐘，閃電便劃破夜空，照亮夜色。只見巨浪越過橫陳在海灘上的一棵巨大橡樹，嘩然裂開；岸邊的波浪噴濺得比那幾棵被風雨吹得有氣無力的棕櫚樹還高；浪花如此稠密，雷電過處，竟閃著銀光。雷霆過後，黑暗再度降臨。我腳下的地面不停顫動。海浪打在沙灘外緣一座約莫我膝蓋高的灘崖上，捲走了幾塊大小有如人體的泥土，土裡的樹根根本抓不住。大浪一波接著一波。這一波打在岸上後，還來不及回頭，下一波就已經洶湧而來。我看了一下時間，現在正是潮水最高的時刻，之後應該很快就會退潮，但我心中卻有個聲音在吶喊：「下一個就輪到你了。」此時此刻，我感受不到天體運行有序的和諧與優雅，只感受到怒吼的惡浪所引發的驚慌與騷動。

在這次大潮中，有一棵菜棕（sabal palm，亦稱甘藍棕）被海浪沖倒了。這兩年半來，我每隔幾個月就會造訪它一次，但今晚我卻看見它倒在地上，根球朝天，浸泡在一波波襲來的浪濤中。幾天前，它的葉子仍然在九公尺高的樹幹頂端沙沙作響，顯得蒼翠繁茂、生機盎然；如今，它們卻被海水淹沒，靜靜的委身於怒吼的浪濤中。

此刻，我所在的這座海灘位於美國喬治亞洲海岸外一座名為聖凱瑟琳斯島（St. Catherines Island）的堰洲島上，面向大西洋，距摩洛哥西岸六千五百公里。聖凱瑟琳斯島位於喬治亞灣（Georgia Bight，美國東南岸自北卡羅來納州延伸到佛羅里達州的寬廣弧形海灣）中央。此處的海水很淺，因此，當海潮從面海的小島北邊湧來，流經愈來愈窄淺的陸地凹陷之處時，浪就會變得愈來愈大。在聖凱瑟琳斯島上，落潮與漲潮的高處相距三公尺；在喬治亞灣南邊的邁阿密，潮差還不到一公尺。因此，這座島所承受的海潮力道更加強大。在滿潮時分，如果剛好遇上冬季的東北大風或夏末的熱帶風暴，連一整座懸崖或沙丘都可能會被大浪捲走。

在今晚的海潮中喪命的生物，並非只有那棵菜棕。洶湧的海水沖過岸上的海草和沙丘後，會流進灘外的土地。為了走到菜棕所在之處，我吃力的穿過一叢叢有著鋸齒狀葉子的鋸葉棕櫚，腳上的靴子不斷被海浪推搡、拉扯著。儘管此處距海灘有二十公尺之遙，卻仍舊為海潮所淹沒。待潮水退去時，這一帶的淡水潟湖、橡樹叢、棕櫚樹林以及開滿木槿花的草地便會覆滿沙子，土壤也會飽含鹽分，導致許多公頃的溼地和大片樹林毀於一旦。事實上，百分之九十九的潮水並不會漲得這麼高，只有百分之一會湧到海灘外，在地上沖出一片狹長窪地，並帶來許多鹽分。但這百分之一已足以造成很大的破壞；一旦海潮漲得如此之高，陸地上的許多生物群落都會被沖到海灘、沒入大海。過去這一百五十年來，此區的陸地每年都以二到八公尺的速度（視地點而定）後退。

導致陸地後退的因素，並非只有大潮和暴風雨。兩年半前，我初次看到這棵菜棕時，它矗立在一座沙丘後方，距離沙丘好幾公尺，和其他六棵菜棕站成一排。它們下方長著一排蓬亂的鋸葉棕櫚，後方則是一座座棕櫚樹林，其中夾雜著幾叢被風吹得身形矮小的橡樹，有幾棵橡樹的樹幹已經超過一公尺粗。沙丘朝海的那面已經被海浪削平了，形成了一座和我一般高的陡坡。海灘便位於坡底和大海之間。滿潮時，小浪偶爾會打在沙丘附近，但距離那棵菜棕還有十二公尺。此外，由於沙丘朝海的那一面地勢較低，因此菜棕所在之處足足比海灘高出至少一公尺。如此居高臨下，菜棕似乎安全無虞。然而，根據我在風平浪靜的夏日裡所做的觀察，這其實只是假象。即使是在無風且低潮的時刻，那沙丘也在一點一滴的後退。

彼時，沙丘靠海那面是一座很陡的坡。我坐在附近，聽著遠處海浪微微湧動的聲音，但每當海浪暫時平息，我便聽到坡面傳來斷斷續續、如耳語般的「嘶嘶」聲。那是沙丘上的沙塊突然鬆動、瞬間瓦解（也就是所謂的「砂石液化」現象）的聲音。那些沙子沿著坡面「嘶嘶嘶」的流了下來，落到地上便立刻「吁吁吁」的散成一片。有些沙子只流動了幾公分，就因為摩擦作用所產生的阻力而停住了，但大多數都一路流到了坡底。這種現象大約每分鐘發生一次。從表面上看來，那坡面非常均勻而穩固，但事實顯然並非如此。坡面各處的沙子不知何故相繼鬆動，並流淌而下，而且沒有固定的模式。一隻甲蟲在奮力爬上沙坡的過程中，就引發了幾十處的坍塌。沙丘上的草兒在迎風搖曳時，如果有一片葉子劃過坡面，其下的沙子也會紛紛流瀉。僅僅一個下午的時間，在這片長約兩公尺的海岸地帶，一隻爬行的甲蟲、幾片青草的葉子，再加上容易鬆動的沙子，就讓北美洲大陸損失了一整桶的土地。如果把此地所有的沙丘加起來一起算，那情況就像是一批砂石車同時在作業，不停把沙子倒進海裡。

一年後，在暴風雨與甲蟲的腳通力合作下，那座沙丘消失了。這棵菜棕所在的位置成了海灘最高處，只見它依舊穩穩站立在那排棕櫚樹之間，只有最東邊的幾條根暴露在沙土之外。這裡是大浪打不到的地方，只有淺淺的潮水在那幾條根的四周平緩的流動著。海潮退去後，沙灘就變得很平滑，而且空蕩蕩的，邊緣有一條很明顯的分界線。那菜棕就位於這條線後面，它的樹幹周圍散落著一堆腐敗的葉子、沙子和草根，無論形狀和氣味都像是泥土。幾隻蟾蜍、鹿和蜥蜴在其間覓食，但牠們始終都不曾踏上那含有鹽分的海灘。

海浪趨近海岸時，會隨著逐漸隆起的海床而升高，最底層的部分到了岸邊會減速，但上面的部分卻因為不受沙子阻擋而繼續前進，終至成為大浪，拍打在沙灘上。如果沙灘的坡度平緩，大浪的力道會將一部分海水推向陸地。這些海水會冒著泡泡前進，並逐漸減速、停止，而後再緩緩流回大海。這類潮水即使漫到最高處，也不至於把人的腳掌弄溼。此刻，這樣的潮水就在我的腳趾間輕柔和緩的流動著。

然而，如果我們用水下聽音器（hydrophone，放置在防水的蛋形保護殼裡的麥克風）探測，就會發現對沙粒和棕櫚的根部而言，這類潮水一點也不輕柔和緩。我的雙腳所感受到的微微震動，在水中聽起來卻嘈雜刺耳。我把那聽音器放入水中時，原本以為會聽到水波輕輕波濺的聲音，沒想到潮水湧來時的聲響就像是把一整桶水「嘩啦」倒在牆上一樣，險些把我的耳膜震破，使我不得不趕緊調低錄音機音量。我發現當潮水刮過沙灘時會發出有如鉋機鉋著木頭的聲音。當沙粒的移動加速時，聲音會變得更加尖銳；當潮水後退，沙粒被水流拖動，並相互推搡時，會發出轟鳴聲。這類潮水雖然和緩，但流過沙灘時卻有如大軍壓境，無堅不催。它們過處，沙粒不停的翻滾飛奔，重量較輕的分子（例如泥土或枯葉碎片）會被捲走，植物根部的土壤也會被沖刷得一乾二淨。可以說，整座沙灘都被海水的優勢武力夷平了。

即使是在最風平浪靜的天氣，沙子所面臨的情況也像我在暴風雨夜的大潮中所體驗到的一般。正如重力和甲蟲的腳對沙坡所產生的作用，微小波浪的侵蝕也會改變海岸線的形貌，只是它們不像暴風雨一般出手重擊，而是終年日以繼夜的蠶食。

人類這個物種已經習慣了終生不變的地景。土地和住宅之所以吸引我們，是因為它們堅固耐久。聰明人會把房子蓋在岩磐上，傻子才會想在沙上造屋。人類把混凝土、鋼梁和平板玻璃等發明施加於土地上，強化了世界不會改變的幻象。不穩定的事物會讓我們不安。看到倒塌的紀念碑、搖搖欲墜的房屋和被砍伐一空的森林，我們會心生感傷；看到象徵永恆或持久的地方，如千年的石頭寺廟或古老的紅木，我們就會心情愉悅。

但菜棕的情況卻正好相反。它藉著扮演《聖經》中那個傻瓜的角色，在沙地上度過一生，因而得以長存。菜棕的壽命往往長達一百年以上，等到它枯死時，其生長地的形貌早已改變。這不是一齣悲劇，而是砂質海岸的本質。我最初並未意識到這點，直到後來才發現菜棕的一切，包括它的身體、果實、早期生長非常快速的現象，以及葉子細胞的化學，都是被海浪的侵蝕和沙子的移動所塑造出來的產物。甚至連它的英文名字 sabal palm 也含有沙子的意思。Sabal palm 一詞是法國植物學家米樹・阿當松（Michel Adanson）所創造，他並未留下任何文字說明他為何會選擇這個名字，但他很可能是根據sable或sab一字來為菜棕命名，而這兩個字在法文和克里奧語（Creole）中分別都是「沙子」的意思。

位於現今喬治亞州海岸的這些菜棕，已經在演化過程中逐漸適應沙地的特性。過去這一百萬年來，海平面的高度已經因為冰河期和間冰期（interglacial period）的交替，出現了多次上升、下降的情形。冰河期的週期並不像潮汐這般規律，但就像月亮對地球的影響一般，冰河時期天氣變冷或暖化的現象，似乎也是天體運轉的規律變化所致。此外，地球大氣層中氣體的變化也會影響天氣的冷暖。

在冰河期的巔峰，陸地上的水都結成了冰，形成冰層和冰河，無法流進海洋，以致海水會減少一半。當地球暖化時，大多數或甚至全部的冰又融化成水，流回海洋，再加上海水本身會因溫度升高而膨脹，於是，海盆裡海水爆滿，海平面就上升了。在歷史上，地球大約經歷過十二次這樣的冰河期，最後一次冰河期是在兩萬年前達到高峰。當時的海平面比今天低了一百二十公尺，以致當年喬治亞灣的海岸線是在現址以東一百公里之處。在那個時候，陸地上的任何動物只要願意，就可以到現今海洋大陸棚所在之處遊蕩，而且不會把腳弄溼。

自從上一個冰河期結束以來，海平面已逐漸上升，喬治亞灣的海岸線也迅速西移，最初移動的速度很快，而後逐漸減緩。這裡的沙嘴、淺灘和小島，也都在甲蟲的腳和海浪的作用下不斷往西移動。當侵蝕作用特別劇烈時，連一整座沙灘或沙洲都會移位，使得各堰洲島距主要的海岸線愈來愈遠。這棵菜棕所在的沙地是瓜萊島（Guale Island）的遺跡，此島原本位於聖凱瑟琳斯島東北邊，但已經在過去這五千年內逐漸消失。島上的沙子轉而堆積在聖凱瑟琳斯島沿岸的沼澤地帶，形成一座座沙丘。如今，由於這座沙灘持續受到侵蝕，古代沼澤裡的淤泥逐漸從沙子底下暴露出來。已經倒地的這棵菜棕前面的沙灘上，就有這麼一小塊淤泥。這些又黑又黏的淤泥無懼海浪的侵蝕，凸出於日益消失的沙灘上，但隨著海水不斷進逼，它們終將置身於海底。

從前，在介於兩個冰河期之間的那些時期，地球的海平面比現今高出至少六公尺，最高甚至可達十三公尺。在這些時期，地球多數地區的氣溫也比現在高出半度，在南北極地區甚至可能高出五度之多，各地的海岸線也不斷變動。這樣的模式由來已久。如果你觀看一張記錄過去這五百萬年間海平面位置的圖表，就會發現上面的線條起起伏伏，看起來宛如一個波浪剖面圖。在更早的時候，也就是七千多萬年前，這個「波浪」的高度極為壯觀。現在的佛羅里達州全境和喬治亞州一半的土地在當時都是淺海地帶，上面零星散布著幾座島嶼。這棵菜棕的祖先當年很可能就生長在這幾處沙灘和島嶼的沙地上，一旁還有恐龍吃著它們的果實。

以數千年的尺度來看，沙子的流動就像海水一般。沙丘如同波紋；島嶼則是大浪。沙子受到海洋和風力的推動，會像水一樣起伏、翻騰、流動，而菜棕就像是一個衝浪者。當波浪湧來，它會御浪而行，等到浪頭達到頂點並且崩潰後，它就會划到下一波浪那兒，站起身來，再度起乘。但這個衝浪手和人類不同的地方在於：它本身也會製造波浪。事實上，沙丘是數十種植物相互影響，再加上水和風的物理作用的產物。在一座平坦的沙灘上，被風吹起的沙子遇到那些被沖到岸上的棕櫚葉和植物的根莖，便會卡在其中，而沙子愈堆愈多時，又會擋住吹來的風，使更多的沙子掉落其上。這個由沙子和植物的殘骸所組成的沙塊如果長出了青草，就會因為草根的作用而變得穩定，形成一座沙丘。這樣的沙丘可以維持數十年，甚至數百年的時間。

沙灘上的枯草和菜棕枯葉是沙丘的核心。當菜棕的種子被沖上岸，或從鳥兒的嘴巴或糞便中掉落在地上時，菜棕便長了出來。由於新的生長地不知道會在哪裡，而且可能距離母株甚遠，因此菜棕只能盡量多生產一些果實，數量甚至多達好幾千顆。每一顆果實能夠存活的機率都很渺茫，但菜棕以數量取勝。它們的果實無論大小和顏色都很像藍莓。這些果實雖然經年累月在海水中浮沉，但裡面的種子並不會受鹽分傷害，被沖上岸後仍然可以發芽。南卡羅來納州和北卡羅來納州是全世界最北邊的菜棕生長地，那裡的菜棕種子特別能夠耐受鹽分，顯見那些菜棕是飄洋過海而來的「殖民者」後代。在美國南邊的海岸和整個加勒比地區，菜棕的種子多半是由鳥兒和哺乳動物傳布。當知更鳥每半年一次往返於北美洲大陸的南北端時，牠們的嘴喙和肚腸就像是滿載菜棕種子的貨物運輸機。終年棲居在聖凱瑟琳斯島的鳥兒也經常拜訪島上的這些菜棕樹，並且把種子攜往它們可能發芽的地點。我拜訪那棵菜棕時，就經常聽到山雀和啄木鳥翻動菜棕的果柄時，果實啪嗒啪嗒掉落的聲音。

一旦發了芽，菜棕就開始面臨比絕大多數植物都更加艱苦的環境。這樣的事實和我們所想像的情況不同。對人類而言，一張躺椅再加上一棵蔭涼的棕櫚樹，就意味著一段無憂無慮的假日時光。但對菜棕而言，情況並非如此。對它們來說，沙灘上充滿了各式各樣的磨難。沙地裡的鹽分會使得它們的根部和葉子脫水。除此之外，沙灘上時而乾燥炎熱，時而又會被熱帶暴風雨和滿潮所帶來的海水淹沒。歷經數十年好不容易才長成的小樹，可能在幾分鐘之內就被風沙或海沙所掩埋。同時，由於閃電頻仍，沙灘上的草木經常會被燒焦。儘管如此，菜棕這位「沙子衝浪手」仍然繼續乘浪前行。

我們從菜棕葉子所發出的聲音，就可以略微窺知它何以能夠如此頑強不撓。當我們踩過地上的菜棕落葉時，會聽到它們劈啪作響，宛如機關槍掃射一般。那是葉子裡成千上百條堅硬的纖維斷裂的聲音。我的學生甚至會把乾燥的菜棕枯葉撿起來，當成貨郎鼓搖。當雨水落在菜棕的樹冠上時，聲音聽起來就像一顆顆小石子掉落在鐵皮屋頂上。這些聲音是來自葉子裡堅硬的矽石支柱。菜棕葉的纖維上有許多細胞可以分泌矽石，使得葉子的組織更加堅韌。事實上，沙子就是矽石。因此，菜棕葉有一部分是石頭做的。除此之外，這些葉子的表面有一層厚厚的細胞，葉子內部也有許多木質素（植物用來強化組織的一種分子）。這些都使得菜棕葉子的組織更加堅韌。有些植物學家曾經試著把菜棕的葉子切成薄片，以便用顯微鏡加以檢視，結果都徒勞無功，因為他們所用的那些昂貴刀子和切片機，都被葉子裡的堅硬組織刮壞了。

每一片棕櫚葉都由一枝長約一公尺、重量很輕的葉柄支撐。這些葉柄的硬度並不亞於那些重量遠超出它們的木頭柱子。每根葉柄基部有兩條帶子與樹身相連，從基部開始，柄身愈往上愈細，葉子則位於葉柄末端，形狀有如一隻有著一百根指頭的手掌，其長度與寬度都與人的身高相近。葉片中央有一道整齊的褶襉，那些手指頭便是從這條褶襉中伸了出來。從遠處看，這叢葉子宛如放在樹幹頂端的一個粉撲，看起來蓬鬆而凌亂；事實上，它們的葉柄都呈蓮座狀排列。每一根葉柄都恰好從左右兩根葉柄的中間伸了出來，就像向日葵的花瓣一般。

如同沙漠植物一般，菜棕葉子也有節水構造。它們的葉片上有兩層蠟質可以防止鹽分滲入，而且所有的呼吸孔都位於下表皮處一個凹槽中，上面也有蠟質覆蓋。此外，葉柄的基部會壓縮輸水導管，減少其水流量。在這些保護措施之下，如果仍有一些海水滲進內部，菜棕的細胞會將海水中的鹽分隔離。它們會把這些鹽分送進細胞內的一個腔室，再分泌一些能夠抵銷鹽的吸水作用的化學物質，覆住這個腔室的外膜。因此，菜棕的葉子可說是植物界的傑作，既能適應含有鹽分的環境，也能耐得住乾旱。

不過，沙灘旁的沙丘和森林並非一直處於又乾又鹹的狀態。每當下雨時，葉子上的鹽分就會被沖走，土壤裡的鹽分也會流失。但沙地無法長久蓄水，於是菜棕必須趕緊抓住這些淡水。它們粗大的樹幹底部，有成千上萬條有如蠕蟲一般粗細的根朝著各方伸展。這些根含有許多木質化的纖維和護鞘，因此就像菜棕樹葉一般強韌。它們雖然很細，但當我看到有菜棕倒在沙灘上，想將它們裸露在外的根部拔出來時，無論我多麼用力，也無法將它們折斷。菜棕的根數量繁多，有如一大群鑽著地洞的蛇，它們不僅可以鞏固樹身，也可以吸收水，並將這些水往上運送，使其進入葉柄。此外，菜棕的樹幹和其他樹種不同。後者的樹幹是一條條縱向排列的無生命組織，外圍包覆著一層活的樹皮，但菜棕的樹幹卻充滿活的細胞。下雨時，這些細胞會吸飽水，使得整根樹幹形同一個圓柱形的蓄水塔。菜棕的樹幹約有五十公分粗，每一公尺長的樹幹可以蓄水二十五公升。在乾旱的時節，這些水會從葉柄那狹隘的基部一點一滴的流進葉片，使得葉子能夠保持在溼潤得足以運作的狀態。大棵的菜棕即便整株被連根拔起，仍可靠著樹幹裡的水分存活好幾個月。

森林失火時，菜棕的樹冠會爆炸並且焚毀，但樹幹的部分因為含有水分，仍舊可以存活。有些曾經親眼目睹森林火災景象的人士告訴我：菜棕樹叢失火時，樹冠會接二連三的爆炸，但不出幾天，那些已經焦黑的樹冠照樣能長出新的葉子來，甚至在其他所有樹種都已經被燒死的情況下也是如此。這是因為菜棕的樹幹裡仍有活組織的緣故。老菜棕樹可以在受到過度沖刷的鹽分地帶存活數十年，直到最後一刻。它們會不斷開花、結果、讓動物有食物可吃，並且將種子播撒在沙灘上。

菜棕的種子剛發芽時，並不會往上長，而是往下探，一直伸展到地下約一公尺處，然後才開始回頭往上長，而它的葉子也會從這截埋在地下的鉤狀樹幹往上長，並露出地面。這個薩克斯風形的生長樣貌平均持續約六十年的時間，菜棕會利用這段期間貯備所需的能量，使自己能免於火災和越流（overwash）的破壞，並且讓樹冠長得更大。這樣的耐心準備是有必要的，因為它的樹幹一旦長出地面，就不會再變粗。菜棕和其他種樹木不同：它的活組織是往上長，而非往外長。這個特性使它得以生長在其他樹木所無法生存的地方，但它們也因此不得不讓自己那細小的樹幹在地下慢慢生長，一直長到成年期的尺寸時再開始抽高。對菜棕而言，這樣的限制其實也是一種優勢，因為這樣一來，當它們生長在橡樹、桃金孃或其他棕櫚樹的下方時，就可以花上幾十年的時間慢慢等待。等到有一天它上頭的那些樹木被火災或暴風雨一掃而光時，它就可以從那糧草充足的地下基地冒出頭來，開始往上長。

菜棕已經深切理解海平面的起伏對海岸線所造成的影響，而且這樣的理解已經體現在它的基因，以及它與周遭環境和生物的關係當中。菜棕一旦得以發芽長大，往往能夠活到百歲以上，但它究竟能活多久，迄今無人知曉，因為它的樹幹裡並沒有由死去的組織所堆積而成的年輪。不過，根據估計，生長在聖凱瑟琳斯島上的這棵菜棕和上一次冰河期結束後、長在東邊一百公里處海濱上的那些菜棕，兩者之間大約相隔一百個世代。

在沙丘消失後的那個夏天，一隻赤蠵龜利用夜晚時分造訪了那棵菜棕（當時它仍矗立在沙灘最高處、潮水無法到達的地方），並在樹蔭下挖了一個洞。她行進時，甲殼底部摩擦著沙灘表面，留下了一道印記，形狀有如一條小徑。小徑外緣是她的左右足鰭輪流擺動所留下的痕跡。這條小徑筆直的越過沙灘，在那棵菜棕下方繞了個彎，然後便朝著大海蜿蜒而行。我和學生們抵達時，烏龜保育人士已經開始作業了。他們在沙灘上進行地毯式搜索，希望能找到她產卵的地洞入口。沒有人看過這隻赤蠵龜，只能從她的足鰭所留下的痕跡判斷地洞所在位置。赤蠵龜在掘好地洞後，會鏟起沙子，將洞填滿，並在原地轉圈，以便攪動地上的沙子，讓人看不出她掩埋的痕跡。我們唯有小心翼翼在沙灘上逐層搜尋，才能找到她用來堵住地道口的那堆沙子所形成的圓形印記。愛吃龜卵的野豬和浣熊可以靠著牠們的鼻子來偵測，但我們人類則必須藉由沙子紋理的變化來判定入口所在的位置。

找到地洞後，工作人員便開始挖掘。此時，海上也傳來捕蝦船隆隆行進的聲音。這些保育人士用鐵鏟將潮溼的沙子鏟開，鏟了一層又一層之後，終於看到第一顆泛著白光的龜卵。接著，他們便將手伸進沙灘深處，小心翼翼的用手指把那些易碎的卵從沙土中挖出來。半小時後，一百二十顆龜卵便躺在一個塑膠桶裡了。這些卵呈珍珠色，大小有如矮腳雞的卵。不到一個小時之後，它們就會被埋在另一座沙灘裡，以便提高它們的存活率。這是因為赤蠵龜媽媽產卵的這座沙灘有許多野豬出沒。我待在這裡時，就曾經看到數十隻野豬在沙灘和沼澤的淤泥中翻尋挖掘，牠們以後很可能會找到這些卵。除此之外，這座沙灘正迅速受到侵蝕；這也是這窩龜卵所面臨的另一個危險因素。赤蠵龜的卵需要兩個月的時間才能成熟孵化，但在這段期間，沙灘將會往內陸移動幾公分，或甚至更多。即便海岸線維持不變，滿潮時的波浪打在這座已經被侵蝕得非常平坦的沙灘上，可能也會使這一窩龜卵全都沒入海水中。因此，保育人士才會把它們遷移到另一座沙灘。那裡沒有野豬，而且是島上少數幾處會積沙的地點之一。這種將卵「托育」他處的做法，可以為那些在聖凱瑟琳斯島上產卵的赤蠵龜爭取一些時間。二十年前，島上有四分之一的沙灘適合烏龜產卵，但現在因為侵蝕作用的緣故，只剩下不到其中一半了。

相較於菜棕，海龜更早受到此處海岸線變動的影響。過去這一百多萬年來，牠們世世代代都爬到這裡的沙灘挖洞產卵。然而，現今此地僅存的七種海龜全都已經瀕臨滅絕。許多成龜因船隻和魚網而喪生。此外，由於海岸不斷受到侵蝕，土地也相繼被開發，牠們可以產卵的地方愈來愈少，而現有的繁殖地又有許多獵食者虎視眈眈，包括那些相信生吃龜卵可以壯陽的人士。因此，保育人士才會展開各種烏龜保育行動（包括在聖凱瑟琳斯島上進行的這一種），以期讓這些海龜在陸地生活的短暫期間能夠遠離那些具有危險性的沙灘。

對這些保育人士而言，剛孵出來的小海龜匆忙擺動小小的足鰭，從牠們出生的地洞走向大海的腳步聲，或許是菜棕樹下最悅耳的一種聲音了。然而，牠們直接跳進大西洋時所濺起的水花聲，則讓他們一則以喜、一則以憂，因為海上已經有一群群的海鷗盤旋，等著要捕食這些小海龜了。如果能夠躲過這些海鳥的攻擊，牠們此後將會一直生活在大海中，直到三十年後才會開始回到陸地上繁殖。這些小海龜當中，有許多會隨著大西洋環流前進，經過冰島、北歐和亞速群島（Azores），抵達喬治亞灣附近的馬尾藻海（Sargasso Sea），並在那裡生活，直到性成熟時為止。不過，有些小海龜會避開大西洋環流，直接游進馬尾藻海。一千隻小海龜中只有一隻能夠活到可以繁殖的年紀。雌海龜一旦成熟，便會回到岸上產卵，但雄海龜則是一輩子不再踏上陸地。觀察牠們的生活，我們不由得會想到大海以及海岸的未來。

潮水從菜棕的根部後退時，在海灘上留下了一大片、一大片的泡沫。這些雲朵狀的泡沫鮮少高過人的膝蓋，但長度有時卻可以媲美一艘小船。這些泡沫狀的筏出奇的堅實，過了很久都不會消失，即便被風吹到好幾公尺以外的地方，它們也不會破掉。海灘上積了淺淺的一層水時，這些泡沫被風一吹，便會像蝸牛一般在光滑的水面上緩緩移動。我舀起一些泡沫，放在手心裡，但是當我拿著它們站起身來，成千上萬個泡泡就同時爆裂了，發出有如煎魚般「滋滋滋」的聲音，並散放出濃烈的海洋氣息，就像是你潛入一波迎面而來的大浪，頭部被浪花打溼時所聞到的那種味道。

這些泡沫是由水藻和其他微生物遺體的碎屑所形成。這些水藻和微生物的細胞在翻滾的海水中破裂時，會釋放出各種蛋白質和脂肪。而這些化學物質會改變水的表面張力，就像洗澡水裡的肥皂一樣。當風吹過水面時，就如同有一隻手在攪拌肥皂水，會產生許多泡沫。因此，這些海沫是海洋生物的遺跡，被風吹到了陸地上。海水不只是水，也是一個生物群落。海龜是其中比較醒目而有吸引力的一個成員，但牠並不能代表大多數的海洋生物。光是一滴海水，便包含了數十萬到數千萬個微生物細胞。

這個生物群落就像吉貝樹樹冠或香冷杉樹根的網絡一樣，只不過其中的成員不像陸地上的靜態生物那般受到各種限制。海洋中的微生物可以隨心所欲的往來，而且由於置身水中，它們的細胞不需要建立複雜的連結，就得以互相交換各種化學物質。在水的作用下，單一物種更進一步的融入群體，連它們的DNA都受到了影響。香冷杉的根雖然會和周遭其他物種的DNA對話，但它們彼此仍保有屬於自己的基因。海洋中的微生物則更加互相依賴。

在海洋中，每一種微生物都只負責執行一件特定的工作（如收集陽光，或重組有機分子），而把大多數的其他工作交給整個群落來做。這些微生物的DNA都在演化的過程中被淘汰了，只留下執行特定工作的必要基因。其他一些攸關它們生存的工作，就交給別的微生物來做。海洋微生物之所以能夠如此「簡化」（淘汰它們體內執行一些必要工作的基因，轉而依賴所屬的群落），是因為它們都在同一個地方漂浮，因此它們的化學物質可以輕易從一個細胞流到另外一個細胞內部。有些細胞不僅交換食物，還交換資訊。即便是在洶湧動盪的海水中，它們也能夠用分子來傳送訊號，表明它們的需要和身分，藉此和別的細胞交換特定的物質。許多細胞如果和所屬的群落分離，便會死亡，因為它們所擁有的DNA無法滿足自身的基本需求。

因此，海洋微生物最小的可存活遺傳單元是它們的網絡狀群落。這樣的安排可以讓網絡中的每一個成員專心做它最擅長的事情，因此效率很高。然而，一旦成員間的溝通受到干擾，它們也很容易受到傷害。如果細胞之間的連結因為海面浮油、人造化學物質或海洋酸度的改變而斷裂，這個微生物群落就會發生變化。其影響所及不只是微生物本身而已，因為大氣和海洋的化學結構也取決於這些網絡：全球的光合作用，有一半是由海洋微生物和浮游生物進行。因此，海洋生物彼此之間的竊竊私語，會影響地球的空氣和水的化學狀態。

目前，我們並不知道海洋的改變如何阻斷海洋微生物之間的訊息交流，因為科學家一直到最近這十年才發現海洋微生物簡化基因並轉而依賴網絡的現象。不過，有幾項針對海洋所進行的長期調查發現：在過去一百年當中，浮游生物平均每年減少百分之一，許多地方的魚類數量也正急遽減少中。此外，海洋的化學性質也不斷變化。由於二氧化碳溶於水中，因此海洋的酸度不斷升高。此外，各式人造的新奇化學產品不斷流入海洋，漂浮在每一滴海水中。其中有些會干擾或阻斷人體細胞之間的溝通，因此可能也會對海洋中的微生物網絡造成同樣的影響。

菜棕倒下之後，不到幾個小時，潮水就帶來了另一個新奇的玩意兒：一個白色的塑膠碎片。它嵌在菜棕重疊的葉片基部，在菜棕倒下之前，這裡曾是蜥蜴、青蛙和螞蟻的家。除此之外，還有數以萬計的碎片散布在菜棕周遭的地面上。之前我們待在菜棕附近時，就經常可以聽到塑膠瓶被風吹過沙灘，以及塑膠片卡在樹枝間不停晃動的聲音。於是，我便和我的學生一起調查菜棕周遭這些被沖到岸上的海洋垃圾。我們採用的是標準長度的線性調查法；如果我們的取樣具有代表性，則在這座島上，每十公里長的沙灘上，就有將近五十萬個肉眼可見的塑膠碎片。由於我們調查的範圍僅限於沙灘表層，因此實際的數量很可能不止於此。在這些海洋垃圾中，小碎片的數量遠多於較大的碎片，其中有一半不到兩公分寬。科學家們在其他幾座沙灘上所做的調查顯示：碎片愈小，數量愈多。因此，目前海洋中的情況是：浮游生物愈來愈少，「浮游塑膠」卻愈來愈多。

《湖濱散記》的作者梭羅也曾經記錄他在沙灘上撿拾到的「垃圾和人類的物件殘骸」。他和我的學生所留下的紀錄，同樣都屬於「原始考古學」（protoarcheology）的文獻，讓我們得以一窺來自兩個不同時期的文物。

一八四九年、一八五〇年、一八五五年：鱈魚角海岸上未經測量的漂流物

漂流木（許多根）

失事的船隻上的木材和圓竿（大量）
卵形的小磚塊（幾個）
橄欖硬皂（未計算）
裝滿沙子的手套（一雙）
破布和粗麻布碎片（未計算）
箭頭（一個）
泡過水的肉荳蔻（船上的貨物）
在魚的胃腸裡發現的東西：鼻菸盒、刀子、教會的會員證、「水壺、珠寶和〈約拿書〉」
箱子或大桶子（一個）
細繩、浮標、圍網（一張）
瓶子，裡面有半瓶仍「微帶杜松子氣味」的酒（一個）
裝滿蘋果的大桶子（二十個，二手報告）
人類的屍體（至少二十九具）

二〇一三～二〇一四年：聖凱瑟琳斯島沙灘上的漂流物（測線涵蓋一百六十平方公尺的範圍）

浮在水面上的發泡塑膠塊（一百六十三件）
塑膠飲料瓶（十二個）
塑膠藥瓶（一個）
氣球，硬質塑膠、洩了氣、上面印著「生日快樂」這幾個字樣（兩個）
氣球，軟質塑膠、充了氣、上面印著「新婚」字樣（一個）
充了氣的乳膠手套，卡在棕櫚木下方（一只）
兩加侖容量的塑膠果汁瓶，上面黏著七十五隻藤壺（一個）
藍色的塑膠水桶，上面的標籤印著荷蘭文：Verwijderd houden, Gas niet inademen
（意思是：「避免靠近。不要吸入氣體。」）（一個）
黑色的塑膠桶，標籤上寫著「T1重型機油」（一個）
塑膠瓶蓋（兩個）
塑膠編織緞帶，深紫色（一條）
白色的塑膠洗衣槽（一個）
塑膠夾腳拖，不成雙（兩隻）
塑膠美乃滋罐，半滿，「仍然微帶」乳化植物油的氣味（一個）

裝著菸草殘渣的塑膠瓶，氣味未經測試（一個）

釣魚用的塑膠浮標，附有繩子（一個）

獵槍子彈，紅色塑膠材質（一個）

步槍子彈的外殼，黃銅材質（一個）

各種顏色和形狀的硬質塑膠碎片（四十二個）

無毛網球的彈性內層（一個）

解剖被船隻的螺旋槳擊斃或餓死的烏龜時，在牠們的胃裡發現的東西：鐵製魚鉤、大小有如水母的透明塑膠袋（兩個）

塑膠繩（三截）

經高壓處理的木板（五片）

玻璃瓶（兩個）

已經生鏽但仍堪用的船梯（一座）

鐵製的男用香精噴霧罐（一個）

考古學家會從他們所找到的出土物中，推斷它們所屬文化的習俗、產物和宗教信仰。我們在這棵菜棕底下所發現的物品顯示：一個原本以木頭和玻璃為主的文明，在數十年間就經歷了一場塑膠大革命。塑膠的製造與流動，是我們這個時代在海洋中留下的特徵。一位有創意的考古學家可能會從這些漂流物中推斷出其中的宗教意涵：有些食物和菸草是用來祭拜的物品，有些塑膠製品則顯然是婚禮和成年禮中的要角。

漂浮的塑膠會改變海洋中的生物網絡，它們會堵住或刺穿海龜、鳥類和船蛆等動物的腸道，或使其蠕動變慢。此外，海洋中還有數十億肉眼不可見的塑膠微粒，它們對海洋的能源、生命和物質循環所造成的影響，雖然比較看不出來，卻更加嚴重。這是因為：海洋微生物的生活節奏和模式，源自那些在大海中到處漂浮的細胞彼此交換化學物質的行為，而這些前所未見、無所不在的塑膠粒子將會改變海洋微生物彼此之間的關係。由於這些塑膠微粒表面堅固，因此微生物會在上面聚集，形成前所未見的群落。海洋中有幾種微生物只生長於堅固的物質表面，這些微生物從前在海洋中非常稀少，現在則變得很常見。可以說，這些塑膠碎片的作用就像是海洋中的島嶼，那些稀有微生物從前難得碰面，現在卻在這些島嶼上成了鄰居。

有些住在塑膠碎片上的微生物會分泌具有消化作用的化學物質，將塑膠表面蝕出一個洞來。這個洞愈來愈大時，塑膠就會斷裂。此時，聚集在上面的生物的重量，就會使得塑膠碎片下沉。對於此一過程，我們目前所知甚少，但這些微生物似乎能讓海洋表面的塑膠移位。有些碎片會往下沉，有些則還原成各種化學成分。可以說，現代的微生物似乎正在完成它們的祖先未竟的工作，儘管它們所採用的方式仍不完美。地球上之所以會有石油，是因為微生物無法完全消化水藻和植物的殘骸。其後，在地質的作用下，這些草木的殘骸就成了液態的化石。現代人把這些化石變成了塑膠，製成了瓶子或桶子，並且在使用一次之後，就把它們送進了掩埋場或大海中。因此，微生物或許可以完成它們的祖先所沒能完成的工作，只不過它們的工作速度還不夠快，不足以使烏龜和船蛆倖免於難。

在塑膠改變海洋生態之際，海岸線也持續變動。十九世紀時，全球海平面平均每年上升一公厘多一點，但在過去二十年間，這個速度已經增加到每年三公厘。這是因為地球在這段期間所增加的熱氣，有百分之九十都被海洋所吸收，並且進入了大海深處。正如同溫度計當中的液體一般，海水在受熱後也會膨脹。目前我們所做的所有預測都顯示：在未來數十年之間，將會有更多的熱氣進入海洋。除了地球的熱氣之外，冰層與冰河融化後也會流入海洋，使得海水變多，而且它們融化的速度愈來愈快。我們無法準確估計海水將會因此增加多少，但若干可靠的研究顯示：

到了二一〇〇年時，海平面上升的幅度可能介於五十公分到兩公尺之間。其他一些研究則預估上升的幅度將會更高。

對菜棕或海龜而言，這些變化都是它／牠們的近代祖先曾經歷過的，並不算什麼，但它／牠們能夠逐沙而居的日子已經告一段落了。這是因為從前沙子可以到處流動，在各地形成新的沙丘，但如今這些自然的地質變化已經被人工建築物所阻擋。許多濱海森林都被開發成道路與城鎮。漲潮時，波浪所拍打的不再是天然的沙灘，而是以內陸的亂石所砌成的堤岸。河流上游的沙子被水壩擋住，再也無法流入海洋。從前，沿岸海流能夠帶來沙子，補充沙灘所損失的沙量。如今，這些海流裡已經沒有沙子了。於是，侵蝕作用持續進行，堆積作用卻停止了。在只出不進的情況下，沙灘的面積便逐漸縮減。到最後，海洋終將會淹沒那些人工建物，使人類企圖營造永恆的努力付諸流水。同時，海岸地區的動植物則必須設法在沙洲上存活，而對這些生物而言，這是個完全陌生的環境。

如果關於海平面上升的預測無誤——事實上，到目前為止，海平面上升的幅度已經超越過去各種氣候模式所做的預測——則人類很可能會面臨巨大的災難。屆時，全球超過百分之二的人口所居住的家園可能會被海水所淹沒。生活在距海平面十公尺（垂直距離）以內地區的六億人口，也會因狂風巨浪沖垮海岸而受到影響。在未來的兩個世代內，許多人很可能會因為海平面上升的緣故，不得不離開自己的家園。

梭羅當年在海邊閒逛時偶爾會看到幾具屍首，這似乎和現代美國人在沙灘時的經驗大不相同。一八四九年十月七日，也就是梭羅抵達鱈魚角的兩天前，一艘來自愛爾蘭哥爾威市（Galway）的雙桅横帆船在一場暴風雨中因脫錨而遇難，船上有許多移民溺斃。當時，梭羅對這起死難事件似乎無動於衷。他「寧可從風與浪的角度來看」，相信那些愛爾蘭人「已經移民到一個更新的世界」，在那裡歡天喜地的親吻著海岸，任由他們自身的屍首在巨浪中顛簸。對現代人而言，梭羅這番話聽起來頗為冷酷無情。不過，他之所以對那些移民悲慘的命運無感，或許是因為他對愛爾蘭人懷有一種矛盾的情感。此外，當時移民人數之多、船難之頻繁，已經讓他習以為常。在愛爾蘭大飢荒（The Great Irish Famine）期間，有一百多萬名愛爾蘭人移民到美國，而美國在一八五〇年進行的普查結果顯示，當時美國的人口也不過兩千萬多一點。在梭羅那個年代，到了冬天時，每隔兩星期就會有一艘船因為遇到暴風雨而在鱈魚角遇難。因此，梭羅才會表示：「為什麼要浪費時間害怕或憐憫呢？」

如今，我們雖然偶爾可以在沙灘上發現幾隻因塑膠而喪命的海龜或鳥兒，卻看不到人類的屍體。因此，乍看之下，我們的海岸似乎和梭羅的時代大不相同。然而，事實並非如此。近年來，全球的難民人數已急遽上升，其原因並非如同十九世紀那樣，是由馬鈴薯的疫病或政客的算計所導致，而是由一些新的因素所造成，其中也包括海平面的上升。至於這些難民的人數究竟有多少？目前仍未有定論，因為現今針對環境變化所造成的人口遷徙現象所做的各項量化研究都很粗略。但大多數研究結果都顯示：到目前為止，因為海岸線移動、土壤劣化和淡水減少等因素而被迫遷徙的人口，已經達數千萬人之多，未來可能還會有數億人面臨同樣的命運。儘管我們在喬治亞灣不太看得到這樣的現象，但在地中海、亞丁灣、安達曼海和加那利群島等地，人們又再度可以在沙灘上看到一具具的移民屍體，以及那些在船難中僥倖生還的人。面對這個現象，二十一世紀英國政客的口吻一如他們的先人：「我們不支持在地中海進行搜索和救援的行動，因為我們相信這類行動會提供誘因，促使移民人數增加。」大規模的人口遷徙、頻繁的船難。我們已經重回梭羅的時代。

太陽、地球和月亮的運行會受到重力的牽引，這是不變的物理法則。同樣的，氣溫也會影響水的屬性。南極地區的冰雪每融解一百公升，就會有九十一公升的水流入海洋。氣溫每升高一度，熱帶地區的海水量就會增加百分之〇．〇三。菜棕並未試圖對抗這些物理法則，而是在演化過程中發揮創意，適應沙灘、鹽分和潮水等各種環境，才得以在這些物理力量的夾殺之下存活至今。

我們不是菜棕，無法透過大海或小鳥散布種子，以便到其他海灘去發展。然而，當人類固有的秩序因為海洋的變化而動搖，我們不妨參考菜棕的做法。其目的不是要模仿它們，而是要進一步了解海岸的生態。菜棕已經學會在變動的環境中繁衍，而且它的表現更勝於其他三種比較適合在內陸山脈和平原地區生長的棕櫚。它一生當中大多數時間都抓住沙土不放，對抗海浪的衝擊，並使沙丘得以穩固。它會去除自身細胞中的鹽分，並盡可能儲存更多淡水。遇到暴風雨或火災時，它會先順應環境，而後再設法重建。儘管在巨浪的拍打之下，它那挺拔的葉子和根部最終還是橫陳於地上，淹沒在海水中，但它的生命仍將一代又一代的延續下去。

我們應該改寫《聖經》中的那則寓言。在沙子上建造房屋的人並不是傻子，相信沙子可以變成石頭的人才是。無論我們在沙子上傾倒多少混凝土，也永遠無法將海岸變成岩石。聰明人在沙子上造屋時，就應該很清楚他們有兩條路可走：第一，設法因應沙子的特性，對抗環境；第二，在必要時有能力可以離開。到目前為止，人類社會仍著眼於前者，但對那些自願或被迫走上第二條路的人卻鮮少伸以援手。「為什麼要浪費時間害怕或憐憫呢？」答案或許是，要解決大海所帶來的問題，我們必須做到菜棕所不能做到的一件事：團結合作，彼此互助。

# 綠栲樹

死後還有生命，只是並非永生。樹木即便死亡，仍是生命網絡的一部分。枯死的枝幹和根部，在腐朽的過程中會成為千萬種生物建立關係的地方，因為森林中至少有一半的物種是在倒木上棲息或覓食。

在熱帶地區，木質柔軟的針葉樹枯死之後，通常不出十年就會被細菌、真菌和昆蟲分解殆盡。那些材質較為密實厚重的樹木，頂多也只能撐半個世紀。在靠近北極的沼澤地區，由於天氣酷寒，微生物的分解作用緩慢，腐朽的過程就漫長得多，可能要上千年才能完成。至於熱帶與極地之間的溫帶地區，森林裡的樹木倒下後要完全腐朽，所需的時間可能和它們活在世上的時間一樣長。

在倒地之前，樹木能夠催化並調節周遭物種之間的對話，但死後它就再也無能為力了。這

N

✕ 美國田納西州，昆布蘭高原，搖布山谷

35°12’52.1”N, 85°54’29.3W

時，它的根部細胞不再能傳送訊號給細菌的ＤＮＡ；它的葉子不再能和昆蟲交換化學訊號，寄生在它身上的真菌也不再能接收到來自它的訊息。不過，話說回來，樹木從來就無法完全主宰這些連結。在活著的時候，它只是這個網絡的一分子；死後，它雖然不再是網絡的中心，但仍舊有著生命。

在春日的田納西州，從北極吹來的寒冷氣流，遇上了來自墨西哥灣溫暖而潮溼的強烈氣流，兩相碰撞之下，便形成了一場又一場的暴風。在強風暴雨的吹襲之下，樹木的樹幹或根部的缺陷便一一暴露了出來。在一個狂風交加的日子裡，我在一座林木繁茂、遍地岩石的山坡上漫遊時，遇見了一棵剛剛倒下的巨大綠梣樹（亦稱綠光蠟樹）。

## ●三月

牠們的每一個腳步都發出了極細碎的聲音。六千隻外殼堅硬的腳在這綠梣樹的樹皮上移動，令空氣為之顫動。這些昆蟲彼此纏鬥，並進行交配。牠們蠕動之際，偶爾會「啪！」一聲成團掉在落葉層上。這時，牠們仍舊會繼續纏鬥，待分開後才嗡嗡鼓動著翅膀，飛回綠梣樹上。這些蟲子身上有著黑黃相間的條紋，頭上有卷鬚狀的觸角。牠們見我走近，並不害怕，或許是因為身上有保護色的緣故：牠們雖是甲蟲，但身體的顏色、自信的樣子和振翅的聲音，都很像大黃蜂。

這些甲蟲是梣條新縈天牛（banded ash borer），才剛來到一天。牠們會在這裡交配，接著便在綠梣樹的樹皮裡產卵。今天早上，莫說梣條新縈天牛，連我這個嗅覺遲鈍的人類都能找得到這棵剛剛被風吹倒的綠梣樹，因為它逸散出一種單寧酸的氣味，如同橡樹一般帶著隱隱的酸，同時還有一絲黑糖味。但現在，距離它倒下已經有好幾個小時了，我只聞到樹皮碰傷後所散發出的強烈氣味。這些甲蟲就是靠這種氣味維生，剛倒下的綠梣樹是牠們的托兒所。幼蟲一整個春天和夏天都會用牠們那又尖又利的嘴巴在木頭裡鑽洞，並且把微細的木屑吞下去，送進有共生的微生物寄居的腸道裡。如果沒有這些能夠消化木材的微生物，這些甲蟲就無法蛀食木頭了。

我把耳朵靠近樹幹，聽見那海綿狀的樹皮底下傳來刺耳的卡嗒聲。

## ●四月

一株七葉樹的幼樹長在這綠梣樹的腳邊。後者被風吹倒之後，它便順勢竄高了一公尺，並旋轉了九十度。自夏末以來，它的葉芽原本一直處於閉合狀態，但現在已經褪去了鱗片，在一個垂直的世界中甦醒過來。此時，重力來自它們的側面。

葉芽裡散布著一些凸起的細胞瘤，那是今年即將長出的葉子的「原基」，是葉子的雛形。葉芽張開後，它細胞裡的那些古老細菌的後代會察覺重力的方向產生了變化。這些細菌在植物的細胞了待了十五億年之後，已經變成囊狀的「澱粉體」（amyloplast），其功能相當於植物細胞裡的食品儲藏室，負責儲存澱粉。當重力的方向改變時，這些「澱粉水餃」便會滾動、凹陷，牽動外層的薄膜，對葉子的其他部分發送一個訊號：「葉柄下側的細胞：伸長。葉柄上端的細胞：維持不變。」於是，葉柄便開始自我校正，形成一個弧度，讓那些正在長大的葉子能夠向著陽光。

現在，這棵七葉樹的生長點已經筆直朝上。它之所以能夠如此恰到好處的察覺變化並做出回應，靠的是植物細胞裡許多生物之間的訊息交流。如果澱粉體有瑕疵，或者細胞中的其他部分聽不到澱粉體所傳送的訊號，葉柄就無法感受到重力。

## ● 五月

這綠梣樹的樹冠距它那裸露的根部達四十一公尺，如今成了一蓬斷裂散亂的枝葉。它大約和我的眼睛一般高，讓我無法跨越，但樹幹上的裂縫和糾結的枝枒卻吸引了一些卡羅來納鷦鷯。有一天，一對鷦鷯飛進那些枝枒之間，開始鳴唱；現在，這裡已經成了牠們的地盤重鎮。我每次前來，都會聽到牠們嘰嘰喳喳彼此呼應的聲音，並看到牠們飛到樹枝下方，用捉來的蟲子餵食雛鳥。在這座森林中，每一棵倒木的樹梢都有黃褐色羽毛的鷦鷯成雙成對的在枝葉間穿梭。牠們是鳥類當中的哺乳動物，逐洞而居，專門尋找樹木的殘骸落腳，因為那些糾結斷裂的枝葉能夠給予牠們所需的庇護。

## ●六月

綠栲樹倒下後，樹冠層出現了一個空隙。陽光從中灑了下來，將次冠層和落葉層照得暖烘烘的。森林裡的動物知道這些可以曬太陽的角落在哪兒，因為四周一片幽暗，只有這裡既明亮又暖和。在一個鶯兒啁啾的早晨，我坐在那棵倒木的樹幹上觀察。過了一個小時或更久之後，落葉層上有一個拇指大小、彎彎曲曲、呈黃褐色的東西引起了我的注意。仔細一看，我突然睜大了眼睛，因為我看見了一節節有如盔甲般的鱗片。接著，我便立刻屏住了呼吸——那是一條響尾蛇！牠距離我大約有兩隻靴子的長度，但並未發出有如乾燥葉叢裡的蟬鳴一般的聲音向我示警，因為牠此刻正在睡覺。牠的身體約有人的一隻胳臂那麼粗，整個盤了起來，因此頭部碰到了尾端的響環。牠的皮膚看起來像是被陽光曬得變淡的槭樹枯葉，其中夾雜著狀似土壤的暗棕色斑點，形成了絕佳的保護色。

我定睛細看，發現那響尾蛇的眼睛蒙了一層翳。或許牠正準備要蛻皮；蛇在脫皮之前眼睛自然會變得渾濁，但也有可能是受到真菌感染。所有動物的皮膚上都有共生的真菌，其中大多無害。但在過去五年間，美國東部和中西部地區的響尾蛇皮膚上的真菌群落已經發生了變化。有一種真菌取得了壓倒性的優勢，以致響尾蛇紛紛染病甚至死亡，造成這種變化的原因目前尚不清楚。有可能是因為冬季的氣候變暖，使得某種真菌占有特殊的優勢；也可能是有一種較具侵略性的真菌隨著國外進口的寵物蛇入侵此地。

無論原因為何，目前響尾蛇的皮膚病正在蔓延，但沒有人知道這會造成何種後果。響尾蛇和森林裡的許多物種都有直接或間接的關係，牠們以齧齒類為食，而後者則以種子和堅果為食，因而可以協助植物傳布後代。響尾蛇減少後，齧齒類的數量自然會發生變化，而這將連帶影響樹木種子的命運，屆時可能會有更多的樹木種子被齧齒類吃掉。此外，齧齒類動物也是蜱媒病（tick-borne disease）的主要傳染媒介。因此，蛇類變少後，鳥類和哺乳類（包括人類在內）血液中的寄生蟲數量可能會變多。不過，貓頭鷹、老鷹、狐狸和土狼這幾種動物所吃的食物，有一部分和響尾蛇相同。目前，我們對牠們彼此之間在森林網絡中的關係不甚清楚，無法預測當響尾蛇的傳染病逐漸蔓延時，這四種動物的數量和行為將會發生何種變化。

第二天早上，我回到原地時，發現那條響尾蛇仍然坐在那兒，只是盤繞的姿態稍有不同，眼睛上仍然蒙了一層翳。兩天後，牠就不見了，只在落葉層上留下一個手掌大小的凹痕。

## ●八月

一隻有著金色條紋的蒼蠅停駐在一片櫟樹葉子上，刷洗著牠那因沾滿花粉而顯得毛茸茸的前腳。看到我來，牠立刻就飛走了，留下那片黃樟樹葉兀自上下擺動。牠飛得太快，我的視線來不及跟上，只聽見牠振動翅膀的聲音。那聲音簡直如同一窩蜜蜂那般響亮。為了保護自己，這種蒼蠅就像梣條新榮天牛一般，把自己喬裝成一隻會螫人的昆蟲。

這種蒼蠅叫做「食蚜蠅」（news bee），牠看到我的臉之後，便飛到我的鼻梁上方，在我的兩眼之間飛來繞去。牠飛行時身子略微搖擺，以致那蜜蜂般的嗡嗡聲也跟著顫動。不久後牠便一溜煙飛走了，才一秒鐘的時間就飛到好幾公尺外的一棵槭樹那兒，在樹幹的一個斑塊上方盤旋，最後才越過山坡消失了。看來，這隻大眼睛的食蚜蠅正在積極尋找夏末森林裡的花朵。我的臉龐和槭樹的樹幹吸引了牠，於是牠便飛近察看了幾秒鐘，但因為我們沒有花蜜，因此牠很快就對我們失去了興趣。

我之前曾在綠梣木裂開的樹幹內看過這種蒼蠅。當時，裂縫裡的木頭已經腐爛，洞裡積了些水，看起來彷彿是一艘被水淹沒的獨木舟。剛開始時，那水的顏色有如蜂蜜，幾天後就像是泡了很久的茶，過了幾個星期後就變成一鍋渾濁的湯水，上面出現了一些幼蟲，其中包括很像蠕蟲的蚋的幼蟲、不時抽動身子的孑孓，和在水裡緩慢蠕動的蛆。牠們在這渾濁的水中游泳並進食。有一部分幼蟲長大後，會用牠們那細如毛髮般的呼吸管的尖端頂住水面，以便呼吸到水面上的空氣，看起來宛如一批戴著呼吸管的潛水夫。這些蟲子便是食蚜蠅的幼蟲「鼠尾蛆」（rat-tailed maggot），牠們正在樹幹的水窪裡攝食水中的殘渣。

這座森林沒有池塘或湖泊，但樹洞和裂開的樹幹就像熱帶地區吉貝樹上的鳳梨科植物一般，能夠蓄積水分，讓成千上百個物種得以在其中生存。因此，枯木便成了這座森林裡的水生棲地。每一個節孔、木頭縫隙或老葉團塊，都是一座水池或沼澤。因此，那些以蚊蚋為食的雛鳥、盼著傳粉昆蟲前來的花朵，和每個被蚊子叮咬的生物，都和這棵已經枯死的綠梣樹有著連結。

## ●十月

不知何故，這棵倒地的綠梣樹上總是有哺乳類動物經過，或許牠們是想從那粗達一公尺的樹幹上眺望遠方，也可能是因為那樹皮堅韌，走起來很穩。無論如何，白天時，樹幹上多半都有一隻花栗鼠或松鼠。夜晚時，也會有土狼、松鼠、負鼠和土撥鼠從這條「高架道路」上經過，我甚至還看過一隻健壯的山貓。肉食性動物每每蹲坐在樹幹上，眺望著下方。其他動物則是在上面慢慢的走。每天晚上，都有一家子浣熊（一共四隻）列隊從樹幹的這一頭走到那一頭。傍晚時，牠們是上坡，從樹冠往根球的方向走，可能是要前往半個小時路程之外的一座小鎮，在那裡的垃圾箱內覓食。到了晚上某個時間，牠們就會走回來，從根球走到樹冠，然後再走下一座斜坡，可能是要回到牠們在坡下亂石堆裡的洞穴。

這些動物經過時，都會在樹幹上留下牠們的糞便，那是牠們在自己的地盤上做的記號。從這些排泄物裡，就可以看出牠們各自吃了些什麼，藉此一窺食物網的樣貌。有一團潮溼、拇指大小的糞便裡滿是蟋蟀腿、黃蜂頭、葉渣、種子、蜜蜂的腹部，和一條有我的手掌這麼長的鐵線蟲。我用地上的槭樹細枝做了一個鑷子，檢查了另一條手指形狀的狐狸糞，發現裡面都是野葡萄籽。我把其中兩顆放在口袋裡帶回家，種在窗台上的一個花盆裡。當它們發芽時，我發現它們的葉子背面有一層泛紅的白蠟，這才知道它們是「鴿子葡萄」（pigeon grapes，又名「夏葡萄」）。這個名字源自如今已經絕種的旅鴿。從前旅鴿聚集在此地時，會帶來各式各樣的種子，而這些種子會隨著鳥糞掉落在地上。這裡的植物就像香冷杉一樣，必須靠動物為它們傳布種子。現在，旅鴿已經消失了，因此狐狸和浣熊必須代替數十億隻的旅鴿從事這項工作。

在一堆堆的糞便之間，有一些閃亮的橘色塑膠薄片躺在樹皮的裂縫中。那是一顆被咬過的高爾夫球的碎片。這顆高爾夫球被某人打到樹林裡之後，就成了某個牙齒堅硬的動物，拿來磨牙的玩具可能是一隻愛玩耍的小土狼，也可能是一隻搞不清楚狀況的松鼠。

倒下的綠梣樹引來了各種哺乳類動物，為森林的未來鋪路。當這些動物的糞便逐漸堆積時，裡面的種子也會愈來愈多。此外，木頭腐朽之後，它的養分會滲入泥土裡，形成一層覆蓋物，保護植物的幼芽，並提供它們所需的營養。然而，就像那漫過菜棕根部的海水一般，這綠梣樹的倒木上也可以看到塑膠碎片。它們是森林中的工業漂流物。

## ●十一月

我用一根長柄滴管從樹幹裂孔裡取出了些許渾濁的積水，捏了一下管子頂端的橡膠球，滴了一滴在顯微鏡的載玻片上，然後再用一片細玻璃將那水滴攤平。

顯微鏡放大到四十倍時，我看到幾隻蠓腿和木頭碎片。我握住顯微鏡上那個有滾花的轉盤，把更高倍數的鏡頭轉到正確位置。放大一百倍後，我看到一些細長光亮的東西搖搖晃晃的掠過畫面；那是在水中轉動的木屑。放大到四百倍時，顯微鏡的目鏡裡盡是各式各樣、密密麻麻、震顫抖動的活細胞；事實上，這一滴水當中所含的生物，比此處山坡上的樹木還要多。其中有些是雙球狀的細胞，它們搖頭擺尾的從載玻片的這一端游到另一端，並且反覆來回。有些細胞外型像個逗點，在水中緩緩蜿蜒行進；有些細胞狀如果凍，不停的在水中旋轉；還有一些拖鞋狀的細胞是以爬行的方式前進，並在游過的水面上留下了一些漩渦。有一個半透明的龐然大物，其體長是它肚腹裡的那個獵物的五十倍，它迅速掠過畫面，消失無蹤。我趕緊轉動刻度盤，滑動鏡頭底下的載玻片，試著找到那個怪物，只見它的身體呈卵形，在水中散發著一圈光暈，體表的纖毛不停的抖動著，以致照在上面的光線都被折射了出去。

三百年前，雷文霍克（van Leeuwenhoek）把玻璃磨成了鏡片，在顯微鏡底下看到了「微動物」（animalcules）與骨骼肌上的橫紋，但他將相關報告送到皇家學會時，卻被譏為醉鬼。即使到了現在，這些微生物依舊不太為人所知，它們所得到的關注甚至不及星象學。

## ●十二月

一隻身軀閃亮、健壯的馬陸悄悄在綠梣樹的樹皮隙縫中蜿蜒前進，一邊低著牠那圓圓的頭吃著水藻。這塊木頭是牠的棲地，但牠本身也是其他幾種生物的棲地。有兩隻黃褐色的蟎就住在牠背上，大小僅及牠一個體節寬度的十分之一。這隻馬陸在腐爛的樹皮上進食時，那兩隻蟎也正吃著馬陸的外骨骼所滲出的物質。兩者間的關係由來已久，是在演化的過程中逐漸形成的，屬於異蛻蟎科（*Heterozerconidae*）的所有蟎蟲都只生活在馬陸身上。

兩者的生命週期也完全同步。當馬陸在夏末進入木頭底下繁殖，這些蟎也會離開馬陸的身體去尋覓交配的對象，而且兩者都會把卵產在木頭底下，使其保持溼潤。到了初秋時，馬陸和蟎的幼蟲便都孵化出來。森林裡如果沒有倒木可以庇護兩者的幼蟲，就不會有馬陸和這種蟎。

## ●一月

這倒木的根球往上翹，和我的頭部一樣高。一條條被折斷的根露在土塊外面，有些甚至和人的大腿一樣粗。原本靠風傳布的樹木種子被冬日的霜雪打落，掉在光禿禿的地上，並且暴露在外，讓人一望即知當春天到來時，這裡會有哪些種子發芽。

經過好幾個月的風吹雨打再加上這一陣子的霜凍之後，糖槭種子那狀似直升機機翼的V形翅膀已經襤褸不堪，彷彿正在換毛的禿鷹。紅榆樹的果實看起來像是一張已經爛掉一半、又被削去一角的紙片，裡面包著一顆狀如扁豆的種子。鵝掌楸的果實這個星期才剛從樹上掉下來，尚未開始腐爛，它們的形狀像是一把把尖端朝上的匕首，刀身有幾道溝槽，種子便藏在果實尖端一個小突起中。除了這些本地植物之外，還有一顆外來樹木的種子，它看起來像是一根中央部位隆起的鬆脆羽毛。這便是原產於東亞的臭椿。

臭椿的種子開始生根之後，就會在土壤中分泌一種化學物質，毒死其他樹木的根。此外，臭椿樹苗的根也會使用不同於本土樹種的訊息和土壤中的微生物對話，促使它們從土壤中吸收更多的氮。由於養分充足，它的莖會迅速抽高，擋住其他樹木的光線。這種改變土壤中的微生物群落、消除某些連結，並強化其他連結的做法，已經使它成為美國落葉林樹冠層缺口地帶最常見的早生樹種之一。

## ●二月

誰來晚餐：

| | |
|---|---|
| 喉嚨痛的貓發出的嗚嗚聲 | 絨啄木鳥 |
| 醉醺醺、精神恍惚的行進樂隊鼓手 | 長嘴啄木鳥 |
| 連續三拍或四拍的敲擊聲 | 紅腹啄木鳥 |
| 木尺的彈撥聲，繼之以不規則的敲打聲 | 紅頭啄木鳥 |

慢吞吞的釘著木板的老頭
冠啄木鳥
心跳加速的聲音，而後愈來愈弱
成為結結巴巴的心悸聲
黃腹啄木鳥
一八九〇年代木製電話的鈴聲
北撲翅鴷（northern flicker）
把鉛丸扔到樹上的聲音
白胸鳾
用鑷子刺戳皮革的聲音
卡羅來納山雀
用螺絲起子刺戳皮革的聲音
簇山雀
用鉛筆芯機械化的在書頁間塗畫
彷彿正在快速編輯文稿的聲音
美洲旋木雀（brown creeper）

有一隻啄木鳥正在綠楞樹的樹幹上鑽洞，樹幹裡外的甲蟲幼蟲、木匠蟻和樹琥珀蝸牛可緊張了。我把頭靠在那樹幹上聆聽，那隻啄木鳥雖然遠在二十公尺之外，但牠鑽洞的聲音卻彷彿直接從我緊貼著樹皮的耳朵底下傳來。整根樹幹的昆蟲都感受到了這些震動，面臨了被捕食的威脅。

這些鳥都是在樹皮縫隙中覓食的行家，牠們的舌頭靈巧，嘴喙又尖又長，擅於挖掘那些躲藏在隙縫深處的甲蟲。牠們在樹木上方飛行時，會注意聆聽下面的動靜，看看是否有昆蟲躲在木頭裡。

甲蟲和鳥兒同樣都在這綠楞樹的枯木上攝食。儲存在綠楞樹的纖維素中的陽光能量，先是進入甲蟲的血肉，而後再進入鳥兒的肚腹。鳥兒的嘴喙卡嗒卡嗒敲擊木頭的聲音，乃是源自綠楞樹的能量，是它在這森林中所呼出的最後一口悠長氣息的一部分。

## ●一週年

綠楞樹倒下後，樹冠層出現了一個缺口，陽光由此處照入林中，形成了一座上下顛倒的光瀑。經過一年的充足日照後，從前還很矮小的草本植物如今已長成灌叢。在森林裡的其他地方，由於光線受到遮蔽、日照不足，類葉升麻（baneberry）、藍升麻（blue cohosh）和水跡葉都很矮小，高度僅及我的腳踝。但此處的植物因為光線充足，根莖發達，都長得很高，我得舉起雙手才能穿越其中。此外，這些植物的葉子都非常茂密，我行經其中時，不斷聞到葉片被擦傷後所散發出的香氣。由於草木繁盛，我根本看不到地面，只好小心翼翼的前進，心裡一直想著之前看到的那條響尾蛇。

除了草本植物之外，這裡的小樹和灌木也長得很高，因此成了白尾鹿最喜愛的地方。牠們在那幾棵生長迅速、已然枝葉亭亭的山胡椒、榆樹、臭椿和七葉樹的幼樹之間睡覺。這一陣子，我每次造訪此地，幾乎都會看到幾隻原本正在盡情大嚼的鹿驚慌逃離。

一百公尺之外，還有另一棵倒木。那是一棵白橡樹，樹幹約有一扇大門這麼寬。當初它被風吹斷時，倒勢必然非常猛烈，因為它根部的泥土被拋到了二十公尺之外，地上也被砸出一個類似炸彈坑的凹洞。另外一棵巨木——一棵糖槭——也在同一場春日風暴中折斷了，有大半截樹幹滾到了山坡底下，只剩下幾條直立的木片和仍然埋在土裡的根部相連。每一條木片都細得像鉛筆一般，而且高到我伸手搆不著的程度。我用雙手摩擦那些木片，並逐一加以撥弄，只聽見它們發出低沉、隱約的嗡嗡聲。這兩棵大樹倒下時也像那綠梣樹一般，使得樹冠層出現缺口，同時，它們的樹幹也都在暴風雨中裂開。此後，森林裡的各種生物將會進駐此地，並在這裡覓食。從森林上空俯瞰，這些倒下的樹木看起來應該像是森林中不規則分布的斑點，吸引各種生物聚集。過了幾年後，這些生物便會逐漸融入周遭的環境中。

據估計，全球的森林含有七百三十一億公噸的倒木，相當於全球木材總量的五分之一。而這些已經枯死、分解，並成為土壤有機質、已經不復樹木形狀的木頭，其重要性事實上更勝於那些活生生的樹木。

## ●兩週年

綠梣樹的表面有成千上百個類似牙籤般細細長長的東西，各自從樹皮裂縫中的一個個錐孔中探出頭來。我碰觸了一下其中一個，結果它立刻崩解，變成像煙灰一般的粉末。我把耳朵貼在樹幹上，但並未聽見任何動靜。於是，我便試著使用聽診器來聆聽，希望能把音量放大。然而，製造這些細管狀木屑的動物實在太小，而且位於木頭深處，因此聲音根本無法傳到樹皮表面來。

這些容易粉碎的突起物，是一種會在樹木裡挖掘坑道的昆蟲的傑作。牠們名叫粉蠹蟲，身體只有半粒芝麻大，來到這棵綠梣樹時還帶著幫手：每一隻粉蠹蟲的胸甲上都有一些小口袋，裡面裝著一團真菌和細菌。它們是粉蠹蟲的夥伴，可以把木頭變成粉蠹蟲能夠攝取的食物。

這些粉蠹蟲和吉丁蟲（bark ash borer）之類的小蠹蟲不同，後者專吃樹皮和木材之間的那層軟組織，粉蠹蟲則會進入木頭深處。牠們會在木頭裡面一路挖鑿坑道直抵木心，並且沿路將牠們口袋裡的真菌和細菌倒出來。牠們就像農夫一樣，那些坑道是牠們所挖的犁溝，而那些真菌和細菌則是牠們所蓄養的牛羊。這些肉眼不可見的牛羊吃的是木材，它們會把木材加以消化，吸收其養分，並將這些養分儲存在它們的身體內。之後，粉蠹蟲會回過頭來吃這些「牛羊」的「肉」。牠們會把大部分的真菌和細菌吃掉，只留下足夠的菌繼續分解木材。這類「洞穴中的牧場」出現的時間，比人類的農場早了六千萬年。由於歷史悠久，蟲子和菌之間已經形成完全相互依賴的關係；如果兩者之間的連結被切斷，誰都無法存活。

粉蠹蟲帶來真菌後，其他種類的真菌也接踵而至，循著粉蠹蟲所挖掘的地道進入木頭內部，攻占地盤，拓展勢力。這個星期就有好幾種這類真菌從木頭裡探出頭來。最先出現的是一朵小小的雲芝，它的菌身是棕色的，鑲著一圈乳黃色的邊，表面溼潤且泛著微光。此外，還有一朵扁平的新月形乳黃色真菌。一旁則是一朵架狀菌，上面有著淡黃褐色、胡桃色和絨白色的條紋。這些真菌的菌絲縱橫交錯，布滿木頭內部，而這一朵朵架狀或球狀的菌菇，只是它們露在外面用來製造孢子的部分。每個孢子的重量只有人體細胞的五千分之一，只要有一陣強風吹來、一隻昆蟲經過，或一根枝條掉落，就足以使它飄到別的地方。之後，它如果掉落在適合生長的木頭上，就會開始萌芽並長出菌絲，伸進木頭內部，並分泌消化酶，將木材分解為各種含糖的化學物質。

不出幾個星期，就會有各種生物在這些菌菇上爬行並進食。這類生活在真菌和腐木中的幼蟲多達好幾百種，其中包括各式各樣的甲蟲、蛾和蒼蠅。對牠們來說，這些會讓木頭腐朽的真菌是牠們唯一的棲所。

當一個充滿記憶、對話與連結的存在——一個人、一棵樹，或一隻山雀——死亡時，這個生命網絡便失去了一個擁有智力與生命力的中樞。對那些與其有著密切連結的生物而言，這是一個重大的損失，因此，這些生物會像人類哀悼往生者一般，經歷一個傷痛的過程。對那些依附某棵樹木的生物而言，這棵樹木的死亡使得它／牠們所賴以存活的關係宣告終結。它／牠們必須找到另一棵有生命的樹木，否則它／牠們本身也會死亡；它／牠們在與樹木建立關係的過程中所累積的森林知識，也大半會消失。此外，這棵樹一生當中在森林中的某處與陽光、水、風和其他生物互動時所獲得的知識，也會消失。

然而，已經死去的樹木也會在它的體內以及四周催化出新的生命，從而創造出新的連結，孕育出新的生物。這是一個充滿創造性的過程，並非透過教導或感知達成。已死的樹木並不會創造出一個新的版本的自己，藉以承傳它的知識。相反的，它的死會導致成千上萬種生物在它的內部和周遭互動，不斷的探索機會，發展出新的關係，獲得新的知識。如此這般，下一個世代的森林就誕生了。因此，森林中的枯木就像一根避雷針，會吸納周遭原本分散各處的潛在能量，將它們加以集中、強化。但它和避雷針不同之處在於：它所吸納的能量並不會流入地底、消失不見，而是藉著枯木裡的各種連結不斷茁壯，表現出更有活力、更加多元的風貌。

我們的語言並不能充分表達樹木枯死後所展現的豐富生命。「腐爛」、「分解」、「朽木」、「腐葉」、「枯枝」等字眼，並不足以表達如此生氣蓬勃的過程。「腐爛」能引發無限可能。「分解」乃是生物群落的重組。「腐葉」和「朽木」是鍛造新生命的熔爐。「枯木」是樹木讓它的自我消亡，進入網絡，而後重生的一個歡樂的創造過程。

# 插曲：三椏

✕ 日本，越前市

35°54'24.5"N, 136°15'12.0"E

我的朝聖之旅因為語言不通而耽擱了。在火車站的計程車候車處，我雖然出示了地圖，也秀出了我練了許久的幾句日本話，但還是無濟於事。我想去的那座神社並不遠，但當我說出kami（神）這個字時，司機卻皺起了眉頭，神情頗為迷惑。直到我後退一步、拍了兩次手，並且做出在神社裡頂禮的樣子時，他的眉頭才舒展開來，並且露出了笑容。我們的車子疾馳過一座座稻田，朝著山丘前進。他在山坡底下的紙神神社門口把我放下來。這趟車程的代價是三張由碾碎的三椏樹皮和馬尼拉麻葉的纖維所做成的紙鈔。紙鈔上印著一位細菌學家的肖像，以及富士山和櫻花的圖案。這些紙鈔和印有美國前總統安德魯・傑克森（Andrew Jackson）肖像的美鈔不同，後者是由棉、麻纖維所製成，堅韌而富有彈性。這些紙鈔則色澤明亮，即便經過多次使用，質地依然爽脆。

我穿過鳥居，走上了一條遍地金色落葉的石板路，那些乾枯的銀杏葉使得我的腳步聲聽起來較為輕盈。在抵達神龕之前，我經過了一個裝滿山泉水的洗手池，便停下來把手清洗乾淨。製紙的程序也是如此：必須先用冷水洗手，才能開始製紙。每一座神社都有水供人淨手，但在此地——紙神川上御前的故鄉——從山上流下來的冷冽泉水，也代表著紙神的精神和她的承傳。當年，川上御前被問到她來自何方時，她僅答以：「來自川上。」此處的鳥居上蝕刻著越前市這兩座供奉紙神的神社之名：「大瀧」和「岡太」。「大瀧」是大瀑布的意思，「岡」則代表「山」。這兩座神社在她到來之前就已經存在了。因此，川上御前是在歷史的匯流處出現的一個人物，她的造紙知識也由來已久，最初是源自中國，在第七世紀時隨著佛教東傳，經由韓國傳到日本。

把楮樹（又稱構樹）或三椏的內層樹皮打爛並泡在水中時，植物細胞裡的絲狀物會分離出來，浮在水面上。這些纖維素是由葡萄糖組成，最高可含一萬五千個葡萄糖基。它們懸浮在加了木槿黏液質（hibiscus mucilage）的水中時，會相互交錯纏繞，同時由於浸泡在冷水中，它們並不會發酵，只會形成一層黏稠的懸浮體，可以用來造成最精良的紙。因此，越前市的山丘雖然種不出很多糧食，卻非常適合發展川上御前所帶來的造紙工藝。比起那些氣候較溫暖的山谷地區，此地所生長的樹木纖維更長，造出來的紙更加堅韌而有光澤。因此，越前市遂成為日本造紙業的中心，專門供應貴族、幕府將軍和各地政府所用的紙張。同時，它也是日本書寫文化的誕生地。

其後，當日本開始與西方國家進行貿易，這些紙張便傳到了歐洲。當時，歐洲的造紙技術比亞洲落後了一千年。據說當時的荷蘭名畫家林布蘭（Rembrandt）就很喜歡用日本紙來做蝕刻畫，而這些日本紙很可能就來自越前市。

如果你拿一個孔目很細的篩網往泡著樹皮糊的水中一舀，就可以撈起一些糾結的植物細絲（纖維素）。它們攤在篩網上時，就定了型。反覆舀個幾次，讓紙漿層層堆疊後，紙張就成形了。水的毛細現象，就是讓水能留在植物的活細胞裡的一種現象，會使那些細絲吸附在篩網上，形成薄薄的一層，再經過機器壓榨後，水便會滲出，紙糊內的纖維素也會更加緊密的纏繞在一起。水消失後，纖維素裡的分子就牢牢的結合在一起了。

紙神存在於有水的川上，也存在於無水的紙張中。她的形體雖然已經消逝，但她的精神卻存在於紙張內部數十億個原子之間的電化學鍵結中。在日語中，「神」字和「紙」字的發音同樣都是kami，而我的計程車司機生活在這個造紙坊雲集的小鎮，難怪他聽到我說kami這個字時，臉上會露出迷惑的神情。紙神川上御前的神性，展現在我們的舌尖和耳畔。這世間的每一張紙都蘊含著她那些神聖的殿堂中所隱藏的能量。

越前市供奉紙神的神社共有兩座。一座位於山頂，非常小巧，一年當中大多數時候都罩著防水布，只有節日時才會掀開。節慶期間，川上御前的神像會乘坐黃金轎子在鎮上遊行，拜訪各家造紙工坊。另一座神社則位於當地村莊與林蔭山坡的交界處，紙神的神像則位於賽錢箱和拜殿後方的本殿中。神社四周有牆，庭院內苔蘚遍地，有一道石砌階梯通往鳥居，階梯兩旁沿路都掛著燈籠。神社的四周有許多古老的日本柳杉，高度可以媲美雨林中的吉貝樹。據說在川上御前到來之前的數百年間，曾有一些手使長矛、能夠飛身上樹的勇猛武僧住在這裡。

山下的神社四壁都是木雕，題材包括築巢的鳥兒、龍、花草樹葉和橡實等等，畫面就如同一座森林，令我駐足觀賞了好幾個小時。這座神社共有三座屋頂，從賽錢箱到本殿後方依序呈波浪狀排列。這些屋頂是以木板和樹皮製的屋瓦組合而成，頗具森林氣息。然而，這種工藝建立在一個很矛盾的現象上：這座神社之所以能夠屹立不墜，靠的是木材中某種物質的支撐，但這種物質恰恰是紙匠造紙時所必須破壞的東西——木質素。木質素是一種很硬的分子，木材之所以堅硬，就是因為裡面有木質素；如果沒有它，樹枝就會像棉線一樣柔軟，樹幹也將無法承受重量。但木質素不吸水，而且會使得纖維素無法交織在一起。傳統工匠是使用木灰和苛性鈉，將紙漿裡的木質素去除；現代紙廠則是使用氣味刺鼻的硫。在全世界各地，木頭在被製成紙張之前都必須經過這樣的淨化程序。

木雕是樹木的質地和雕刻家的巧思兩者交會的產物；紙張則是分子與分子交會的結果。紙匠必須懂得纖維和水的特性，並加以運用。樹木的材質和紙匠的手藝，都會在紙張上留下微妙的痕跡。有些紙張中嵌有花飾，例如樹葉、植物纖維和浮水印，藉以顯示它們的材質，但大多數紙都需要透過手指和耳朵才能識別：

假鈔和真鈔的音質不同。偽造假鈔的罪犯絕大部分都不知道鈔票中所使用的植物種類以及水的比例。銀行業者和印鈔人員則會用手指摩挲鈔票，再根據它們所發出的聲音來判定紙鈔的年分和材質。真正的行家能夠聽出紙張的產地。

我把一張文具紙湊近耳朵，並且輕輕的撫摸它的表面。這時我聽到那硬挺的紙面就像一片長著絨毛的葉子一般，發出一種柔和的聲音，彷彿用一根耙子劃過細沙似的。我的手指加快速度時，那聲音聽起來就像是金屬製的溜冰鞋滑過冰上。

「雁皮」是日本人用野生的蕘花屬灌木的纖維所製成的紙，是「高貴」的手工紙，專門用來印製最精緻的刊物，或製作最昂貴的窗紙。這種紙表面光滑，我用手指撫摸時，幾乎沒有聲音，只有微微的尖細而平穩的聲響。

兩張楮紙，製法不同，就產生了不同的聲音。第一張紙是用未經搥打的纖維製成，在我的撫觸之下，發出了細碎的爆裂聲和窸窣聲響。由於紙張內含有成千上百條捲曲的白色纖維，因此我的手指觸碰的角度決定了它所發出聲音的質地。第二張楮紙是用充分搥打過的纖維做成的，紙質細緻強韌，在我的手底下發出了低沉的震顫聲，有點像是細微的粉末互相摩擦的聲音。

衛生紙。撕時安靜無聲。它的纖維扁平稀少，很容易撕開。

新聞紙，天氣乾燥時會啪啪作響。吸了溼氣，纖維變得鬆弛之後，被弄皺時，聲音就顯得有氣無力。在亞熱帶潮溼的氣候裡放了一個星期之後，它就完全沒有聲音了。

影印紙（印表紙）是紙中的軍訓教官，會發出有節奏的、類似扣扳機般的聲音。被揉捏時，聲音很大，無論你往哪個方向拉扯，都不容易破，因為它表面有一層均勻的塗料，讓內部的纖維素變得穩定。

我行經空蕩蕩的街道走回車站，途中看到兩、三個老人正在屋後的架子上掛蘿蔔，另有一名男子用獨輪車推著一車楮樹皮從一旁經過。我一直走到山丘已經遠得看不清楚時，街上的車馬行人才多了起來，購物中心和高速公路也才相繼出現。十九世紀時，日本有將近七萬家造紙工坊，如今只剩下不到三百家。儘管我們現在每年使用的紙張多達四億公噸，比一九八〇年代多了兩倍以上，卻愈來愈無視於紙的存在。這是因為在這個工業時代，紙張只不過是承載著印刷訊息的物品，是個配角，所以人們已經對它們視而不見了。

所幸，一些藝術家、印刷業者和造紙工匠仍舊能夠聽到紙的聲音。我們在結婚請柬、紀念冊和出生公告等各種儀式性的文件中，也仍舊可以感受到一些紙的精神，了解紙張的意義與重要性。

我曾聽蘇丹和波士尼亞的難民描述他們在逃難期間如何珍惜他們所剩不多的紙張，並實施限量供應的做法，以期充分利用每一公分的紙片。在紙上書寫的行為讓他們享受到自我表達的喜悅，但也讓他們擔心紙張會不敷使用。

萬一有一天，造紙工廠和電子螢幕（兩者都必須耗用大量的能源）都崩壞時，我們這個時代所留存的一切，將會被記錄在用三椏、雁皮、棉或楮樹製成的手工和紙上。那是川上御前的水和纖維所形成的產物。

02.

# 第二部

---

## The Songs of Trees

### Stories From Nature's Great Connectors

# 榛樹

✕ 蘇格蘭，南昆斯費里鎮

55°59'27.4"N. 3°25'09.3" W

這棵樹的殘骸被包在塑膠袋裡，放在硬紙板做的檔案盒裡。盒子上標示著樣本和地點代碼，盒子裡則整整齊齊放著三個貼有標籤的袋子。標籤上分別寫著：「木炭」、「骨骸」和「堅果殼」。我拿起貼著「木炭」標籤的那個袋子，把拉鍊打開，發現裡面放著幾十個手掌大小的透明袋子，全都依照標本號碼的順序排列。我把那些小袋子倒出來時，它們發出了細微的沙沙聲，這是物品被井然有序的存放在塑膠袋裡的聲音。在經過幾百個小時的人工整理後，成千上萬個樹木碎片都被編上了號碼和名字，納入了一個階層分明的系統。

從眾多的小袋子中，我選出了編號「焦炭—三〇二一—一三〇」的那個，小心翼翼的把那密閉的封口打開，並將袋口傾斜，把裡面的一小塊木炭倒在玻璃盤上。那木炭「噗」一聲掉了出來，落在顯微鏡兩盞燈光下方的鏡台上。用肉眼看，這個木炭樣本只不過是個形狀不規則的立方體，每一邊的長度都和人的指甲差不多。這雖然是一塊老木頭，而且已經被燒得焦黑，但看起來卻很新鮮，彷彿才剛被燒過，而且那營火還是幾分鐘之前才熄滅似的。乍看之下，這塊木炭並沒有明顯特徵，但是當我把眼睛貼到顯微鏡的目鏡上觀看時，卻看到一座座懸崖，上面規則的分布著垂直裂縫，那是木頭裡一圈圈細胞的遺跡。大火把細胞壁很薄的木質燒掉了，只留下一層層被燒黑的組織。木炭裡的那些裂縫是弧形的，從弧形彎曲的程度來看，這顯然是一根小枝。整塊木炭被放大之後看起來像是一塊顏色深暗的浮石，上面散布著一些平滑區域。這些區域在明亮的聚光燈底下會反射光線，看起來像是木炭表面的銀色斑點。

我並未把這塊木炭分成小塊或將它切片，放到載玻片上檢視（若要徹底的檢驗分析，就必須這麼做），但我仍然能根據其中的一些特徵辨識出它所屬的木材種類。它的年輪有微微的波浪狀起伏，小孔分布得很均勻，每道年輪當中春天和夏天所生長的細胞並沒有明顯差異。一條條的木質線（與年輪垂直的輪輻狀組織）聚在一起，形成一束，看起來很粗。這些都是歐洲榛樹的特徵。這些特徵就像細胞的DNA或葉子的構造一樣，可以做為精確的判斷標準。此外，將這些樣本從一座火坑遺址挖出來的那群考古學家也做了更精細的分析。他們發現，無論就每一束木質線的數目、輸水細胞末端的細長洞孔，以及橫跨這些洞孔的五到十根支柱等各方面來看，這種木頭確實就是歐洲榛樹。我眼前的這塊木炭還殘留著一些菌絲的痕跡，顯示它在被焚燒之前就已經開始腐爛。這檔案盒裡的幾千塊木炭都有同樣的特徵，可見當初生火的人用的全都是榛樹的木材。

在這些樣本中，木炭是每一塊或六塊被裝成一袋，堅果殼則是幾百片一袋。我打開標示著「堅果殼—三〇二一—二三二」那一袋，把裡面的堅果殼倒出來時，那聲音就像是把一罐硬幣倒在桌子上，叮叮噹噹的流瀉而出。就算沒有顯微鏡，我也可以一眼看出這是歐洲榛樹的堅果殼。它的尖端有一個凹陷，殼身是球形的，底部扁平，殼壁光滑。殼面呈扇貝形，上面有一道道隆起的紋路。儘管被燒過，它仍舊維持原來的淡黃褐色。這一袋樣本裡的堅果殼沒有一個是完整的，每個都碎成四片或八片。它們被丟到地上之前顯然經過徹底的處理。

樹木要靠吸收空氣中的二氧化碳才能生長，因此它們的枝條和堅果殼內的碳原子會表現出它們所長出的那個年代的特徵。由於果殼內的放射性碳十四會逐漸減少，因此我們可以根據碳十四的含量多寡來測定它的年紀。堅果殼剛長出來時，裡面的碳十四原子數目就像當年大氣裡的含量一樣多；其後，隨著它們逐漸轉變成氮，碳量就會慢慢減少，就像沙漏裡的沙子一樣。經過大約五萬年之後，原有的碳十四原子就通通消失了（沙漏裡的沙子流光了）。在碳十四原子尚未完全消失前，這種名為「放射性碳定年法」的方法是測定生物年分的最佳方法。

為使測定的結果更加精確，我們還可以根據已知年齡的樹木的年輪來加以校正，這是因為年頭的好壞會顯示在那一年所生長的樹木年輪中。一般來說，在雨水豐沛的年頭，樹木所長出的年輪較寬，在乾旱的年頭則較為狹窄。根據年輪的圖案，我們就能知道每年氣候的變化，以及大氣中碳十四含量的波動。植物學家在檢視掩埋在沼澤中的古老樹木後，建立了數萬年前樹木的年輪資料。有了這些資料，再加上核子物理學家所做的碳十四檢測，我們便能極其精準的判定樹木的年齡。因此，那些堅果殼被送到了牛津大學的一座實驗室。那裡的人員用銫（一種金屬元素）離子轟擊果殼裡的碳原子，再以兩千五百萬伏特的加速器將它們加速，形成一道光束，射進一台感應器，以計算碳十四原子的數量，並根據樹木的年輪來校正測定的數據。結果他們發現：這些堅果殼是公元前八三五四年的古物，至今已有一萬三百六十九年的歷史，誤差範圍為七十八年。

這些堅果殼和枝條目前存放在英國的陸岬考古學研究中心愛丁堡辦公室（Edinburgh offices of Headland Archaeology），但如果不是因為交通堵塞和橋梁老化，它們很可能會繼續被埋在蘇格蘭的南昆斯費里鎮（譯注：South Queensferry，Queensferry意為「女王的渡口」）郊區的一座蹓狗公園，不為人所知。南昆斯費里鎮之所以得名，是因為該鎮往北的交通為福斯灣（Firth of Forth，為橫越蘇格蘭南部的一座寬闊海口灣）所阻。為了便利人們前往北邊的寺院朝聖，當時的瑪格麗特女王便下令在河口最狹窄處興建一座渡口。此後的一千年當中，南北昆斯費里兩地大多數時間都靠著渡輪往來。一八九〇年時，福斯灣鐵路橋開始啟用，一九六四年時道路橋也跟著通車。到了今天，福斯灣中已經不再有渡船行駛了，而道路橋由於交通流量遠遠超乎原先預期，未來恐將不敷使用，勢必需要建造新的橋梁，於是開挖基礎的工程便展開了。

這座新的橋梁名為昆斯費里渡口路橋（The Queensferry Crossing road bridge），是二十一世紀蘇格蘭規模最大的基礎建設工程。在開挖之際，一群考古學家也隨著推土機來到位於郊區的這處蹓狗場。這是因為在蘇格蘭，幾乎每項道路工程進行期間都曾經挖出早期的農業聚落、中世紀的城鎮，或維多利亞時期的工業開發區遺址。因此，政府在擬定道路興建計畫時，都會預留時間讓考古學家前往探勘，這對汽車駕駛人來說是個壞消息，但對那些有意探索歷史、從過往中學習的人士而言，則是個好消息。結果，他們在昆斯費里真的挖到了寶。當工程人員將福斯灣堤岸的表土挖開後，就發現了一處古建築的遺址，那是冰河期尾聲的中石器時代人類所建造的房屋，也是蘇格蘭迄今所發現最古老的人類建築遺址。

在一萬年之後的今天，冰河早已消失，但當我來到昆斯費里的這處遺址，卻感覺冰河期彷彿就在眼前。那是一個晴朗的夏日，強風陣陣襲來，吹得樹木搖搖晃晃，福斯灣裡的海水也泛著白浪。一陣規律的重擊聲從昆斯費里渡口陸橋的工地傳來，那裡的工人正將幾座塔基放入海裡。有一條溪從蹓狗場蜿蜒而下，流入福斯灣，有一群絨鴨正在溪口避風，牠們不停的朝岸邊啄著，一邊「啊嗚啊嗚」的叫著。那中石器時代的聚落遺址位於斜坡高處，我站在那兒時，風不停的呼嘯而來，在我的耳邊颼颼作響。突然間，風中傳來了一隻草地鷚高亢、尖銳、重複的叫聲。當時風勢強勁，連我都險些被吹倒，但那隻鳥卻在蹓狗場上方、距地面十公尺的空中一邊叫著、一邊平穩的飛行。從北海吹來、夾帶著冰珠的冬日寒風，不斷灌進我的帽子和夾克裡。在這強風中，一群鴨、鵝正沿著福斯河往上游疾飛而去。牠們都是北方的鳥兒。在一萬年前，這裡應該也是草地鷚、鵝和絨鴨的棲地，但如今，這裡的氣候已經變得比較暖和。在中石器時代，蘇格蘭的氣候比較接近現在的斯堪地那維亞北部。因此，也難怪當初住在這處遺址的先民會造出這些堅固的房屋以及防風護堤。

在其中最大的一棟房屋所在之處，地面上有九個排成橢圓形的洞，每個洞都大到足以插入一根粗重的木頭柱子。這些柱子往內傾斜，便形成了牆壁的架構。如今，那些牆早已不見，但從地上那一堆堆的泥土，我們可以推測當時的人可能是用樹木的枝條編成籬笆牆，然後再用灰泥塗抹牆壁的縫隙。那一圈柱洞所圍住的地面共二十一平方公尺，相當於現代房屋裡一個中型房間的面積。或許是為了隔熱和防風，屋內的地面是下陷的，大約有膝蓋到腳底那麼深。屋內有一端鋪著鵝卵石，前面還有一座爐床。房子中央有一圈較小的柱洞，顯示那裡曾有一座屏風或床架。地上到處散布著用來裝盛爐火灰燼的坑洞。所有東西幾乎都已經腐朽殆盡，唯一可辨識的是泥土裡的幾個洞孔、若干石製的工具，以及一些已經燒焦的生物殘骸。「木炭—三〇二—一三〇」和「堅果殼—三〇二—二三一」這兩件樣本，便是考古學家從屋裡的一堆黑泥沙裡挖出來的。它們之所以能夠歷經萬年留存至今，不像這裡的其他物品一般步上腐朽的命運，是因為它們已經被燒成了幾近純碳的狀態，幾乎無法被微生物所分解。

乍看之下，當時此地居民的生活無疑頗為艱辛，但屋內種種也透露出他們豐足的一面。屋內的垃圾堆裡有魚骨和鳥骨，可見他們能從附近的河口與海濱獲得食物。此外，這些來自海洋的食物殘渣中也混雜著種類不明的哺乳類動物骨骼，顯示當時的人很可能並不缺乏肉食。不過，在他們的狩獵和採集生活中，最重要的一個物種卻是歐洲榛樹，他們藉它來取暖並滿足大部分的食物需求。榛樹的枝葉是他們的薪柴，榛果則是他們的主食。也正因為他們焚燒榛木、烘烤榛果，才會無心插柳，讓那些木炭碎片留存至今，進了考古學家的樣本袋。

現今，蘇格蘭的落葉林和松木林中的樹種非常多樣化，但在一萬年前，此地的植被仍以榛樹為主。森林中偶爾可看到一些白樺、榆樹和柳樹，但榛樹仍占絕大多數，這或許是因為它能忍耐寒冷潮溼的氣候，而且它的枝條再生能力很強的緣故。在這處遺址中，所有房屋使用的木柴都來自榛樹，其中大多是細小的枝條。由於榛木質地較為密實，因此它燃燒時，熱度比柳樹更高，火力也比白樺樹更持久。在當時蘇格蘭較常見的樹種中，榛樹是最佳的木柴，雖然比不上數百年後才出現的橡樹和梣樹，但已經是當時最好的一種。因此，對那些中石器時代的先民來說，榛樹林是絕佳的柴火來源，可以滿足他們烹飪和取暖的需求。榛樹在被砍伐後，很快就會長出新的枝條，而且不出一、兩年就可以再度砍伐。在蘇格蘭的中石器時代遺址上，榛木到處可見，數量極多，因此考古學家認為當時的人可能是採用反覆修剪的方式，來生產大量高品質的木柴。

除了榛木之外，這些中石器時代的房子裡也有許多榛果的遺跡。我行走其中時，每踏出一步都有可能踩到果殼碎片。榛果蘊含了榛樹的精華，足以提供果仁中心的那一小簇胚乳細胞所需的養分。這些養分包括蛋白質、脂肪、碳水化合物和多種維生素；其中，脂肪占了百分之六十，其餘則是蛋白質、碳水化合物和極少量的纖維素。人類只要食用兩、三把榛果，就足以提供一個上午工作所需的能量。此外，榛果不容易腐壞，可以儲存起來，以應不時之需。經過烘烤後，甚至可以保存好幾個月，而且營養成分不減。不僅如此，烘烤之後的榛果風味會變得更加濃郁。只可惜我們目前仍然不知道中石器時代的人類除了榛果之外，是否同時也攝取其他食物，兩者又如何搭配。未來，仍有待考古學家對這些遺址中的廢棄物進行分析，以便確知當時人類的飲食內容。

除了這裡之外，在英國、斯堪地那維亞和歐洲大陸的北部，有許多中石器時代的村莊也都是以榛果為主食。因此，有些考古學家把人類歷史上的這段時期稱為「堅果時代」（nut age）。其後，由於氣候逐漸變暖，一些較高大的樹木開始出現，以致榛樹的數量逐漸減少，榛果也日益稀少。這或許是新石器時代的人類不得不努力耕作，以種植一年生穀物的原因。

在中石器時代，火爐除了供人烹煮、取暖和進食之外，或許還有別的功能。它讓人們得以與他人連結，建立更深厚的社會網絡。有些科學家曾經針對現存的狩獵與採集部落進行若干研究，結果發現：營火會改變人際對話的本質。白天時，人們聊天的內容往往是發發牢騷、開開玩笑，或談論各種與經濟有關的事務。但在爐火或營火旁，人們的想像力便開始綻放，故事也接二連三的冒了出來。他們會開始談論人與人之間的分分合合、精靈鬼怪的世界，以及他們的婚姻與親人。因此，爐火似乎能夠強化人類的社會，讓不同的人得以連結。人類的心智似乎對火的聲音特別敏感。在心理學實驗室中，受試者在聽到燃燒中的木頭所發出的畢剝聲時，不僅血壓會下降，也會變得更喜歡與人往來。但如果光是觀看一座沒有聲音的爐火，就不會有這樣的效果。

昆斯費里地區的中石器時代住民，就像數千年後開始種植小麥和燕麥、展開一場農業革命的新石器時代人類一般，是藉著汲取植物種子的營養維生。同樣的，當時其他一些脊椎動物（尤其是松鴉和鼯鼠類動物）也是以榛果為食，但這些動物（包括人類在內）並不只是被動的依賴著榛樹，牠們也會為它傳布種子，就像香冷杉森林中的山雀，或菜棕林中的知更鳥一般。因此，在這些榛樹林中，動植物兩者的命運是交互影響、密不可分的。如果沒有動物，當時生長於地中海沿岸的樹種都將無法傳布到其他地區；如果沒有樹木，後冰河時期就不會有那麼多的松鴉、鼯鼠類動物和人類。

在後冰河時期，榛樹傳布的速度遠比其他樹種更快，這是因為它和鳥類及哺乳類的關係特別密切。將近一萬年前，地中海區的榛樹以每年約一．五公里的速度傳布到北方，比橡樹快了三倍。由於它傳布得如此之快，再加上北歐地區氣候較為寒冷潮溼，因此有數百年乃至數千年的時間，榛樹一直是北歐的主要樹種。到了現代，在蘇格蘭西部等較為寒冷潮溼的地區，榛樹仍是主要的樹種。而榛樹之所以能夠快速傳布，是因為鳥兒和哺乳類動物都嗜食榛果。此外，在後冰河時期，人們也可能刻意帶著堅果遷徙他方，以便將它們種植在未來的家園。儘管這個說法目前仍有爭議，但我們從蘇格蘭地區考古遺址中的木材、花粉和人類建築中便可以看出：人類和榛樹出現在蘇格蘭地區的時間大致相當。果真如此，則從冰河時期到現在，北歐地區的森林從來不是杳無人煙的蠻荒原始林，而是一直和人類有著關連。如今的北歐森林也延續著這樣的關係。

在榛樹傳布至歐洲各地的過程中，它也曾經獲得來自地下的協助。它之所以能夠忍受各種不同的環境，包括潮溼寒冷的土壤，有一部分是因為它的根部會和地下的一些真菌結盟。雙方細胞中的數十個基因會彼此交換化學訊號，然後那些真菌就會將榛樹的根部包住，形成一層保護膜。這層膜就像香冷杉根部的類似保護膜一般，會成為樹根與土壤之間的媒介，保護榛樹細胞，使它不致受到病原體侵害，並且為樹根提供各種礦物質，榛樹則以它的葉子所製造的糖分回饋。因此，榛樹和真菌共同形成了一個生物群落。種植松露的農夫之所以喜歡用榛樹來培養松露（也是真菌的一種），正是因為他們明白兩者之間的關係。

當年歐洲北寒林之所以誕生，是許多物種合作的結果。樹木之所以能傳布各處，也得益於不同物種間的結盟，而人類則是這個網絡的中心。昔日著名的蘇格蘭詩人羅伯特・伯恩斯（Robert Burns）之所以能夠用榛樹的枝葉做成和平精神冠冕，英國浪漫派詩人華茲華斯之所以能用一支「採堅果的鉤子」拉下榛樹的枝條、採摘榛實果腹，都要歸功於一萬年來人類、鳥兒、真菌和樹木之間的合作。

在南昆斯費里的古代火坑遺址對面，有一座現代版的火爐，那便是朗格尼特發電廠（Longannet power station）。兩者隔著福斯灣遙遙相望，前者燃燒的是榛木，後者則以現代版的榛木（由埋藏在地下數億年的木頭所形成的煤炭）為燃料。目前，朗格尼特發電廠的鍋爐每年要燒掉四百五十萬公噸的煤炭。這座電廠興建於一九六〇年代，當時曾是全歐洲最大的燃煤電廠。火爐的尺寸雖然愈來愈大，但原理並未改變，同樣都是藉著燃燒木柴取得能源，無論在蘇格蘭或其他地區都是如此。煤炭燃燒時所產生的熱能，是同樣體積的乾燥木柴的五倍，無論對一般家庭或者企業界，都是很方便的燃料。全球各地每年所消耗的煤炭（經過壓縮的古生代木柴），加起來共有八十億公噸。

朗格尼特發電廠之所以興建於蘇格蘭並非偶然。蘇格蘭地區有許多地質褶皺和裂隙都蘊含煤層，其中有一部分甚至裸露在地表。早在十三世紀時，本地的幾座修道院就已經開始採掘煤礦，其中有幾座就位於朗格尼特發電廠旁邊。那裡所採出的煤炭直接就送進發電廠的鍋爐中。

蘇格蘭地區之所以要依賴煤炭，有一部分是因為森林遭到砍伐所致。到十五、十六世紀時，蘇格蘭的林地已經有高達百分之九十五遭到砍伐，因此他們只能以煤炭為燃料。然而，儘管工廠的鍋爐和大多數家庭的火爐已經不再燃燒木柴，煤礦業卻必須靠木材來「支撐」。這是因為礦坑中每一條坑道裡的岩石，都有可能因重力的作用而塌陷。根據煤礦公司的紀念簿和煤礦檢查員的報告，因「屋頂、煤層、石塊或岩層塌陷」而遇害的人員，已經多達成千上萬名。為了預防這類災害，有數百年的時間，業者一直使用木製的「坑柱」來支撐礦坑。當時，由於蘇格蘭本地木材短缺，業者便從俄羅斯、斯堪地那維亞和南歐等地進口已經做好的柱子。一直到一九三〇年代，蘇格蘭政府仍然敦促當地仕紳在他們的土地上種植樹木，以便製成坑柱，供應礦坑所需。礦工置身於礦坑內時，若想保命，就必須密切注意坑柱所發出的聲音。木頭在斷裂之前，會發出吱吱嘎嘎或劈劈啪啪的聲響。這是屋頂即將塌陷的警訊，礦工們聽到這種聲音，就要趕緊逃跑。當煤礦業主後來開始以鐵柱取代木柱時，他們就聽不到這樣的警告訊號了。這是因為鐵柱子雖然支撐力較強，但在崩塌之前卻不會發出任何聲音，一旦崩塌，就會釀成巨災。於是，礦工們便想出了一個法子：在鐵柱旁邊插上木柱子，以便能再度聽到崩塌的警訊。因此，在挽救礦工的性命這一方面，樹木的功勞應該比金絲雀更大。利用金絲雀示警是二十世紀才發明的方法，主要是在礦坑出事後供搜救隊伍使用。

時至今日，蘇格蘭地區僅存的幾座煤礦已經不再使用木製的坑柱。地下的礦坑是以和電子偵測器連結的液壓柱來支撐坑道，其餘的幾座都是露天煤礦，直接在地面上開採，無須再挖坑道。不過，目前蘇格蘭地區的煤礦大多已經關閉或即將關閉。朗格尼特發電廠今年內也將停止運作（譯注：該電廠已於二〇一六年三月二十四日關閉），但原因並非是煤炭已經用罄；事實上，蘇格蘭地區的煤炭存量至少還可以用上數十年。但由於新式石化燃料出現，再加上人們對燃煤副作用的關切，已有數百年歷史的煤礦開採業已經吹起了熄燈號。

燃煤發電之所以沒落，是因為以進口的天然氣發電在價格上具有強大的競爭力，再加上英國政府對燃煤發電業者採取懲罰性的稅制。此外，燃燒煤炭所造成的下沉風效應（downwind effect）也使得業者的處境更加艱難。蘇格蘭地區由人類所排放的溫室氣體中，有五分之一是來自朗格尼特發電廠那根將近兩百公尺高的煙囪。儘管該電廠已經採用新式科技來處理廢氣，但他們的煙囪仍舊會排出含有硫、氮的氣體以及粒狀汙染物。由此可見，朗格尼特發電廠的運作原理雖然和中石器時代的火爐相同，兩者都是藉著燃燒木材或木材遺跡來維持人類的生活，但實施的方式卻出了問題。

以木材做成的燃料共有三種。昆斯費里的榛木和朗格尼特的煤炭只是其中的兩種，另一種則位於福斯橋北端，並且將用於蘇格蘭政府計劃興建的一系列發電廠中。這些發電廠雖然以木柴為燃料，規模卻不亞於燃燒煤炭的朗格尼特電廠。這項計畫如果實現，位於福斯灣的羅塞斯港

（Rosyth）和格蘭茅斯港（Grangemouth）將會出現兩座像中石器時代的火爐一般燃燒木柴的發電廠，只不過它們所使用的燃料和設備都來自二十一世紀的科技。在英國，像這樣使用「木顆粒」（wood pellets）發電，同時並生產熱氣供附近的企業使用的發電廠，已經愈來愈多了。

這些發電廠所使用的木顆粒是一種「可再生」的能源，可以減少溫室氣體的排放。二〇〇九年時，蘇格蘭政府透過議會制定了一項法案，致力減少溫室氣體的排放。他們的目標是在二〇二〇年和二〇五〇年前，分別將溫室氣體的排放量降低百分之四十二和百分之八十。因此，到了二〇一三年時，蘇格蘭的電力已經有將近一半（百分之四十四）來自風力與水力發電，而非化石燃料。如今，在福斯灣周遭的山脈與丘陵上，可以看到許多風力發電機，它們不停的轉動著，將蘇格蘭的強風轉化為電力。有些專家認為，為了達成全面利用可再生能源來發電的目標，興建木顆粒發電廠乃是必要的措施。

然而，進口的木柴遠比煤炭昂貴，因此所有的木顆粒發電廠都必須仰賴政府補助。從表面上看來，這種做法應該可以降低我們對煤炭的依賴，也能明顯改善空氣品質。然而，就像當初以煤炭為燃料一樣，這種做法雖然立意良好，卻有著潛在的問題。

在一萬年前，要找到榛樹的木材並不難，但到了現在，要蒐集足夠的木柴來滿足一個工業化國家的電力需求，可就沒那麼容易了，尤其是在這個國家的森林已經所剩無幾的時候。蘇格蘭的木材價格不斷上漲的現象，以及政府補貼木顆粒發電廠採購木料的成本的做法，已經引起當地木材業者，尤其是家具業和製作木質鑲板的業者抗議。此外，各地方政府通常都禁止砍伐林木，也不發建照給會冒煙的電廠。因此，為了通過蘇格蘭政府這一關，木顆粒的原料勢必得從海外取得，以便盡可能降低當地森林所受的影響。過去，蘇格蘭礦坑所使用的坑柱必須仰賴進口，如今他們用來發電的木顆粒也是如此。事實上，這樣的做法幾乎已經成為一股世界性的潮流。當一個國家或地區變得比較富裕之後，就會開始保護自己的森林，並設法增加當地的森林面積，但他們對木材的需求並未消失，因此只好增加木材的進口量。然而，這樣的做法卻導致其他地方的森林遭到砍伐。

即便沒有來自地方上的政治壓力，北歐國家在人口密集、土地和森林稀少的情況下，所生產的木材也無法滿足他們本身未來的電力需求。因此，他們勢必需要向其他國家購買木顆粒的原料。而美國東南部地區的木材生產者由於國內的銷售並不暢旺，自然很樂意和來自歐洲的買主簽訂長期的供應契約。於是，原本並不相干的人和樹木現在卻有了緊密的連結。由於英國發電政策改變，美國南、北卡羅來納州和喬治亞州的林木遭到了砍伐。英國人民以英鎊支付的稅款，流進了以美元興建的木顆粒工廠老闆荷包。

過去，美國東南部地區的碼頭所出口的，是黑奴所種植的棉花和原生松木。但現在，這裡卻開始出現各種與木顆粒出口相關的設備。在那些靠近木顆粒的供應路線而且遠洋船隻可以停靠的碼頭，陸陸續續出現了一些有如體育場般的圓頂建築和倉庫。這些巨無霸建築之所以有其必要，是因為木顆粒具有不穩定性。木材必須經過碾磨、乾燥和壓縮，才能製成木顆粒。因此，這些木顆粒當中含有許多粉末，一遇溼氣就會就像一堆青草屑或乾草一樣開始腐爛，並且發熱。經過壓縮的木顆粒原本就充滿能量，裡面又有許多易燃的粉塵，如果再暴露在熱氣中，很可能就會起火燃燒，並且發生爆炸。

以木顆粒發電是否比較環保，目前仍有爭議。提倡這種做法的業者強調用廢棄的木料取代煤炭發電的好處，但反對人士則擔心美國東南部地區大量砍伐林木出售，將損害森林生物的多樣性。此外，他們也質疑將木材從大西洋此岸運送到彼岸的做法，究竟對氣候有何好處？事實上，如果從溫室氣體排放的角度而言，雙方的說法都不無道理。如果用鋸木屑或林場疏枝所得的枝條製造木顆粒，則木顆粒發電的碳效率指數將遠高於燃煤發電。如果以成熟的樹木來製造木顆粒，碳效益便會減少。如果以天然林而非人造林的樹木來製造木顆粒，則這些木顆粒釋放到大氣中的碳會比煤炭更多。同樣的，煤炭和木顆粒對生物多樣性的影響也很難一概而論。天然林或人造林的樹木都可以用來製造木顆粒，也都可以為許多原生物種提供棲地。更何況木材如果能拿來賣錢，地主就會比較願意繼續種樹，而不致將土地拿來耕作或建造房屋。因此，利用林木來製造木顆粒的做法不僅可以滿足人類需求，也可以保障森林生物的多樣性。然而，如果業者因此大規模的將天然林轉變為人造林（美國東南部某些地區已經出現了這樣的現象），則天然林中的許多物種都將減少乃至消失。因此，我們必須權衡這些變化所帶來的效應，以及燃燒煤炭所造成的汙染。後者除了造成全球暖化之外，煤煙中的汞和酸度也會損害土壤、傷害樹木，並且汙染水路。

因此，燃燒木顆粒和燃燒煤炭，何者會對生態造成更大傷害？這個問題並沒有簡單明確、一體適用的答案，要視森林的狀況而定。

隨著時代演進，我們愈來愈看不出燃料對我們的生活造成了何種影響。在中石器時代，你只要看看那些榛樹林就可以明白人們所用的燃料來自何處。燃燒木材時，屋裡難免會有少許煙霧，但只要風吹一吹，就消散了。蘇格蘭地區由於煤礦豐富，有數百年的時間一直以煤炭為燃料，但它所造成的下沉風效應卻非常明顯。那段期間，在蘇格蘭地區，幾乎每棟房屋、每個人的肺都被燻得一片漆黑。十九世紀的蘇格蘭作家湯瑪斯·卡萊爾（Thomas Carlyle）曾經指出：自從十五世紀以來，人們便一直燃燒「某種黑色的石頭」，以致愛丁堡這個城市上方始終籠罩著一層雲霧。因為這個緣故，直到今天，愛丁堡在低地蘇格蘭語中仍被暱稱為「老煙囪」（Auld Reekie）。蘇格蘭小說家羅伯特・路易斯・史蒂文森（Robert Louis Stevenson）也形容這座城市「像一座窯」一般，不停的冒著煙。著名的歷史小說家華特・司各特（Walter Scott，他的紀念碑位於愛丁堡市中心，上面仍有黑黑的煤煙痕跡）曾經寫道：從二十英里外看過去，那煙霧一直在天空氤氳繚繞，有如「盤旋在一群小野鴨上方的一隻蒼鷹」。到了二十世紀，在煙囪更高、鍋爐更有效率的情況下，工廠所排放的廢氣中雖然含有可能導致氣候改變的二氧化碳，但已經鮮少有煤煙，因此大眾愈發看不到燃料所造成的汙染。儘管如此，蘇格蘭的民眾仍然明白朗格尼特燃煤發電廠對環境造成的危害，因此他們選擇從千里之外那些看不見的地方進口木顆粒。

拜全球貿易發達之賜，我們可以找出每個地區的相對優勢，例如美國東南部地區能夠生產比蘇格蘭更多的木料，而後再透過市場流通物資。但如此一來，對能源使用者和能源政策的制定者而言，這類貿易的好處與成本就成了抽象的概念。根據這類抽象的概念所建立、制定的理論和法令規章是禁不起考驗的，也很容易被贊成者和反對者所操弄。歐洲的「永續發展」規章便是如此，厄瓜多政府所謂的「良好的生活」概念亦然。唯有透過與森林內各物種（包括人類在內）長期而具體的接觸所得來的知識，才是健全可靠的做法。

從外地進口燃料的做法，無論是木顆粒還是石油，無論是否可以再生，會使一個社會和它的能源源頭失去感官上的連結。也就是說，我們的燃料槽雖然與世界各地相連，但我們的心靈與身體卻沒有。我們像中石器時代的人一樣依賴著火，但我們和「火爐」的距離卻極其遙遠。這是目前全球能源貿易最大的一個問題，其嚴重性更甚於政策和法規的缺乏。法規可以重新制定，但這種錯位的現象卻難以匡正。

歐洲的「綠能」其實並不綠，而是一道彩虹。他們的「綠」是其他地區各種不同的顏色所造就的：歐洲人所使用的燃料，包括木材、乙醇和生質柴油，是來自美國、加拿大、巴西、阿根廷、烏克蘭、印尼和馬來西亞等地的草原與森林。因此，歐洲的決策人士在制定「可再生能源」的政策時，如果能實際體驗當地人民的生活，將可以獲得比較具體的知識。有些事實——尤其是各地生態的差異——不是光用頭腦就能理解的。這些決策制定者如果能花幾年時間待在那些地區，和當地的人士合作，並傾聽他們的心聲，就可以和他們建立連結。在目前各項政策的制定普遍都以書面陳述和科學報告為依據的情況下，這種做法將會為其他國家的政府樹立很不一樣的典範。

我最後一次造訪昆斯費里渡口時，負責景觀美化工程的人員已經開始作業了。在鐵絲網後面有一排排高度及膝的樹苗，每棵都包在塑膠套裡，以免被兔子啃咬。其中也包括歐洲榛樹的樹苗。它們那圓圓的、邊緣呈鋸齒狀的葉子，從護套裡探出頭來。這些榛樹出現在這裡，是經過了詳細的書面規畫，就像這項工程的其他部分一樣。無論混凝土混合的比例、安全防護規定或樹木的栽種，工程師和規畫者都已經列出了清單，計算了百分比。HW1和HW2是「樹籬栽植」區，將種植占總量百分之十四的榛樹，但MW1-4（「混合林地」區）則無。我不確定中石器時代的人類在遷居此地時是否曾經栽種榛樹，但現代人確實這麼做了。在我們的協助下，中石器時代的榛樹將會繼續存活下去。當它們吸入此地的空氣並不斷生長時，它們的枝條和堅果將會蘊含蘇格蘭煤炭和美國森林的分子，烙著跨越時間和空間的印記。

在那些榛樹幼苗旁邊的橋梁上，每天都有成千上萬輛汽車川流不息的橫越福斯灣的皇后渡口。橋下的水面從前也曾有船隻來來往往。維多利亞時期的鐵、中世紀的煤灰、中石器時代的家庭，和古生代林木的殘渣，都曾經由此地運送。如今，當一輛輛汽車轟然疾馳而過，駕駛人和乘客的視線都放在這座橫亙海上近兩百公尺、有如一座精美雕塑的鋼鐵大橋上。路邊的那些樹苗則無人注意，兀自在陣陣吹來的風中搖曳款擺。

# 紅杉與美西黃松

N

✕ 美國科羅拉多州，弗羅里善市

38°55'06.7" N, 105°17'10.1" W

我在一棵美西黃松（ponderosa pine）樹下打盹時被一陣刮擦聲吵醒。抬頭一看，原來是一隻威廉森氏吸汁啄木鳥（Williamson's sapsucker）正沿著樹幹往上疾行。牠的節奏很有規律，每隔一秒鐘便用牠那又硬又尖的尾巴頂住樹皮往上跳。每跳一下，牠那雙有鱗片的腳便會彈高幾公分。牠一邊跳著，一邊左顧右盼，掃視樹皮表面，並用舌頭刺取螞蟻。由於這種鳥幾乎完全是以螞蟻來餵食雛鳥，因此我猜想附近的某個樹洞裡很可能有一窩嗷嗷待哺的小鳥正等著牠把食物帶回去。

這隻威廉森氏吸汁啄木鳥捕食時，牠的尾部、雙腳和嘴喙不斷刮擦著樹皮，發出了不小的聲音。但牠並非特例。這種啄木鳥在森林中捕食時每每如此。昨天我循聲尋找，不久便看見一隻威廉森氏吸汁啄木鳥正在一棵花旗松（Douglas fir）的樹幹上鑿洞，並吸取流出的汁液。這種樹液是此種成鳥最喜歡的食物，可以提供牠們必要的糖分，讓牠們能多長一些肉，以便進行繁殖，也讓牠們得以度過食物稀少的冬天。

在陽光底下，這棵美西黃松被曬得暖烘烘的。它的樹皮原本就易碎，經那啄木鳥一番咬啄便掉落了幾片，散發出一縷縷特有的氣息。那蘊含在一層層黑色組織內的金黃樹液有一種濃烈的氣味，像松香和松節油一般富含油質、帶點酸性、氣味鮮明，但並不像其他松樹的味道那樣刺鼻，而是較為溫和甜美，摻雜著一絲香草或奶油加糖的氣息。事實上，如果你仔細的聞，就會發現每個地區的美西黃松氣味都不太一樣。洛磯山脈北部的美西黃松氣味較淡，太平洋沿岸的美西黃松則較為強烈，還帶著一絲檸檬皮的芳香。這氣味可以嚇阻昆蟲，而樹皮裡的那些膠狀樹脂則可黏住在樹上鑽洞的昆蟲，使牠們無法脫身。此外，樹脂裡含有一些化學物質，劑量大時具有毒性。

在大多數年頭，這些樹脂就足以防禦大半昆蟲，但近年來，美西黃松和其他許多種松樹因為受甲蟲侵擾，已經死了數百萬棵。這是一個很矛盾的現象：那些甲蟲之所以前來，正是因為受到松脂吸引，而松脂原本是松樹用來自保的物質。由此可見，凡受保護的事物必有其價值。所以，防禦就是一種宣傳。這些名為「松小蠹蟲」（pine beetle）的甲蟲一旦嗅到松樹所飄散的松脂氣息就會迎風飛來，在樹皮上打洞，以樹木的活組織為食。如果牠們的數量過多，樹木就會死亡。近年來，洛磯山脈的松樹普遍受到這些松小蠹蟲攻擊。當松樹的針葉枯萎後，原本綠意盎然的山谷頓時成了一片褐色，待針葉落盡後，就只剩下滿眼灰白色的樹幹。如今在洛磯山脈，這樣的景象頗為常見。

洛杉磯山脈一直是松小蠹蟲的棲地，但現在，許多樹木因為天氣乾旱炎熱，變得較為衰弱，於是松小蠹蟲的數量迅速增加。在松樹相繼死亡的情況下，沒有人知道幾十年後，洛杉磯山脈是否還能看到威廉森氏吸汁啄木鳥，但有些統計數字顯示，牠們正瀕臨滅絕邊緣。牠們未來的命運如何，要看美西黃松和其他種松樹是否能在氣候不斷變遷的過程中，適應風、水、土、火的變化。

我從芬芳的針葉堆中坐了起來，繼續為期數天的觀察。此刻，我置身於科羅拉多州洛磯山上的一座草原邊緣，坐在一座美西黃松樹叢間。我的左手邊是一片遼闊的草原，它越過一座平緩的山谷，延伸到約半小時路程外的幾座山脊，與那裡的松林接壤。我的右手邊則是一座由泥岩與頁岩形成的坡地，坡上的部分岩石已經坍塌，露出了那截「大樹樁」（The Big Stump）。大樹樁乃是一棵古代紅杉的遺跡，也是散布在弗羅里善化石床國家保護區（Florissant Fossil Beds

National Monument）步道兩旁的二十四座巨大紅杉化石之一。這座保護區設置的目的在保護這些古木化石，並彰顯其價值，但遊客到來時最先注意到的往往是那些在野花叢中睡覺的山貓、邊叫邊互相追逐的渡鴉和老鷹，以及在松林間的步道上唧唧鳴叫的蚱蜢。

「什麼聲音這麼大呀？」一個穿著粉紅色長褲的小女孩緩緩走近這座美西黃松樹叢時，對著她的家人問了這個問題。她是個有觀察力的孩子。在我遇到的所有遊客中，只有她提到美西黃松所發出的聲音。沒錯，那聲音確實很大。

美西黃松在微風吹拂時會絮絮作響，風勢稍大時，則變成急切的嘶嘶聲，彷彿機器閥門在洩壓一般。風力強勁時，它的聲音就如同山崩時流下溝壑的砂石。我如果在家鄉（位於美國東部）的槭樹林或橡樹林中聽到這樣的聲音，必定會立刻拔腿飛奔、尋求掩護，以防有樹木折斷或樹枝掉落。但在此地卻無須如此。

美西黃松所發出的聲音之所以如此之大，是因為它的針葉非常堅硬。其他種樹木的葉子會隨風搖曳，但美西黃松則否。風吹來時，它的枝條會隨之搖擺，但針葉則寂然不動。於是，風中的氣流便被成千上萬根硬挺的松針劃破，形成了猛烈的風聲，但由於葉子不會拍打、顫動，因此並不致餘音裊裊，而是隨著風力的變化，每一秒的聲音都不相同。風力強勁時，聲音較為高亢，之後便會隨著風力起伏而變大、變小或消逝。

美國環保運動先驅約翰．繆爾（John Muir）也曾在文章中提到美西黃松的聲音，但他的描述令我迷惑。他說，美西黃松被風吹過的聲音是「世上最美妙的音樂」，而且那些松針會「發出流暢、有如鳥兒振翅般的嗡嗡聲」。奇怪，那急切的哭嚎到哪兒去了呢？為什麼繆爾在山間的松林裡聽到的是風的和諧樂章，而我聽到的卻是莎劇中被囚禁的精靈艾利兒（Ariel）對著天空嚎啕的聲音？我原本以為，這或許是我們兩人性情不同所致，畢竟我不像繆爾那樣總是欣喜若狂。然而，後來我讀到一些植物分類學家的著作時，發現我和繆爾所聽到的其實是不同的「方言」。美西黃松有許多變種，不同地區的美西黃松不僅樹脂的氣味有別，連針葉的形狀和硬度也不盡相同。洛磯山脈的美西黃松針葉長度只有加州（繆爾所居住的地區）美西黃松的二分之一，但硬度卻較後者為高，這是因為它們的針葉表皮底下有著許多厚壁細胞。如果說，太平洋沿岸的美西黃松針葉像是馬尾上的毛，則洛磯山脈的美西黃松針葉就比較像是鋼絲刷。針葉愈短愈硬，所發出的聲音就越強烈。如此看來，由於加州的土壤比較潮溼，被囚禁在樹木裡的精靈艾利兒似乎頗為快樂，因此唱出的歌聲也比較甜美。只有在夏天乾燥、冬天多雪的科羅拉多州山脈，他才會透過美西黃松的針葉發出呻吟。

我們置身在一個地方時，之所以會感到害怕，必然是受到某些景象或聲音的影響。我聽到風吹過美西黃松的聲音時，雖然明知自己並未面臨暴風威脅，安全無虞，但有關家鄉那些樹木的記憶卻讓我的身體不由自主的緊繃起來。那位頗具觀察力的女孩所住的地方顯然也沒有美西黃松，因此才會覺得它的聲音大得出奇。這就像是鄉下老鼠到了城市之後，被警笛聲和人們的叫喊聲吵得睡不著覺，而城市的老鼠住進了鄉下的木屋之後，則因為四周太過安靜而惴惴不安，甚至可能被美洲大螽斯在夏末的刺耳鳴叫聲嚇一大跳。

事實上，樹木裡也有聲音，只是音調太高，人的耳朵無法聽見。這些超音波聲響能顯示樹木內部的輸水情況。由於植物的榮枯往往取決於水的多寡，因此我們可以藉著用超音波「竊聽」水在枝幹裡流動的聲音，了解樹木的狀況。

每一片樹葉的表面，包括美西黃松的針葉，都散布著成千上百個點狀小孔。這些小孔被稱為「氣孔」，是氣體進出葉子的門戶，由兩個唇狀的細胞組成。這兩個細胞就像兩片迷你的嘴唇一樣會噘起或張開，藉此控制氣孔的開闔。當它們分開時，空氣就得以進入葉子內部，提供二氧化碳給負責為植物製造養分的光合細胞，水蒸汽也得以從氣孔中擴散出來，使葉子變乾，並將根部的水往上吸。這時，土壤如果處於潮溼的狀態，就不會有問題。但若土壤處於乾燥的狀態，葉子就無法從根部補充水；這時，它們就必須將氣孔關閉，以防葉子內部因太過乾燥而受損。因此，當水缺乏時，空氣也無法進入葉子內部，供它製造養分。所以，沒有水分，光合作用就無法進行。

我把一個拇指大小的超音波感應器綁在一根美西黃松枝條上，再把這個感應器連結到一台電腦上。然後，我便開始透過電腦螢幕上的圖像來「聆聽」枝條內部的動靜。每當枝條發出「啪！」的爆裂聲，電腦上的曲線圖便會上升一格。光從這一個個聲音很難看出個所以然，但過了許多小時後，其中的模式就慢慢浮現：枝條處於乾燥狀態時，爆裂聲就很頻繁；當枝條吸飽了水，聲音就較為沉寂。我們可以從爆裂聲密集的程度，判定枝條內輸水的導管每小時的狀況。

爆裂聲之所以出現，是那些將水從根部運送到樹冠的導管斷裂所致。這些導管是由中空的木質細胞連結而成，每一個細胞的高度大約相當於書頁上的一個大寫英文字母，寬度則有如人體最細小的毛髮。當土壤潮溼時，氣孔所逸散的水蒸汽會帶動水的凝聚作用，將大量的水往上吸。但是，當樹根再也無法供給水，而乾燥的風所形成的拉力又太強時，這些細如絲線的導管就會斷裂。這時，細胞裡充塞的氣泡就會爆開，就像橡皮筋被拉得太緊時突然斷掉一樣。由於這些細胞很小，它們爆裂時的音調又很高，因此我們的耳朵聽不到。

對樹木來說，這些爆裂聲是危難加劇的訊號。氣泡會阻擋水的流動，而且可能發生在根部到針葉之間的任何一個地方。這是所有樹木都會遇到的問題，但生長在乾燥土壤內的松樹特別容易受害。夏末時，有些美西黃松，尤其是樹齡較小者，甚至有將近四分之三的樹根都被氣泡堵塞了。到了秋末，天氣再度變得潮溼寒冷時，有許多根會恢復原狀，但對於夏天的樹木而言，這未免緩不濟急，因為這時它們需要攝取空氣和陽光，但在缺水的情況下，氣孔會一直處於閉合的狀態，以致葉子吸收不到二氧化碳中的養分。這時，樹木便會因為營養不良而變得衰弱，甚至死亡。

除了這類氣泡之外，枝條裡還有一些更加細小的氣泡，它們移動的狀況，也被我的電子感應器偵測到了。這些氣泡簇集在輸水的細胞邊緣，像一堵由氣球做成的牆，具有彈性，可以吸收突如其來的壓力，再加以釋放。當細胞變乾而後又補足水時，這些泡泡會猛烈的移動，發出細碎的爆裂聲。因此，樹木裡的導管就像老房子的水管一樣，在有水流動時會發出吱吱嘎嘎的碰撞聲，只是音調會比後者高出許多個八度音階。

由此可見，森林是會嘶嘶作響的，只是我們的耳朵聽不見。如果我們聽得見，能從中學到什麼呢？至少，透過這些不斷變化的聲音，我們會知道：樹木表面看起來很安靜，實則裡面波濤洶湧。美國詩人羅伯・佛洛斯特（Robert Frost）曾說，樹木的噪音令他「方寸大亂」。事實上，或許我們和佛洛斯特都是幸運的。如果我們能夠聽見森林中每一根枝條內部的呼喊，我們還真的會不得安寧。

我的電子偵測器雖然無法真正取代實際的感官體驗，但我們可以從電腦螢幕的圖像中得知樹木裡發生的情況。這一整個上午，枝條裡都無聲無息，顯示根部有大量的水穩定的流到針葉處。如果前一天的下午有雨，這段安靜期就會更長。事實上，樹木本身就可以提高降雨發生的機率，因為樹脂的芳香分子飄到天空後，會成為水氣聚集的中心。所以，美西黃松就像香冷杉和吉貝樹一樣，會用它的芳香分子來催雲化雨，使降雨的機率提高一些。不過，在夏末的午後，這裡很少下雨；有時，一座山谷下起了滂沱大雨，其他地方卻一滴水也沒有。

如果一整天都沒有下雨，樹根就得從土壤裡吸收水。夜晚時，樹根和土壤裡的真菌會攜手對抗地心引力，把土壤深處的水吸上來。那些縱橫交錯的樹根和相連的菌絲深入土壤各處，其作用就像是一張巨大的吸墨紙，可以吸收土壤深處的水。只不過，這個包含了許多細長導管的網絡並不像紙一樣，是由一些雜亂無章的纖維素所構成，而是由導管和細胞壁裡的纖維素所組成。水會受到樹根的纖維素分子上以及真菌的細胞壁裡所含的輕微電荷所吸引，遵循「水會由溼處流到乾處」的物理法則，沿著導管流動。因此，即使是在陰天土壤表面和葉子裡的水沒有蒸發的情況下，水仍然會整夜往上流。

經過一整夜的補水之後，到了早上時，原本乾燥無比的土壤就變得溼潤了。這個過程形同一場反向的夜間降雨，可以延遲輸水導管被氣泡堵塞的時間，令許多樹木得以存活。但受惠的不只是樹木，草本植物、微生物和各種住在土壤裡的動物（如跳蟲、蟎和甲蟲）也都因此而受益。至於其他生物所受的影響，目前所知不多，但我們可以合理推測：如果植物和真菌之間沒有這樣的共生關係，高山森林和草原的面積，將會因為稀少的雨量以及乾燥多風的氣候而日益縮減。

到了中午時，電子感應器的圖形曲線開始往上升。這是因為原本溼潤的土壤此時已經變乾，於是枝條裡輸水導管的氣泡便開始劈哩啪拉的爆裂。我的生理機能也有類似的反應：我的嘴唇開始乾裂，水壺裡的水也都被我喝完了。在這個高海拔地區，早晨的時光令人心曠神怡，但在吹了一整天乾燥的風、曬了一整天的太陽之後，人就會覺得愈來愈不舒服。身為人類，我還可以找一處樹蔭乘涼打盹，但美西黃松就沒有這種福分了。此刻，它的韌性受到了考驗。在午後這熔爐般的高溫中，大多數樹種恐怕都會因為輸水導管受到破壞而枯死。能夠存活下來的樹種都很耐旱，它們可說是從這高山坩堝裡提煉出來的黃金。而美西黃松之所以耐旱，當然和它能在夜裡從土壤深處吸收水有關，但它還有其他適應環境的機制：一旦土壤變乾，它針葉上的氣孔便會緊閉；此外，它的針葉表皮很厚，外面還包覆著一層蠟質。這些特色使它得以比那些生長在潮溼土壤中的樹種更能減少水分流失。就像所有松樹一樣，美西黃松的輸水導管口徑狹窄，而且細胞兩端的連結處都能閉合，因此可以把氣泡侷限在一個個細胞內。這是其他許多樹種所沒有的急救機制。所以，在必要時，美西黃松能夠極度節水。

這種節水特性，在它生長的早期就發展出來了。美西黃松的種子落地後，只要有一點點雨水就能發芽成長。雨下得太多反倒有害，因為雨水多了，四周的雜草就會長得很快，扼殺它的生存空間。它的種子一旦發芽，就會長出一條軸根（taproot），垂直的伸入土壤中。到了第二年，當樹苗已經長到膝蓋那麼高時，這條軸根已經深入地下五十公分，兩旁也長出了側根。到了樹木成年時，如果沒有受到岩石或其他樹木阻撓，它的軸根可以伸到地下十二公尺深的地方，側根也可能長達四十公尺以上，和這些根共生的真菌網絡甚至更加廣闊。這個由樹根和真菌所組成的群落，就像一個在地下汲水的巨人。我們在地面上所看到的樹木不過是附屬物，是那巨人用來收集陽光的工具。

這熔爐般的高溫有時不免會引發火災，但美西黃松在這方面也做好了準備。夏末時，此地雖然不一定會下雨，但閃電倒很常見。曾有幾次，我前來造訪時就遇上了閃電，只好提早離去。這裡有許多樹的樹幹，包括現在為我遮蔭的這一棵，都被閃電劈出一道道裂痕，從樹冠一直延伸到根部。這些裂痕兩側的樹皮都有隆起現象，這是樹木為了使傷口癒合所增生的組織，但這些傷痕很少完全癒合，大多都還有木質裸露在外，被太陽曬久之後就成了灰白色。

地上的針葉和青草因為乾燥的緣故，都非常易燃。當它們被閃電擊中而起火時，森林下層的植被或早或晚都會沒入火海，被燒得一片焦黑，唯獨樹齡較高的美西黃松得以倖免。這是因為它們的樹皮厚得像龍的鱗甲一般，可以抗熱耐火。但楊樹和其他樹種就沒有這種本事了；即使火災不大，它們可能還是會被燒光，使美西黃松少了一些競爭對手。因此，儘管這裡大約每十年就會發生一場火災，美西黃松還是可以長得很好。

美西黃松的樹皮雖然厚如龍鱗，但並非完全不會起火燃燒。有時，火場的溫度很高，火焰就會從地面竄到樹冠，吞噬它茂密的枝葉。美西黃松的樹冠如果被燒掉一半以上，它就無法存活。遇到猛烈的大火時，整座山的樹木都會被燒掉。之後，有些種子會開始發芽，並慢慢長大。要等到幾十年之後，才會再度成為一座森林。

因此，森林的樣貌取決於山林火災發生的頻率與強度，而這兩者又取決於許多因素。首先，森林管理者和土地所有人固然可以撲滅小型火災，但此舉反而會讓森林堆積更多易燃物，提高發生大型火災的機率。其次，松樹因乾旱而變得衰弱時，如果遇到大批被松脂香氣吸引而來的甲蟲，很容易大量死亡，成為乾燥的木頭，很容易引發火災。不過，最重要的影響因素則是當地溼度和溫度的變化，其中包括短期的天氣變化和長期的氣候趨勢。

氣候變化所造成的影響，在山林下游的土壤中就可以看得出來。山間的溪河流到谷底後，速度會減緩，並且變得蜿蜒曲折。這時水中的雜質就會沉澱，形成沖積扇。從這些沖積扇中，我們便可以看出上游土壤侵蝕的狀況。當森林未遭火吻時，山間的溪流清澈無染，流到山谷時並未夾帶任何雜質。一旦發生了小型火災，就會有一批批的沉積物與焦炭順流而下。如果發生了大火，溪流中就會充斥著燒焦的木頭、坍方的巨石和各式各樣土塊。我們挖掘河流下游的沖積扇，分析其中每一層的成分，便可以得知歷次山林火災的狀況。

過去這八千年來，也就是最後一次冰河期結束後迄今，此地發生火災的情況並不規則。有數百年的時間，這裡只發生過一些零星的小火災；另外數百年的時間則不時有大火發生。之所以如此，似乎與氣候的變化有關。在十五世紀到十九世紀的小冰期（Little Ice Age），由於氣候較為寒冷潮溼，此地鮮少發生大火，但也因此導致青草繁茂，增加了小型火災發生的頻率。從這個時期的沖積扇沉積物，我們可以看出當時的森林火災雖然次數頻繁但強度並不高。相反的，在第一個千禧年末期的中世紀氣候異常期（Medieval Climate Anomaly），由於氣候變暖，美國西部地區有十年的時間處於乾旱狀態，以致此地發生了數次大火，在沖積扇上留下了厚厚的沉積物。

有鑑於火災的多變性，要訂出一個「正常的範圍」是不可能的。不過，如果我們仔細研究土壤和空氣的狀況，就可以得知目前發生森林火災的可能性，並且或許可以藉此預測未來的情況。

從弗羅里善的這棵美西黃松所在之處下山，走個幾公里就可以到達一座山谷，那裡有一座科羅拉多溫泉鎮（Manitou Springs）。昨天，山洪爆發，洪水漫進了這座城鎮，於是今天我便在鬧區一家商店的地下室和其他幾位志工一起鏟泥巴。我們工作到一半時，突然有一股氣味從那間臨時搭建的廚房傳來，暫時掩蓋了汙泥、灰燼和腐爛物質所散發的惡臭。那是一種家常的、甜美的氣息。在這災難過後的黑暗地窖裡聞到這樣的氣味，讓我們愣了一下，不由得暫時停下手邊的工作。

導致這次洪災的風雨並不算大，如果把一個小酒杯放在雨中，可能連一杯都裝不滿。問題是前一年的夏天，此區才剛發生過一場大火，把森林中的松樹、楊樹和雲杉全都燒成了灰，也燒毀了成千上百棟房屋。因此，這一帶七千多公頃的林地如今已是一片光禿。這場火由於聲勢浩大，甚至有了專屬的名字——瓦多峽谷大火（Waldo Canyon Fire），並且成了電視新聞報導的焦點。

這場大火雖然使得山上的古老森林裡出現一塊童山濯濯、焦炭處處的土地（我們通常稱之為「火燒痕」），但這也成為未來森林再生的契機。然而，無論我們如何稱呼或看待這片災後的廢墟，如今山區表土的狀態已經完全取決於物理作用的影響。當天氣乾燥時，土壤粒子之間的摩擦可使山坡維持原位。雨量不大時，土壤粒子的黏性會增加，使山坡得以像海灘上的沙堡一般，暫時保持穩定。然而，一旦下起大雨，雨水就會讓山坡上的泥土變得更重、更容易鬆動，並因而倒塌，流進溪河中。科羅拉多溫泉鎮附近的那條小溪平常水流安靜徐緩，深度只達腳踝，但山洪來襲時，卻是波濤洶湧、水色墨黑，水深高達十九公尺。在這次洪災中，有一人死亡、多人受傷，許多房屋被沖垮，店鋪裡的貨品也都泡在水裡。未來地質學家在檢視溪流下游的沖積扇時，將會得出一個結論：在這個時期，此地的森林裡曾經發生過一場大火。

洪水過後，我們所置身的這間地下室的牆壁，從牆腳到視線的高度都布滿汙泥。汙泥上方零星綴著一些松針、楊樹葉和斷掉的枝條，它們都是洪峰漫過溪邊的森林時所捲走的枝葉。地上堆滿了厚重的灰色泥漿，其中還摻雜著玻璃和木頭碎片。我們挖了一桶又一桶的淤泥，手中的鐵鏟不時刮到底下的水泥地板，發出刺耳的聲響。裝滿泥巴的桶子很重，抬起來非常吃力。其中有一部分被送到街上的挖土機那兒，其餘的則被倒在後門外那條水量已經變少、裡面滿是黑色泥沙的溪流中。

三十年前，科羅拉多州毀於火災的森林，一年鮮少超過八千公頃。如今，已經有許多年都超過八萬公頃，面積相當於一個鄉間大郡。十年前，美國國家森林局的經費僅有五分之一用來對抗森林火災，如今卻高達一半以上。此外，火災的灰燼已經對其他國家造成影響。科羅拉多州以及加拿大北寒林的火災灰燼已經一路飄到格陵蘭，染黑了那裡的冰層，而且這些煤灰還會吸收陽光，導致冰層融化。在美國本土，科羅拉多州的幾座水壩也因火災的灰燼和土壤的侵蝕而堵塞，不僅增加了飲用水成本，也影響了水力發電的速度。

除了美國之外，熱帶和北國森林的面貌也因山林火災的頻繁而改變。在東南亞地區，人們為了將林地變為農地，往往會焚燒林木，以致濃煙蔓延，使當地許多國家的空氣充滿各種懸浮微粒，造成嚴重的公共衛生問題，迫使相關國家的政府不得不試圖簽訂協議，以控制林地的焚燒面積。在亞馬遜地區，因乾旱導致的森林火災已經影響當地生態，即便在林木未遭大規模砍伐的地區也是如此。在極北地區，森林再生的速度已經趕不上被火災破壞的速度。這些發生在全球各地的森林火災，已經使得更多的碳被排放到大氣中。自前工業時期迄今，大氣中所增加的二氧化碳，有五分之一是來自森林火災。

地質學家之前在挖掘美國西部各地的河流沖積扇時，曾發現中世紀氣候異常時期的印記。那是自從上一次冰河時期以來，美國西部最炎熱的一段時期。然而，我們現在的氣候似乎已經比當時更加炎熱。過去這十年間，北美洲西半部由於氣候乾燥、河川乾涸的緣故，陸地已經上升了好幾毫米。此外，由於春夏氣溫不斷升高，冰雪提前融化，美國西部地區的森林火災季已經變得比以往更長。自一九八〇年代以來，此區被焚毀的林地面積已經增加了六倍。專家所做的預測都顯示：美國西部地區今後一百年間，將會長年處於乾旱狀態。相形之下，古代長達十年之久的乾旱期根本不算什麼。

導致森林火災的元素不外木頭和氧氣，而這兩者都是光合作用（層石藻細菌遺留給後代的資產）的產物。氧氣和可燃草木的結合原本就很不穩定，因此自陸地上有植物以來，森林火災就不斷發生。過去數百年間，由於氣候相對涼爽潮溼，因此我們在興建各種公共設施時，如市鎮中心、水庫和市郊社區，都假定森林火災發生的可能性很低。但這樣的時代已經過去了。現在，這些地方都有可能受到森林火災波及。

此刻，在災後的科羅拉多溫泉鎮，潮溼的水氣掩蓋了炊煮食物的香氣，使我們感受不到熟悉的「家的味道」，只看到滿目的溼泥和灰燼。我們再度拿起工具，開始一鏟又一鏟的挖著爛泥，再把一桶又一桶的泥巴抬出去。一個小時又一個小時過去，我們的肌肉正逐漸適應這屬於未來世界的節奏。

三千四百萬年前，科羅拉多洲的火山曾經接二連三的爆發。這樣的事件如果發生在今天，從火山上流下來的那些岩漿和礫石將會埋沒好幾座城市，而不只是溪邊小鎮的地下室。這些火山當中的一座就位於弗羅里善山谷旁，那便是古費火山（Guffey）。時至今日，這座火山由於受到侵蝕的緣故，只剩下幾座小山脊，和附近那座雄偉的派克斯峰（Pikes Peak）相較，顯得很不起眼。但在當時，它和鄰近的幾座火山卻主宰了此地所有生物的命運。這些火山每隔一陣子就會爆發，噴出大量的熔岩；即便在沒有爆發的時候，火山內也會不停湧出少量的岩漿和火山灰。因此，附近地區布滿了汙泥、岩塊和火山灰。這些火山噴發物經過多年的堆積之後，就像現在科羅拉多溫泉鎮旁邊那座不穩定的山坡一樣，有時會因為下雨或降雪而崩塌，像泥漿一般整片流下山坡。因此，這些火山下面的幾座山谷如今都已經埋在好幾公尺深的泥漿和岩塊裡。

在古費火山附近的一座山谷裡，有一座紅杉林就被埋在五公尺深的火山岩屑裡。由於那些紅杉都非常高大，因此它們的樹幹有一大部分都露在火山岩屑上。當樹根因吸收不到空氣而死亡時，這一截樹幹很快就腐朽了。最底下的一截樹樁則被埋在火山泥中，由於這層泥巴很濃厚，空氣無法到達那截樹樁，裡面的細菌便因缺氧而死亡，無法分解那一截已經枯死的樹樁。在生物分解作用變得極其緩慢的情況下，這些樹樁便逐漸石化了。從火山灰泥滲出的水富含各種礦物質，遭埋的樹木的每個細胞便浸泡在溶解的二氧化矽中。經過數十萬年的沉澱後，二氧化矽慢慢形成結晶，取代了逐漸分解的木頭。這些結晶的形狀和樹木的細胞一樣，當它們愈來愈多時，就成了一塊看起來像是樹木的石頭。如此這般，那些紅杉在歷經數百萬年富含礦物質的水浸潤後，就石化了。

如今，這些石化紅杉樹樁散布在弗羅里善化石床國家保護區的美西黃松森林和草原上，為數頗多。而且，樹木的年輪、彎彎曲曲的木材纖維，和板根的形狀和肌理，都完整的保存了下來。這些化石看起來脆弱如紙，就像易碎的老木頭一般，但我在遊客中心裡看到的一個樣本卻非常堅固，而且又重又硬，有如鐵塊一般。它所含的礦物成分，從外表的顏色便可以看得出來：根部的暗色條紋是錳，樹樁的垂直面上亮橘色的斑塊是氧化鐵，其中鐵已經流失的部分則成了黃色。此外，石頭表面還長了萊姆綠和黃褐色的地衣。這些色彩和光澤會隨著一天當中光線的角度和明暗的不同而發生變化，而且四季不同。在冬日的斜陽中，這塊石頭看起來像是燒得熾紅的煤炭；夏天時，它就成了硫磺，上面還帶著一些淡白色的大理石紋。

我坐在美西黃松下方，看著旁邊的那根大樹樁。這棵紅杉在被火山泥掩埋前足足有七十公尺高，樹齡超過七百年。如今，它卻成了一根三公尺高、周長十公尺的殘缺石柱。從前這裡的地主把它四周的泥土和石塊都鏟走了，因此現在整根樹樁都露了出來，屹立在山坡上一處半圓形的平台上。

這根樹樁雖然許久之前就已經失去生命，但它的四周卻充斥著各種動物的聲音，熱鬧非凡。

夏天時，紫綠色的燕子會在附近盤旋，一邊啁啁啾啾的叫著，一邊捕捉飛蟲，然後再飛到樹樁或一旁的泥岩上，吃著牠們所捉到的昆蟲，或銜著土壤碎片。山藍鴝（mountain bluebirds）會群集在樹樁上，餵食牠們那些哀哀啼叫的雛鳥、呼喚牠們的配偶，或咬啄牠們的對手。牠們降落在樹樁上或在其上行走時，腳趾甲往往會刮到岩石表面，發出刺耳的聲音。偶爾，會有一隻蜂鳥嗡嗡嗡的飛近樹樁，檢視上面那有如花朵般的橘色紋路。蚱蜢在樹樁下的地面唧唧鳴唱。偶爾也可以看到幾隻花栗鼠爬到樹樁上去勘查地盤，並出聲警告飛過上方的老鷹或渡鴉。

秋天時，美西黃松的毬果張開了，草兒也結穗累累，各種花草的種子都掉落在地上。於是，鳥兒都飛了過來，盡情享受牠們的種子大餐。此時，這樹樁再度成為牠們的活動中心。藍知更鳥成群的飛到樹樁上，輕聲的互相呼喚。幾隻五十雀試著把一些松子放入樹樁的裂縫中，但並未成功，只好另找一棵有著柔軟樹皮的松樹。一群紫紅朱雀（purple finch）和暗冠藍鴉（Steller's jay）在空中盤旋呼叫了一會兒之後，便一起飛到美西黃松的枝頭，啄食那裡的毬果。當地面被太陽曬得暖和起來，有幾十隻蚱蜢不知從哪裡冒了出來，在樹樁周圍的平地上飛來飛去，並發出一陣陣單調、有如棘輪般的顫音。

冬天時，動物銷聲匿跡，空氣一片沉寂，只聽見美西黃松的針葉呼嘯的聲音。偶爾會有幾隻渡鴉「呱呱呱」的飛過空中。枯萎的草莖被風吹倒在地，葉尖劃過積雪，形成了一條條弧線，彷彿有人用筆在粗糙的紙上寫字。一團團的雪「嘶嘶嘶」的從松樹的針葉上滑下，然後便「噗！」一聲掉落地面。

除了植物和動物的聲響之外，這裡偶爾也可以聽到飛機轟隆隆飛過天空的聲音，以及健行人士經過時踩到地上化石碎片的聲音。有些在森林中漫步的人會駐足在這樹樁前，談論樹身有多粗。有人拿著相機不停的按著快門，拍了大樹樁、美西黃松和草原的照片之後便大步離去。遊客中心的停車場上，有一台碎木機不時會轟隆轟隆、噹啷噹啷的作響。那是國家公園管理局管理林地的方法之一。為了預防森林火災，他們會砍掉山上的一部分松樹，並將砍下來的枝幹運出森林，送進碎木機。這時，機器裡就會傳出木頭和金屬的碰撞聲，以及輪子呼呼作響、快速轉動的聲音。不久，軋碎的木屑就被吐了出來，並且逐漸積成了一堆，熱騰騰的冒著煙。那是現代版的大樹樁。

這些石化紅杉雖然令人印象深刻，但它們並非此地最精美、最有科學價值的化石。當年的火山熔岩不僅掩埋了許多樹木，也堵住了弗羅里善山谷，形成一座小湖，其寬度共二十公里，即便是一位壯漢駕著獨木舟也要花半天的時間才能划完一趟。這座湖現在已經完全乾涸，科學家從湖床中挖出一些保存極為完善的化石。當年，由於古費火山不時爆發，每隔一段時間就會有火山灰和泥土流入湖中，形成一層薄薄的沉澱物。這一層層的火山泥之間又各自夾了一層水藻殘骸，有許多葉子、昆蟲和其他生物都被卡在這一層層紋理細密的沉積物之間，有如書頁中的壓花。當湖底的沉澱物愈來愈多，這一層層的火山泥和水藻殘骸便逐漸形成一種名為「薄頁岩」的岩石。時至今日，我們只要用錘子輕輕一敲，就可以讓這些薄片狀的岩石裂開，露出其間所夾藏的化石，就像打開一本古書，取出扉頁中的壓花。

這類化石有一部分被收藏在耶魯大學的畢巴底博物館（The Yale Peabody Museum）裡。我把它們放在手上時，不禁大為讚嘆，因為這些化石看起來就像是剛剛落在水面的葉子和昆蟲，完全不像是千百萬年前的古物。在手持放大鏡底下，蕨類嫩葉上的每一條葉脈都清晰可見。在顯微鏡下面，花朵的細部構造、花粉粒的形狀，以及葉子表面那些排列如瓦片般的細胞，也纖毫畢現。即便用肉眼觀看，細節也都清晰得驚人。有些樹葉上散布著一些不規則的小洞，看起來好像才剛被毛毛蟲咬過似的。蜘蛛的毒牙、長腳蚊（crane-fly）的觸角、螞蟻的眼睛，這些在大多數化石上都看不到的精細部位，在這裡卻一應俱全。

這些頁岩可說是古生物學上的「亞歷山大圖書館」，只不過它們是因著火山的爆發而形成，也因著火山的爆發而獲得保存，而且其中埋藏的古物比亞歷山大圖書館庋藏的古本手卷還早了三千多萬年，裡面蘊含著成千上萬個物種的生命故事。透過這些故事，我們可以了解近代（從地質學的角度來看）弗羅里善地區的生態。結果，科學家們發現：現今地球上的所有物種中，有百分之九十九在古費火山爆發、將大樹椿埋在火山泥之前已然存在。其餘的百分之一雖然較晚出現，卻變化多端。

大樹椿和這些化石透露出了一個很重要的訊息：在三千四百萬年前，弗羅里善山谷的氣候比現在要溫暖潮溼得多。如今，美洲的紅杉只生長在屬溫帶氣候的太平洋沿岸。它們如果長在像科羅拉多州這樣夏天乾旱、冬天寒冷的地區，一定無法存活；但古代時，它們在弗羅里善山谷的湖邊以及支流沿岸，卻長得頗為茂盛。我們可以根據那些石化樹樁的年輪寬窄，來推斷它們當年的生長速度，而它們那寬闊的年輪顯示：當時紅杉生長的速度比現代更快。由此我們可以得知：在三千四百萬年前，弗羅里善的氣候甚至比現代紅杉的生長地還要溫暖潮溼。

當年，除了紅杉之外，此地還有其他數十種植物。其中，橡樹、山胡桃和松樹生長在較高的山脊，白楊樹和蕨類植物則長在水邊。這些植物當中，有幾種和現代的植物似乎沒有明顯的關係，但有許多都是我們現在所熟悉的那幾屬植物，包括葡萄、綠薔薇、黑莓、刺槐、唐棣（譯注：serviceberry，又稱花楸樹）、棕櫚和榆樹等。但如今，這些植物幾乎已經完全從弗羅里善地區消失了。植物學家只要看看弗羅里善的薄頁岩化石中有哪幾種植物，然後再看看這些植物現在生長在哪些地區，就可以了解弗羅里善古時的氣候類型。結果他們發現：當時弗羅里善地區的氣候，可能比較接近現在的東南亞溫帶山脈，或墨西哥中部——夏天炎熱潮溼，冬天氣候溫和、鮮少冰雪，年均溫更比現在高出至少攝氏十度。目前，各項氣候政策的目標都是要把地球平均上升溫度控制在攝氏兩度以內，但事實上，當時弗羅里善的氣溫遠高於此。

這點也可以從當時所留下的動物化石中得到證實。在三千四百多萬年前，弗羅里善的紅杉林裡可以聽到蟬與蟋蟀的叫聲，花朵裡有蟹蛛潛伏，潮溼的落葉層上有成千上百種甲蟲在爬行，林地上方可以看到一閃一閃的螢火蟲，樹木的枝椏間可以看到金蛛科的蜘蛛所結的網，湖裡有蠑螈和弓鰭魚游來游去，湖濱也有鴴鳥在漫步。相較於今日弗羅里善地區盡是乾燥的草原和美西黃松林，古代森林中的物種不僅密集，也極為多樣化，這是因為當時氣候溫暖又經常下雨。儘管古費火山爆發時，一部分的森林會被摧毀，但之後又會再生，並且繁衍出更多的物種。

弗羅里善的化石（包括薄頁岩與石化紅杉）由於保存完善，再加上物種豐富，因此在古生物學界赫赫有名。但這些化石所代表的並不只是古時科羅拉多州某個地區的生物，而是整個始新世時期（Eocene）的所有生物。在這段時期，氣候雖不穩定，但向來都比今日溫暖得多，而且二氧化碳的濃度至少是現在的兩倍，甚至可能達十倍之多。當時，海底的火山口和地層裂隙也排放出不少甲烷，使得大氣中的溫室氣體變得更多。因此，始新世時期的地球與其說是「溫室」，不如說是「三溫暖」。在最熱的時期，整個地球從南熱到北。北極地區的氣溫比現在高出了三十度，因此那裡的森林頗為繁茂（現在卻看不到一棵樹）。南極地區也是棕櫚搖曳，不見霜雪。當時大氣層中的二氧化碳之所以如此之多，似乎與許多因素有關，包括火山作用、碳酸岩的風化、海洋和沼澤所排放的氣體，以及水藻所儲存和釋出的碳量改變等等。

弗羅里善山谷遭古費火山掩埋，是始新世的極熱期過後幾千萬年的事。當時始新世已將近結束，二氧化碳的濃度已然下降，南極冰雪遍地，以致全球各地的氣溫都為之下降。因此，在弗羅里善的那些化石遭到掩埋時，科羅拉多州的氣候雖然比現在溫暖，但和之前相比，仍然較為寒冷。因此，古生物學家認為這段時期乃是地球從「溫室」變成「冰庫」的關鍵期。那麼，弗羅里善的紅杉林是什麼時候消失的？由於後面那些時期的化石很少，我們迄今無法確知，不過它們很可能在始新世結束後不久就滅絕了。

自從這些紅杉森林被火山泥掩埋後，一直到現代，氣候持續變冷。這段期間，地球的氣溫就像始新世時期一般起起伏伏，但整體而言是往下降的。人類之所以誕生乃是拜此現象之賜。這是因為有一段時期，地球變得特別乾冷，以致非洲的森林面積不斷縮減，草原開始出現，於是森林裡的人猿才會進入那些草原。我們便是這些人猿的後代，而且人類的歷史都發生在相對較冷的時期。我在眺望大樹樁附近那片廣闊的草原和零星的樹叢（這是涼爽乾燥的氣候所造成的景象）時，之所以感到很平靜，或許是因為我在潛意識中已經習慣了這樣的景色。始新世時期那些在紅杉林的樹梢捕捉昆蟲、狀似負鼠的動物，和那些在樹下啃齧枝條的迷你馬，很可能會比較喜歡樹高草長、細雨濛濛的景象。

喜愛稀樹草原景象是人類的心理特質之一，另一項特質則是蒐集珍稀物品（尤其是古董）的癖好。這或許是因為我們是擅長說故事的物種，想藉這些物品來證明故事的真實性。無論原因為何，這樣的癖好幾乎毀掉了弗羅里善的所有化石。在十九世紀末期，此地興建了一條鐵路，於是觀光客便開始搭乘火車前來參觀這些紅杉和頁岩。結果不出幾年，幾乎所有的石化原木和樹樁都消失了，位於鐵路兩旁的頁岩也被遊客洗劫一空。到了二十世紀上半葉時，這裡出現了好幾座度假山莊，其中一座就位於大樹樁後面的山丘上。山莊主人把大樹樁周圍的泥岩挖除，好讓遊客可以看個清楚。有些建商甚至把石化木切割之後再加以黏合，做成度假小屋裡的壁爐和爐台，生意非常興隆。後來，華德·迪士尼（Walt Disney）也來了。他看到這些樹樁，非常喜歡，便調了一架起重機過來，把其中一根運到了加州。如今，這根樹樁仍然矗立在當地的迪士尼樂園中，它的前面還豎著一塊牌匾，上面寫了一些錯誤百出的地質學知識。當時的科學家雖然地質學知識比較豐富，但也挖得更多。他們用鏟子和馬拉式的犁頭來挖，並運走了大量頁岩，其中大多都被送到現今美國東部各地的博物館裡。一九七〇年代，美國國家公園管理局取得了弗羅里善遺址的管轄權，從此開始禁止人們在區內蒐集化石，只允許科學家進行小規模挖掘。因此，現在人們只能用照相機和錄音機來「蒐集」這些古物，或是向這裡的一家私人採石場購買。

這股蒐集化石的熱潮在弗羅里善留下了許多印記。我坐在大樹樁底下的那幾十個小時期間，發現遊客最常談論的既不是大樹樁優美的紋理，也不是美西黃松驚人的聲響，而是那兩柄從大樹樁的上半截凸出來的鋸子。這兩柄鋸子垂直的插在樹樁裡，像是兩把被留在蛋糕裡的刀子。鋸子的鋒刃已經折斷，卡在樹樁裡，上面已經鏽跡斑斑。它們之所以會被留在這裡，是因為一八九〇年代時，有人想把這根樹樁鋸開，送到芝加哥世界博覽會去展覽。然而，他們雖然搭起了木頭鷹架，並使用蒸汽引擎來推動鋸子，但由於樹樁實在太大，那兩把鋸子還是奈何不了它。於是，它們最終就被棄置在此，成了一個紀念物，見證我們想要蒐集古物的慾望是如何的具有破壞力。

鋸子雖然鋸不開樹樁，但是人們很容易就能把一塊石化紅杉的碎片放在口袋裡帶走。至於要了解並記住這棵紅杉所代表的意義，那就難得多了。

炭火上的京都古壺嘶嘶作響，彷彿風吹過松林的聲音。那是兩種不同形式的樹木（一個伸手可及，一個位於遠處）所發出的聲音。當壺中的水逐漸變熱，壺身也不斷卡嗒作響時，松林間響起了一名女子的腳步聲。這是川端康成的作品《雪鄉》（譯注：或譯《雪國》）中的一個場景。其中的景物所呈現的「親密」與「距離」之間的張力，乃是此書的主題。在小說最後，浪蕩的男主角島村在聽到松林的風聲與女子的腳步聲之後，便沒入寒冷的夜色中，從此遠離人世，從現實世界遁入了孤寂的虛空。

在科羅拉多州的雪鄉中，我們也聽到了兩種松樹的聲音。一個是近在眼前、生長於現代的美西黃松，一個是遠古的紅杉化石。在這兩種不同的樹木之間，也有一個通往虛空的入口。

那石化的紅杉樹樁是帶著過往記憶的岩石殘骸，提醒我們地球的鐵律：今天還存在的事物，明天可能就消失了。氣候的變化就是無常的體現。自古以來，氣候不斷改變，氣溫和雨量起起伏伏、上上下下。這些變化時而緩慢，時而突如其來、令人震驚。連帶的，岩石、空氣、生命和水體也都變動無常。至於石化紅杉旁邊的這棵美西黃松，它之所以在火熱的風中呼嘯，並飽受甲蟲的侵擾與乾旱的危害，都是氣候改變所致，而這些改變又是由人類所造成。其結果便是：如今山坡只要略微崩塌，下游的城鎮就會出現一桶桶的玻璃碎片與泥巴。

沒有人為了不滿這些變化而前往華府遊行，但我卻曾經和成千上萬人一起走上街頭，抗議政府目前的政策並不足以減緩人類所造成的氣候變化。我們有什麼理由如此切割我們與這世界的關係？如果我們不想生活在一個被分割的世界，如果我們相信人類和美西黃松與紅杉一樣隸屬於這個星球，則我們應該有什麼樣的倫理觀？自從達爾文提出他那革命性的學說之後，這一直是人類苦苦思索的哲學問題。如果我們和其他生物都是以同樣的物質造出來的，如果兩者的身體是依照同樣的自然法則而產生，則人類的所作所為也是自然界的一部分，那麼我們為何要關切又一次的氣候變化呢？始新世的結束是受到大自然力量的影響，大氣的改變也是許多物種製造養分、排放廢物的結果。同樣的，人類的行為也是大自然的一部分。地球上的生物原本就一直不斷的在改變石灰岩、氧氣、碳分子、臭氧和含硫氣體的循環週期，這些改變有時不免會對地球上的所有物種造成災難性的影響。

在回答有關倫理的問題時，無論世俗學者或宗教界人士往往會假定「我們」和「它／牠們」是分開的。有人說，上帝賦予我們特殊的責任，要我們管理其他造物。有人說，人類創造了語言、藝術或科技，因此在萬物中具有特殊的地位。但這種說法似乎不能反映地球生命的豐富樣貌。這種「人與萬物有別」的信念將生命共同體一分為二，使人類獨自幽居在斗室。因此，我們必須問自己一個問題：身為地球的一分子，我們要有怎樣的倫理觀？

這個問題的答案，至少有一部分取決於我們認為自己所屬的地球是一個什麼樣的地方。如果我們認為這個世界是由各種原子排列組合而成，完全受制於物理法則，則我們勢必會落入道德上的虛無主義。《雪鄉》中的島村離開了他原本可以保持連結的人與地方，讓自己脫離了土地，進入了縹緲的虛空。美西黃松和紅杉這兩種生長在迥異氣候中的樹木，可能也會讓我們走上類似的道路。如果人類就像其他所有物種一般，不多也不少，純粹是由原子所組成，則我們不禁要問：如果我們認為導致始新世紅杉林滅絕的氣候變化只是一個自然現象，與道德無關，那麼我們為何要相信人類所造成的氣候變化危及美西黃松生存的現象是一個道德議題呢？假使我們以自然主義者的眼光來看待人類道德的起源，這個問題將會讓我們更感到疑惑。有許多生物學家宣稱我們對「道德和意義」的想法和感受，完全是我們的神經系統的產物。我們的行為和心理就像所有動物的心智和情緒一樣，是在演化過程中逐漸發展出來的。「我們」和「它／牠們」並沒有分別，只是演化的方向不同而已。果真如此，則所謂「道德」只是我們的神經突觸所產生的虛幻之物，並非獨立於我們的心智之外的客觀、有效的真實存在。

身為人類，我們都深信我們應該忠於自己的家庭以及所屬的團體，應該同情他人的苦難。我們也都喜歡可愛的生物，並且肯定它／牠們的「價值」，並認為喜歡大自然的人需要多接近樹木。此外，我們也都相信我們應該關心人類的未來，應該倡導人權與動物權，並肯定每個物種存在的價值。但這些信念在脫離我們的神經系統之後，是否還是真理？是否有任何意義？如果人類當初循著不同的路徑演化，我們現在很可能就會有不同的基因和不同的倫理觀。在這種情況下，針對前述的問題，我們很可能會得出一個充滿虛無色彩的答案：我們的道德信念只是自欺欺人的夢想，「經不起考驗而且毫無根據」。就算一個短暫存在的物種焚燒了另一個物種的化石，並因而使得地球稍微暖化了一些，那又有什麼關係呢？沒錯，按照這樣的邏輯，所有的事情都無須在意，除非我們喜歡以幻想自娛。

然而，我希望能有一種比較健全的觀點，一種純粹從生物學著眼但又不致讓我們走入島村那寒冷荒涼的宇宙，並沒入自我建構的迷霧中的倫理觀。

這樣的倫理觀，或許可以從那位身穿粉紅長褲的女孩身上找到。她不僅聽到美西黃松所發出的「巨大」聲音，而且她和她的家人也都以歡歡喜喜、毫不造作的態度關注弗羅里善的一草一木。她聽見了美西黃松的聲響，她的弟弟則仔細檢視掉落在地上的美西黃松毬果，觀看果鱗中間的縫隙，並且戳了一下樹上那些尚未成熟的毬果。他們的父母也注意到草浪在風中起伏的模樣。這兩個孩子主動的閱讀大樹椿的告示牌，而且純粹是出於好奇，並非想要賣弄。他們站在那兒欣賞大樹椿，一邊討論它身上有多少顏色。大多數遊客走到這兒，頂多停留一、兩分鐘，但他們待的時間卻長得多。可以說，這一家人確實有把心思放在那裡。他們就像任何要和他人展開新友誼的人一般，留心的聆聽與探索。他們將自己的感官、心智和身體敞開，以便與弗羅里善這個地區建立緊密的關係。十九世紀時，弗羅里善的原住民——印第安猶特族（Ute）——被迫遷居他處，這種粗暴的行為破壞了人類幾千年來與此區生物群落的關係。許多蘊含在這些關係中的記憶和知識都消失了。這女孩和她的家人正踏出他們的一小步，重新學習那些已經被遺忘的事物。

乍看之下，小女孩一家人的行為似乎並不能幫助我們理解始新世和現代的山崩究竟有什麼樣的道德意涵，也不能為「人類在氣候變化中應該負何種道德責任？」的問題提供直截了當的答案。然而，從他們身上，我們可以學到如何透過參與生命共同體來尋求答案。透過這樣的參與，我們才會比較有能力理解這個世界深層的美。

生態之美並不在於娛人耳目的美景，或令我們的感官驚奇的事物。事實上，如果我們了解生命的過程，往往就不會被這些表象所惑，因為這時我們將會明白：山林被火焚燒正是草木重生的契機；我們腳下的微生物群落可能比絢爛的山峰夕照更加豐富美麗；腐爛的渣滓中可能蘊含著崇高的事物。所謂的生態美學便是：我們要有能力持續而具體的與生命共同體的其他成員建立關係，以感知其中的美。人類是這個生命共同體的一部分，我們在其中扮演各式各樣的角色，既是觀看者、狩獵者、砍柴人、耕種者、食用者，也是歌謠傳唱者，以及害菌和益菌的宿主。生態美學並不是隔著一段距離欣賞你心目中的大自然，而是讓自己在各方面都成為大自然的一分子。

有了這樣的生態美學，我們便可以建立起我們作為大自然一分子的倫理觀。關於萬物的生態，如果某種客觀的倫理觀確實存在，而不只是我們神經系統的產物，則這樣的倫理觀乃是存在於組成生命網絡的各種關係之內。當我們能夠覺察並參與這個網絡的運作時，我們逐漸就能聽見什麼是協調的、什麼是有問題的、什麼是美的、什麼是好的。這樣的理解來自持續而具體的關係；有了這樣的理解，我們就能建立成熟的生態美學觀念，也才能判定好壞對錯。這時，我們才能從超越（或至少部分超越）個體與物種的觀點來看待事情，而這樣的超越是基於生命的真相，與神祇無關。

愛爾蘭作家艾瑞斯．梅鐸（Iris Murdoch）曾經在文章中引用柏拉圖的說法，表示美是一種「無我」（unselfing）的經驗。她在談論這個經驗時所提到的第一個例子，是她看到一隻紅隼在飛行時的感受。雖然她宣稱人和這隻紅隼的生命最終都沒有意義可言，但她指出我們對紅隼之美的體驗「顯然是一件好事」，是美德與道德的起點。她並未在生態的架構下闡釋這些概念，也沒有刻意強調我們如果能和紅隼建立持續的關係，或許將更能深入欣賞牠的美。不過，住在距她家不遠處的作家約翰．貝克（J. A. Baker）倒是做了一場類似的實驗。他長期觀察遊隼的行蹤，而在融入那些鳥的生活時，他確實感受到了「無我」的經驗。我們可以將梅鐸和貝克的精神發揚光大，透過親身的接觸，與其他物種建立持續的關係，如此便可以深入了解「美」和「倫理」的關係。在這個過程中，我們會拋開自我，進入鳥兒、樹木和寄生蟲的世界，乃至進入土壤裡的世界（這是遲早的事！）。我們可以超越物種和個體，敞開自己，融入我們賴以存活的那個生命共同體。

虛無主義者和其他幾派人士會說：所謂的「美」只不過是人類感官所偏好的幻象而已。正如蘇格蘭哲學家大衛·休謨（David Hume）所言：「美並不存在於事物本身，而是存在於觀看者的心中。每個人對美的感受都不同。」但我們不妨想想數學家的例子。他們尋求的是客觀的真理（至少是最接近客觀真理的事物），必須非常嚴謹。飛機之所以能夠在天上飛行、我們之所以能發現次原子之間的關係、梁柱之所以能撐住屋頂，都是靠著數學家所發現的法則。但在數學上，美感的判斷是很重要的，而這唯有透過多年的浸淫才能獲得。數學家們會以美感做為指標。他們在判斷自己的方向是否正確時，所用的標準之一就是他們的算式是否簡潔優雅，但要看出這點，必須經過訓練以及經驗的累積。唯有曾經深刻思考過一個數學問題的人，才能看出這種美。沒有宗教信仰、也不是神祕主義者的量子物理學開山祖師保羅·狄拉克（Paul Dirac）曾經說過，「讓方程式具有美感」是尋求洞見的一種方法。他宣稱，在撰寫物理方程式時，與其要求一個方程式完全符合實驗結果，不如關注它的美感。在許多情況下，後者是更可靠的指標。理查·費曼（Richard Feynman）曾經在他的文章中指出，我們之所以能針對物理學上的未知領域做出預測，是因為「大自然有一種簡明的特性，也因此具有很大的美感」，而這種美感乃是透過數學顯示出來，因此數學就是尋求這世界「最深刻的美」的方法。費曼也曾經像克卜勒和許多早期的數學家一般，將重要的方程式形容為貴重的金屬或珠寶。

因此，數學提供了一個先例，讓我們明白我們可以運用誕生自深刻關係中的美感，來指引我們發現超越人類心智能力的真理。在生物網絡之中，我們也可以這麼做。一個人如果持續數十年聆聽草原、城市或森林的聲音，就可以看出哪裡是否出了什麼差錯。透過持續的關注，我們慢慢就能夠看出美醜。

不斷透過親身的體驗達到「無我」的境界是必要的，因為有許多生命的真相要靠我們超越自我，與其他的生物建立關係才能發現。而這是一個漫不經心的旅人無法做到的，遑論那些未曾親身接觸、只是在會議室裡制定抽象的道德規範的人。這一點連休謨都可能會同意。他曾經說過：「批評家必須有敏銳的感官、細緻的情感，並透過練習和比較以提升、精進自己的眼光與品味，並去除所有偏見，才能當此重責大任。唯有做到以上幾點，他才能真正建立美與品味的標準。」除了以上幾點之外，一個人如果要培養生態之美的鑑賞力，還必須經由「無我」的方式去接觸、認識許多物種。

這種倫理觀打破了人類與其他生物的藩籬。如果人能透過在一個生態體系內持續與其他生物接觸而建立成熟的審美能力，其他物種必然也可以。同時，我們也可以從倫理的角度來評論宇宙間的任何一位成員（無論是人類、火山、藍知更鳥，或雨水）所造成的改變。如果生物的滅絕和地質上的巨變具有客觀的倫理意涵，則無論人類是否在一旁加以評斷，這樣的倫理意涵依舊存在。大規模的滅絕本身就不是一件好事，正如同太陽不斷擴張，最後將地球消滅一樣。但如果道德只是人類的神經系統所創造出來的主觀幻象，這樣的說法就很荒謬。

渡鴉、細菌或美西黃松在牠／它們各自的世界中所感受到的經驗，無疑和我大不相同。牠／它們處理感官資訊的方式也各不相同，但這樣的差異並不一定會妨礙牠／它們進行美感與倫理上的判斷。美是關係網絡的一個特質，即便人類以外的生物也可以感受得到。

渡鴉具有和人類相似的體內中央處理器、神經系統和腦部。此外，牠們也像人類一樣生活在社群網絡裡。這樣的社群網絡就像人類的文化一般，存在著思想和智能。因此，渡鴉對生態的美感和我們的經驗多少有些相關。我們並不知道牠們是否能夠區別不同層次的美，也不知道這會如何影響牠們對這世界的是非概念，但牠們的生理構造無疑可以建立這樣的連結。這是因為根據「簡約原則」（Law of Parsimony），相似的神經系統可能會產生相似的結果。

細菌並不是在個別的細胞中處理資訊，而是透過彼此在群體中的互動。每一個細菌細胞的表面都會發出化學訊號，傳送給其他細胞，藉此展開群體的對談。細菌的智能幾乎完全是外化的，存在於群體（由許多不同種類、成千上萬個細胞所組成）的化學連結與基因的連結中。這些連結會因環境的變動而削弱、增強或斷裂。一群群的細菌就是透過這種化學方式對談並運作。生物學家把這種透過連結、集體做出決定的方式稱為「群聚感應」（quorum sensing）。它們之間的對話內容豐富，而且持續不斷，並且會使得整個群體的化學結構和行為發生很微妙的變化。那麼，這樣的細菌網絡是否具有「美」的概念，並因而能做出道德判斷呢？如果就人腦所熟悉的方式而言，答案是否定的。就算有，它們的美學概念和倫理觀也是分散式的，不是我們所熟知的那種，但這或許無損於其真實性。

美西黃松則是同時透過外在和內在的訊息來感知這個世界，並將兩種訊息加以整合，藉以做出衡量與判斷。它的每一片葉子和每一條根，都和細菌與真菌連結。此外，它本身也有荷爾蒙、電氣和化學這三種網絡。它們的溝通過程比動物的神經系統慢，而且不是像動物一般以腦子為中樞，而是分散在枝葉與根部。這種感知世界的方法就像細菌的方式一樣，是我們所不熟悉的。不過，樹木可是整合大師，它們的細胞會和土壤、天空以及成千上萬個其他物種連結。由於它們無法像動物一樣行走，因此為了生存，它們必須對自己的所在地有更多了解。樹木就像生物界的柏拉圖，透過其獨有的《對話錄》，它們是世界上最有能力做出美感與道德判斷的生物。

不過，柏拉圖是試圖透過美來追尋那不存在於人類混亂的政治與社會中的不變真理，但生態的美感與道德卻源自生命共同體內的關係，是會隨著環境而改變的。然而，當這個網絡內的許多成員都做出類似判斷，我們就有可能得出一個近乎普遍真理的法則。

從古到今，各地的人們都聽見了松林間的風聲。東西方的繪畫、戲劇、詩詞和小說傑作中，都曾經出現松樹呼嘯、低語、哀悼和嘆息的聲音。中國宋朝時期的畫家馬麟有一幅名作叫〈靜聽松風圖〉，畫的是一位文士倚著一棵枝幹虯曲的松樹，靜靜的傾聽風兒吹過針葉時的聲音。畫中人看著遠方，神情專注而困惑，一旁則有一位眼神清澈的男孩在看著他。七百多年後的今天，我們仍然倚著松樹，試圖理解我們所聽見的聲音。

《雪鄉》中的島村在壺水的沸騰聲中聽見松林間的風聲，以及一名女子的腳步聲，覺得人生毫無意義可言，於是便遁世而去。我們也聽見了遠遠近近的樹聲，以及一個女孩的腳步聲，但我們可以不必像島村那樣遠離人世，而是效法那位女孩和她的家人，觀看那些樹木，聆聽它們的聲音。在這個萬物相連的世界中，最崇高的道德便是反覆聆聽。

始新世的紅木和現代美西黃松的聲音聽似不和諧，但那位穿著粉紅長褲的小女孩如果能繼續敞開她的感官、專注聆聽，終將能夠理解其中的意涵。就像馬麟畫中那位站在一旁、卻看得比他的主人更清楚的侍童一樣，她可以成為我們所有人的導師，因為屆時她所說的話語將不僅來自她本身，也將來自她在生命的網絡中忘卻自我時所拾掇的訊息。

# 插曲：槭樹

## ●槭樹一號

我站在一棟房子的屋脊上，舉起雙手，伸進距前門約兩公尺的那棵槭樹的枝葉間。我一手抓住一根枝條，另一手拿著一塊約莫我手掌大的正方形鋁框，並用雙腳穩穩踩住屋頂板，然後輕輕把那根樹皮纖薄的枝條放在鋁框中間，再用從鋁框上緣的小盒子裡伸出來的柱塞上的一小塊金屬板壓住那根枝條。那小盒裡有一根鬆鬆的彈簧。此刻，那彈簧正以一股有如吹氣般的輕柔力道將柱塞壓在枝條上，就像一根機械手指一般輕輕的摸著它，由於力道很輕，因此並不會妨礙枝條生長。但只要它稍微膨脹或收縮，即使幅度只有一根毛髮的幾分之一，那股力道就會沿著柱塞臂傳到小盒裡的感應器，而且測量的結果會在電腦螢幕上以線條顯示出來。測量頻率是每十五分鐘一次，期間長達一年。現在正是冬末，這棵槭樹的葉子已經掉光了，裡面沒有水流動。因此，它現

N

**●槭樹一號：**

✕ 美國田納西州，塞瓦尼市
3°11'46.0" N, 85°55'05.5" W

**●槭樹二號：**

✕ 美國伊利諾州，芝加哥市
41°52'46.6" N, 87°37'35.7" W

在安安靜靜的躺在那片金屬板下面。電腦螢幕上的線條是平直的，只有在鋁框因日夜溫差的緣故略微膨脹或收縮，或者有松鼠經過的時候，才會稍微動一下。

**●槭樹二號**

「你拿著這兩塊槭樹木頭，告訴我哪一塊的聲音比較好。」他把兩塊厚木板塞進我手裡。每一塊都像一本厚書那麼重，而且都被砍成了楔形，表面粗糙得會刮手。它們將被眼前這位樂器師傅做成小提琴的背板。此刻，這兩塊木頭在我手中安靜無聲，一動也不動。我遵照樂器師傅的囑咐，用指尖按住它們，開始聆聽。

**●槭樹一號**

四月的第一個星期。樹冠上綴滿了萊姆色的花朵。這些花朵約莫胡椒子那麼大，看起來就像鈴鐺一般，懸垂在幾乎每一根枝條的末端。當西風吹來，鈴鐺開始搖晃時，裡面的花粉就像一陣煙霧一般噴灑了出來。我所觀察的這根枝條末端共有十來朵花，每一朵都有六根花藥。它所在的這根樹枝共有將近三百根枝條，而這一整棵槭樹共有五十根這樣的樹枝。因此，樹上至少有一百萬根花藥。這點昆蟲們非常清楚。此刻，有成千上萬隻黃褐色的黃蜂和綠黑相間的蜜蜂正在那些花蘗上跳來跳去，發出了嗡嗡營營的聲音，但我只有在爬到樹梢時才聽得到。

根據感應器的報告，枝條的粗細大致上並未改變。但在陽光溫暖的早晨，圖表上的線條會突然往下降，到了下午時又會上升，顯示水正流往枝條末端的花朵。

## ●槭樹二號

「是我左手的這一塊。」我說，接著又有些猶豫，因為我那慣於分析的頭腦告訴我：怎麼會有差別呢？你瞧瞧這兩塊木頭，它們根本都一樣。但我的手部皮膚卻感受到了差異。當我的手移動時，木頭會微微震動，我的皮膚便感覺到反彈的震波。左手的那塊木頭感覺比較清晰一些。

## ●槭樹一號

四月的第二個星期。上週那些花蘗已經變褐，紛紛掉落下來，堵住了屋頂簷溝，有如一根根糾結的毛線。一片片大小有如老鼠耳朵般的嫩葉，從爆開的芽鱗裡探出頭來。這枝條也抽長了。幾片嫩葉從它末端的那個芽裡冒了出來。莖上的一對對芽苞也都長出了小葉。

感應器偵測到枝條上有些不規則的變化。在夜間，它有時會膨脹達二十微米（相當於這一頁紙張厚度的十分之一），到了白天就一下變細了，起起伏伏很不規則。在沒有陽光的日子裡，它就會回復冬天時靜悄悄的狀態。

樹上的嫩葉每天都會長大一倍。

## ●槭樹二號

「一次拿起一塊，敲一敲，然後注意聽。不，不是那樣。要用左手拿著它的右上角，在你的手腕底下晃動。現在，再敲一敲左下角。要用你的指腹敲，你的指節是聽不到的。」於是，我手指表皮下的觸覺受體開始甦醒了。

當低頻的震動傳過我的皮膚時，會碰到梅斯納氏小體（Meissner's Corpuscles）的頂端。這些小體是一個個的圓錐狀組織，由皮膚細胞堆疊而成，外面包有一層薄薄的護膜。有一根神經就從這一層層的細胞中蜿蜒穿過。這些小體位於皮膚的表層下，因此可以感受到極其輕微的觸碰。當震動傳來時，小體裡的那根神經就會被激發，進而放電。同時，這些震動也會刺激我的指紋隆起處和指背毛囊裡的圓盤狀默克氏細胞（Merkel cells）。只要有一股輕微的力道將我的皮膚往下壓，哪怕只移動千分之一毫米，這些默克氏細胞就會開始震動，而這些較高頻的震動又會啟動另一組受器，那便是巴氏小體（Pacinian corpuscles）。這些巴氏小體的頂端狀如洋蔥，嵌在我的手指皮膚深處。每一個洋蔥都是由幾十層同心圓狀的薄膜組成，而且每一個小體的中心都有一根神經，等著接收皮膚被觸碰或深壓時所傳來的震動。在皮膚的表層之下，還有一種紡錘狀的路氏小體（Ruffini corpuscles），它們橫躺在皮膚內，負責感受滑行式的移動或持續的壓力。在這些球狀、圓盤狀或紡錘狀的受體之間，還有一根根游離的神經蜿蜒散布於皮膚內，等著接收各種震動。

就像我們的口腔可以分辨食物或酒的滋味，我們的心智可以理解話語的含意，我們的皮膚裡面也有許多受體可以區別觸碰的感覺。這些受體細胞和來自內耳的神經纖維相連，會將它們「聆聽」的結果送入人體的神經系統。此刻，我的心智正試著分辨、形容這兩塊槭木的觸感和聲音。它們摸起來感覺一樣，敲擊時所發出的聲音也相同（至少我的心智在聆聽我的手和耳朵傳來的訊息時是這麼想的）。兩者沒有區別，但感覺還是有些地方不太一樣。第一塊木頭的聲音明亮、開闊而緊實。第二塊也非常相像，但聲音稍微比較粗濁。

## ●槭樹一號

四月的第三個星期。一隻玫紅比藍雀（summer tanager）在槭樹的最高枝啄食著毛毛蟲。牠在枝葉間翻尋著，每隔一陣子就會唱起歌來。枝條的末端垂掛著一顆顆尚未成熟的翅果，看起來飽滿而有光澤。等到成熟後，它們就會像直升機一般飄落地上。樹上的葉子已經完全長成了，其中許多已經出現被蟲子啃咬、蛀穿的痕跡。

四月初時，風還靜悄悄的，如今卻發出了有如沙子瀉地的聲音。我觀察的這根枝條也發出了另一種聲音，只不過振蕩頻率只有前者的千萬分之一。這枝條像是一根有著規律搏動的主動脈。在夜間，細胞充滿水時，它就會脹大。等到日出後，葉子裡的水不斷被陽光蒸發時，它就會開始往內縮，就像飲料杯裡的水被吸乾後，吸管會往內塌陷一般。這個現象會持續一整個上午，因此，到了中午時，它的直徑已經比日出前小了四十微米。在大多數日子裡，樹根在中午之前就已經把土壤裡的水吸光了，於是水便不再往上流動。到了下午時，為了防止水進一步散失，葉子的氣孔就會關閉，枝條也不再那麼緊縮。入夜時，根莖又有了水，枝條就又脹大了。在此同時，枝條的細胞也會不斷增生、變大，使它愈來愈粗。如果天氣很好，經過一個星期的蓬勃生長後，中午時曲線圖上的波谷已經比七天前尚未破曉前的高峰更高了。

## ●槭樹二號

工作台上躺著幾把勺子、指刨和鑿子。樂器師傅從一床木屑裡拿起了兩片木板：一片是小提琴的背板，另一片則是面板。那背板散發著素面槭木特有的甜香，面板的氣味則比較酸澀渾濁，有如乾燥的雲杉。比起剛才那兩塊木頭的重量，這兩片板子輕得像羊皮紙一樣。但羊皮紙很會吸音，正好是槭木的相反；唯有槭木才能讓小提琴的聲音清澈明亮。

那背板和面板都是取自樹木的薄片，精美而細緻。它們之於小提琴，就像空氣之於飛鳥。我的拇指和食指訝異於它們聲音中的速度與力度。在那樂器師傅的巧手下，樹木有了日本木匠所謂的「第二生命」，而且這個生命或許可能像它們之前的生命那般綿長而豐富。

**●槭樹一號**

一整個夏天，森林裡都可以感受到細枝的脈動。透過裝在其他枝條上的感應器，我聽到了各種不同的節奏。那些沒有活力的枝條（位於樹冠低處，曬不到太陽）脈搏很弱，一整天幾乎都沒有什麼變化。那些日照充足的枝條則有著強勁的「舒張壓」和「收縮壓」，那是森林裡聽不見的歌聲。

**●槭樹二號**

「這是我父親製作的最後一把小提琴，還沒有完工。我把它放在這兒。你拿著。」在我們說話的當兒，那小提琴的背板和面板開始有了生氣，回應著我們所說的每一個音節。它們那弧形的肌膚迎向空氣的愛撫，並以顫動來回應。

# 03.

# 第三部

## The Songs of Trees

### Stories From Nature's Great Connectors

# 棉白楊

丹佛市中心一條小溪的堤岸上有棵幼小的棉白楊（cottonwood，楊樹的一種），高度僅及我的胸膛，長了十二、三根約拇指一般粗的枝幹。它的根長在一堆亂石的隙縫中，有一部分為河沙所覆蓋。它的一邊是一條用混凝土鋪成的走道，上面放著一個公用垃圾箱；另一邊則是一條砂石路，約一公尺寬，通往一處湍急的淺灘，也就是櫻桃溪（Cherry Creek）流進那條較寬、較深的南普拉特河（South Platte River）的地方。在混凝土走道與溪流之間有一塊狹長土地，是由溪彎凹處的沙石沉積所形成。上面除了這棵棉白楊之外，還長著許多狀似灌木的柳樹。在許久之前經歷了一場春日的洪水之後，這些樹都往溪水下游的方向傾斜。有一些塑膠袋碎片和幾根柳樹枝卡在棉白楊下層枝幹的枝腋上。

一個溫暖的下午，棉白楊的葉子在風中噗啪作響。大約每一分鐘就有一、兩個人騎著輛腳

N

✕ 美國科羅拉多州，丹佛市

39°45'16.6" N, 105°00'28.8" W

踏車經過。有些人在那條多沙的混凝土走道上慢跑，媽媽們推著嬰兒車經過。一群家燕和崖燕在河面上吃了蜉蝣之後，便飛回牠們在第十五街橋的鋼梁上的泥窩去了。還有幾十個孩子在溪中戲水，尖叫、哭喊與歡呼聲不絕於耳。一名年輕男子「嘩啦！」一聲跳進南普拉特河，在水中浮沉了一會兒之後便往堤岸游去，他黑色的長髮不斷淌著晶瑩的水珠子。淺灘上，有一群小小孩（有黑人、拉丁美洲人、白人和亞裔）坐在動物造型的塑膠充氣游泳圈裡用腳打水。一對渾身都是刺青的男女坐在棉白楊樹下的一塊岩石上共享一瓶可樂，一邊看著他們那隻被套上黃色救生衣卻不肯游泳的小狗開心的大笑。棉白楊的葉子在風中不停的晃動著。

此時已是夏末。在這並非週末的晴朗日子裡，至少有一百五十個人在這座匯流公園（Confluence Park）裡活動。這座公園之所以得名，是因為它位於南普拉特河和櫻桃溪的交會處。但事實上，在此處交會的可不只是河流而已。

櫻桃溪是從阿拉帕霍語（Arapaho）中的「bííno ni」翻譯過來的，指的是從前生長在那條走道上的野櫻桃，而普拉特河的名字則是法國獵人和商人取的，原因是此河的下游位於內布拉斯加州，那裡的水流頗為平緩（flat）。不過，它的阿拉帕霍名字「niinéniiniicíihéhe」的發音，或許更能呈現它流到此地時那湍急的聲音與模樣。在阿拉帕霍人的時代，有許多條小徑都在這裡交會。在白種人入侵之前，曾經有成千上萬個阿拉帕霍人在河堤上紮營，但詳細的數目不得而知。無論如何，在殖民人士到來後，阿拉帕霍人很快就被趕走了。在一八六四年的「沙溪大屠殺」（The Sand Creek massacre）之後，倖存的阿拉帕霍人被強制遷移到奧克拉荷馬州，從此這裡就再也沒有印第安人了。時至今日，這裡有許多街道都是以阿拉帕霍語為名，歷史標示牌和壁畫上也都提到阿拉帕霍人的歷史，但他們失去的土地和權力卻沒有得到賠償。倒是河堤上至今仍有人在「紮營」。那是幾十個無家可歸的流浪漢，他們墊著硬紙板睡在那柳樹林間。公園旁的斜坡上有一家戶外用品店，店裡的一塊招牌上寫著：「我們喜歡到戶外玩耍，所以我們知道高品質戶外用品的重要性。」

十九世紀的殖民人士經由南普拉特河或河邊的小徑來到丹佛市時，也曾像當年的阿拉帕霍人一樣，在溪河交會處建造房屋。有許多不明白河流特性的人甚至在河邊的空曠沙地上興建住宅和商店，結果這些建物後來都被突如其來的暴洪所沖毀。這是因為當河流上游下起雷雨或那一帶的積雪突然融化時，原本水流平緩的櫻桃溪就會突然暴漲，而且來勢洶洶、雷霆萬鈞。在過去，市政廳、丹佛最早的幾座橋，以及《洛磯山新聞報》（*Rocky Mountain News*）那台三千磅重的印刷機都曾經被洪水沖走，並有數十人因而死亡。其後數十年，來自東部的移民仍舊不斷在此建造房屋。到了二十世紀初期，河流上游興建了水壩，洪水的威力才減弱。二十世紀中期，政府更修訂建築法規，禁止人民在河床上蓋房子。現在的匯流公園是一處Y字形的集水區，地勢比周遭公寓房子和商店都低，以便因應那些高過兩公尺、水壩無法攔堵的罕見洪水。不過，在大多數日子裡，河裡的水位都很低，但這樣的地勢卻在匯流公園產生了意想不到的音響效果：雖然那條穿越市區的二十五號州際公路就在距離公園不到十分鐘的路程之外，而且園區南北兩端都靠近市區最繁忙的街道，但在公園裡，除了偶爾響起的警笛聲與摩托車發動聲之外，不太聽得到車水馬龍的聲音。這使它成為市中心區一處難得的幽靜場所。在這裡，人們可以聽到潺潺的流水、兒童的笑語、鳥兒的啁啾，以及棉白楊的葉子在風中翻飛的聲音。在這些此起彼落、節奏、強度和調性都截然不同的聲音之中，南普拉特河一逕低聲的吟唱著，除了偶爾響起的水花聲之外，顯得平靜而安穩。

棉白楊能夠生長，乃是拜洪水之賜。洪水沖刷河邊的高地後，會留下一層潮溼的砂質沉積土，很適合它的種子生長。這些種子外面包覆了一層「棉花」，使它們得以透過風力或水流傳布，但只有掉落在空地上時，它們才有機會萌芽並長大。這是因為這些種子只有薄薄的一小片，如果落在已經有其他植物的地方，它們就很難與那些草木競爭。當河中的水位不斷下降時，棉白楊的幼苗會努力把根伸進沙土深處，以便吸收那裡的水。它的枝幹雖然也會往上生長，但它最在意的事情還是如何吸收到水。在長了幾個星期之後，它的枝幹可能只有一根手指那麼高，但它的根部卻已經長如手臂了。這些根生長的速度如果趕不上地下水位下降的速度，棉白楊就會在那乾涸的堤岸上枯萎。那些在河中水位很低時萌芽的種子在長成樹苗後，一旦遇到洪水，通常都會被沖走；只有那些在洪水過後就在河堤上發芽的種子，才能夠長成大樹。

丹佛市最早的幾座水壩興建的目的都是為了防洪。在水壩興建前，南普拉特河的河水會不定期（有時可能間隔好幾年）的暴漲。有了水壩後，水流就變得規則而穩定，只有在水壩定期洩洪時，水位才會上升。在洪水不來的情況下，目前在河邊的森林中，已經看不太到棉白楊的蹤影，取而代之的是歐亞檉柳這種很能適應新環境的樹木。在匯流公園一帶，如今也很少看到棉白楊的幼苗。至於河堤上，則全是人工草坪與混凝土走道。因此，現在即便洪水來襲，也沖不走幾棵棉白楊幼苗了。不過，在那些草木雜生、無人照管的地帶和河邊的亂石堆中，倒是還長著不少棉白楊，因為這些地方一來土壤夠潮溼，讓它們的種子得以發芽，二來地勢夠高，安全無虞。除此之外，公園休閒區的草坪四周也有一些棉白楊，是由園方所種植。

此刻，已經到了該離開公園的時間，因為根據規定，入夜後，人們不得在公園內露營或遊蕩（當然，流浪漢們自有辦法）。一位俊俏的少年把他的酒杯、水壺和書本收進皮製的斜背包，然後便騎上他那輛以鈦金屬製成的公路腳踏車離開了。三個身穿印有墨西哥國旗的T恤、在水中打打鬧鬧的青少年也爬上了河堤，把身上的水甩乾，又互相推搡了一番後，才趿著他們的夾腳拖鞋啪嗒啪達的沿著混凝土坡道，往橋那兒走去。一位媽媽正試著為她那個身穿蛋糕裙、坐在櫻桃溪裡的一塊大石頭上哭哭啼啼的嬰兒再照一張相。一個在長椅上躺了一整天的老人一邊咕噥著，一邊坐了起來，把捲起來的短褲褲腳放下，再把蓋在身上的那件白襯衫搭在肩膀上，然後才站起身來。一名肌肉發達、蓄著山羊鬍的男子，把一隻在草地上爬行的蟒蛇放進一只貓籠，然後便拎著籠子朝公車站走去。橋上的警戒照明燈前聚集了一群飛蟲，以致它投射出的燈光看起來閃爍不定。一群綠頭鴨走出河口的沙洲，在棉白楊樹下一邊呱呱叫著，一邊用喙理著毛。接著，我聽見了「嗚—呱—」的一聲。那是我在海邊沼澤聽過的一種叫聲。然後我便看見一隻夜鷺飛過櫻桃溪上空，降落在南普拉特河中央那座岩島上的一堆石頭裡。不久，牠又從石堆裡走了出來，邁著牠那長長的腳爪走到水邊，俯視著河面。在路燈的照射下，那銀色的羽毛映現在河面上，閃閃發亮。我趕緊躲到棉白楊後方觀看，以免驚動到牠。

在後來的那兩年中，我才慢慢發現我根本不需要躲起來，因為這裡的夜鷺一點兒都不怕人。牠們對櫻桃溪邊來來往往的腳踏車，或在南普拉特河的岩石堆附近嬉戲喧鬧的孩童根本視若無睹，只是一逕的用牠們那雙又圓又紅的眼睛盯著水面，注意魚兒的動靜。牠們雖然置身於丹佛市鬧區的一座公園裡，卻宛如加拉巴哥群島（Galápagos）上的鳥兒一般，對人毫無戒心。作家安妮・狄拉德（Annie Dillard）曾經表示，加拉巴哥群島的動物「純真蒙昧」，樂意和人親近。牠們看到她時那種歡迎的神情，「想必是最早的動物看到亞當時的模樣」。她認為加拉巴哥群島的動物之所以不怕人，是因為牠們從未接觸過人類，但丹佛市的夜鷺卻推翻了這種說法。牠們生活在人潮熙攘的市中心區，卻依然保有如同伊甸園動物的特質。

那年冬天，我再次拜訪這棵棉白楊時，看到丹佛市上空籠罩著一片霧氣。這是因為在寒冷而晴朗的日子裡，當轉動在馬路上的數百萬個汽車輪胎碾過鋪路鹽時，鹽的微粒就會像香爐裡的煙一般裊裊上升，逸散到空氣中，與汽車廢氣和臭氧結合，形成一層霧霾，籠罩在城市上方。從遠處看，雲霧罩頂的丹佛市就像一名屈膝跪在空氣純淨的洛磯山脈腳下焚香祝禱的信徒。空氣中瀰漫著灰褐色粉塵，以致路上那些原本光鮮亮麗、五顏六色的汽車看起來都差不多，市區樹木的枝幹也染上了一層灰樸樸的、有如鼴鼠和礦土般的顏色。

丹佛市的鋪路鹽來自猶他州，是透過好幾公里長、有如房屋一般高的地下隧道，自古老的海床開採而來的井鹽。冬天時，丹佛市的道路維護人員撒在車道上的鹽粒，平均每英里多達九千公斤（相當於十美噸）。在市中心區，為了減少空氣中的粉塵含量，他們會噴灑氯化鎂溶液。二十年前，丹佛的霧霾比現在更濃，因為當年所撒的鹽粒和沙子的分量是今天的三倍。當時的人呼吸時，也同時把這些鹽粒和沙子吸了進去。如今，丹佛市的道路維護人員用鹽的方式已經比二十年前有效率得多，但即便如此，市區的電線有時仍會因為鹽粒堆積太多而短路。十九世紀時，曾有人頌揚科羅拉多州的陽光「永遠燦爛」、空氣「有益健康」，但如今，由於大眾無論天氣好壞都要開車，這樣的好景已經不再。

在積雪融化或下雨之後，市區的街道和空氣都會變得乾淨起來，但河川和溪流卻會變得渾濁。這是因為許多鹽粒、沙子和淤泥會隨著雪水或雨水流入南普拉特河和櫻桃溪，使得水質汙濁不堪，彷彿城市吐出來的痰。平時，棉白楊樹前方的溪流就像自來水那般清澈，但到了冬天雪融之際，就會變得渾濁而骯髒，有如礦渣一般。

棉白楊的生長帶位於北美洲大陸中央一個不規則的橢圓形地帶，距海岸有數百公里之遙。由於此區土壤乾旱，它們已經適應了每隔一段時間土壤裡就會飽含鹽分的情況。這是因為在時而微雨、時而乾旱的氣候中，土壤深處的鹽分會往上升。儘管每次下過雨後，土壤裡的鹽分就會被溶解，但等到太陽出來後，由於水的蒸發以及土壤粒子的毛細作用，那些被溶解的鹽分又會再次往上升。如果土壤能充分的泡在水裡，土裡的鹽分就會被過濾掉，但棉白楊的生長區多半很少下大雨。因此，這些地區的棉白楊自古以來就一直生長在含有鹽分的土壤中，如今已經學會了該如何因應這樣的環境。它們雖然不像菜棕那般耐旱，但它們的細胞也可以把鹽分隔離在特定區域，並分泌若干化學物質以對抗鹽分的吸水作用。同時，它們的根會穿透含有鹽分的表土，鑽到土壤深處，而且這些根也會和那些能耐受鹽分的真菌網絡結合，汲取後者的水、養分和防禦性的化學物質。就像美西黃松一樣，地面上的棉白楊枝葉其實只是整棵樹最小的一個部分，只是它的地下群落插在地面上的一根旗杆罷了。

除了棉白楊之外，生長在這一帶的溪流與河川裡的動物，也從牠們的祖先那兒遺傳到耐受鹽分的本事，但牠們的忍耐還是有個極限。如果鋪路鹽中的氯化物、鎂或鈉的濃度太高，魚兒和水生昆蟲就會生病或死亡。如果水中的沙子和淤泥過多，也可能會覆蓋水裡的枯葉或水藻，使得水生動物沒有食物可吃。這裡的鱒魚是許多人關注的焦點，但事實上，牠們是以那些攝食水藻和葉子的昆蟲維生。丹佛市的道路維護部門之所以改用不同種類的鹽來鋪路，有一部分就是為了避免影響水中的生物。比起從前他們所用的沙、鹽混合物，他們現在採用的猶他州礦鹽和氯化鎂溶液所排放到水域裡的微粒和鹽分要少得多。他們希望藉此能使該市的每一條溪流和河川，都回復到魚兒可以生長的狀態。事實上，丹佛市的若干溪流現在之所以再度有魚可釣，有一部分要歸功於這樣細心的道路維護措施。如今，櫻桃溪和南普拉特河交會處的水域，已經可以看到大頭魚（bullhead）、鯰魚、海鰱（shiner）、圓鰭雅羅魚（chub）、日鱸（sunfish）、雅羅魚（dace）和亞口魚（sucker），甚至還有一些鱒魚。也因此，現在經常有人持著釣竿站在水裡垂釣。這是幾十年前看不到的景象。

然而，在河川和溪流水質改善之後，市區的樹木卻面臨了新的危機。在初冬的某一天，當我走到南普拉特河邊，想要探視那棵棉白楊時，卻發現那個公共垃圾箱旁邊空蕩蕩的，看不到任何一根枝幹。我在那座柳樹林中搜尋了一會兒，才看到幾根殘餘的樹樁子。它們的斜切面上都有幾道粗如鉛筆的溝槽，周圍則有一些棉白楊的木頭碎片，旁邊的柳樹也斷了幾根枝條，顯然是河狸的傑作。牠們把棉白楊的大部分枝幹都咬了下來，拖到牠們位於南普拉特河的巢穴。倖存的幾根細小枝幹，則被市府的工作人員用大剪子剪掉了。

儘管如此，到了第二年夏天時，這棵棉白楊又再度長出了枝葉，甚至長得比前一年更高了（約兩公尺出頭）。十月，河狸再次來訪，並且仍然像上一回那般把棉白楊整棵剷平。然而，到了翌年春天，新的枝葉又長出來了。這些河狸的牙齒像鑿子一般銳利，牠們咬起樹枝來毫不客氣，而且採集的次數頻繁，不像大多數採用輪伐方式取木的森林業者那般節制，但棉白楊卻似乎總是能夠領先一步，每年都長得更高一些。事實上，如果那些河狸稍微手下留情，它可能就會長得太高、太大，將附近走道的地面撐得歪曲甚或崩裂，以致公園管理人員不得不將它移除。因此，對這棵棉白楊來說，河狸的頻繁採折或許反而使它能夠活得更久。

我曾經和那些負責清除走道積雪、把垃圾箱清空，並且清理遊客廢棄物的工作人員聊天。他們告訴我，丹佛市區的許多溪流和河川如今確實都有河狸出沒。已經在市府服務二十多年的泰德・羅伊（Ted Roy）坐在裝滿一袋袋垃圾的卡車駕駛座上，眉飛色舞的向我一一細數他在執勤時所看過的動物：河狸、土狼、麝鼠、狐狸、老鷹、蛇、熊和「像企鵝一樣的鳥」（他說的應該是夜鷺）。最讓他高興的是，他在市府工作期間所看到的許多轉變。他說，丹佛市的溪流河川現在不僅出現了更多的野生動物、有了更完善的設施，而且遊客也增加了許多。這位羅伊先生是河流的記憶和智慧的一部分。他坐在卡車駕駛座上的生動談話和開懷笑聲，傳達出了河流的智慧，是貝克的《遊隼》（*The Peregrine*）一書的城市版。

為了進一步了解丹佛市的棉白楊，我開車沿著南普拉特河上游走了大約一百公里，來到位於山間的十一哩峽谷（Eleven Mile Canyon）。那是夏末的一個午後，一隻年幼的美洲河烏站在河源的一塊花崗岩大石上，反覆的尖聲啼叫。牠母親像蟾蜍一般從湍急的河水中爬上那塊大石，身上的羽毛還兀自淌著亮晶晶的水珠子。來到幼鳥面前後，她立刻將一團蜉蝣的蛹放進牠嘴裡。然而，她還來不及轉身下水，再次到河床上捕捉昆蟲，那幼鳥就再度開始哀哀乞食了。河烏媽媽的腳像冰爪一般，翅膀則呈鰭狀，因此她在河床上覓食時可以站得很穩。這座峽谷是由花崗岩所形成，已有十億年的歷史。年輕的南普拉特河奮力穿過這古老的岩層，嘩然向前奔流，彷彿一位急著逃離年邁父母的青少年。在這喧譁的水聲中，我聽不見河畔美西黃松或柳樹的低語，只聽見那隻年幼河烏的尖聲啼叫。

在這夏末時節，峽谷裡一片豐饒景象。一對駝鹿帶著幾隻小鹿在河邊山坡的草原上吃草。那些小鹿長得頗為健壯，身上已經看不到幼時的斑點。一隻秋沙鴨帶著一窩小鴨在急流下方的淺灘邊歇息。山徑兩旁的青草一株株穗實飽滿，峽谷岩壁上的松樹也長滿了毬果。空氣中飄浮著松樹的芳香與水沫的氣息。四下寂然，只聽見鳥兒、流水與風的聲音。啊，還有那些山脈。約翰·繆爾曾說，我們置身山中，「沐浴在明亮的河水中，漫步於草原上，與蒼穹對話，與松樹嬉戲」之後，或許終可褪去我們的身心中「最後一絲屬於城市的陰霾」。

在那些水流較為平緩的河段，我看到一群人正在使用毛鉤釣魚。當中有幾人站在水裡，另外一些則站在印有「私人漁場」、「禁止進入」、「禁止停車」等字樣、閃閃發光的金屬看板後方。

他們身穿以抗紫外線的通風布料縫製、做工精細的襯衫，外罩背心。背心上有許多口袋，裡面放著毛鉤盒、鑷子、止血鉗、用來打釘結的工具、助浮粉、前導線和餌線軸等等物品。他們頭上戴的是經久耐用、可以折疊的寬邊帽，腳上穿的是防水涼鞋或涉水靴，因此當他們踩在崎嶇的河床上時，可以像水鳥一般站得很穩。

我猜想這些裝備大概要花上一千美元。我的衣服雖然沒有他們那麼高級，但我裝在背包裡的電子設備，包括超音波儀器等等，差不多也要這麼多錢。我們這些人都有閒暇，可以離開工作崗位或家人來到這裡，而且都付得起門票和油錢，並擁有很牢靠的車輛，讓我們可以從平原開到山間峽谷。此外，我們還有一個共同點：我們都是男性，而且已經上班幾十年，銀行裡都有一些積蓄。同時，我們也都相信自己是白種人——這是作家塔納哈希．科茨（Ta-Nehisi Coates）在描述二十一世紀初期美國的種族現況時所做的精闢總結。從前，我們白人表面看似和諧，實際上卻區分成各種不同的階級與派系：「天主教徒、科西嘉人、威爾斯人、門諾派教徒和猶太人。」現在，我們卻一起來到森林與溪流邊，像莎劇《皆大歡喜》裡的那位公爵一樣：「不受塵擾；聆聽樹木的聲音，閱讀溪流的篇章，思索石頭予人的啟示，看見萬物的美好。」

不過，這些樹木和石頭其實還蘊含了別的訊息與啟示。

作家茱蒂．貝爾克（Judy Belk）在描述她和家人駕車在美國西部的曠野旅行的經過時，曾經提到她兒子初次聽到這項旅行計畫時的反應。他認為，「四個住在奧克蘭的黑人」想在蒙大拿州偏僻的道路上開車旅行，簡直是「瘋了」。他表達出的是作家卡羅琳・芬妮（Carolyn Finney）所謂的「地理上的恐懼」（geographies of fear）。基於美國過去的情況，再加上種族不平等的現狀，目前只有少數人在野外可以感到怡然自得。身為一個年紀較長的白人，我在面對樹林、河流與那些身穿制服、可能佩槍的國家公園管理員時，心裡的感受可能和一個黑人青少年大不相同。J・德魯・朗罕（J. Drew Lanham）曾經對喜歡賞鳥的黑人提出九項建議，其中一項是「永遠不要穿著帽T賞鳥」。

在樹林、溪流和山嶺中，曾經有許多人「失蹤」。這是森林不為人知的一面。有些白人在殺了人之後，會把遇害者的屍首丟進人煙罕至的溪流中。森林的樹上可能吊掛著比莉・哈樂黛（Billie Holiday）歌中所說的「奇異的果實」（strange fruit）。原野、森林和綠地或許會讓人懷舊憶往，但也可能使人感受到暴力的威脅。國家公園管理局的比爾・瓜特尼（Bill Gwaltney）曾說，由於他的父親有幾個朋友都被吊死了，因此，當他告訴家人他打算擔任森林管理員時，他的父親什麼也沒說，只是警告他：「那些森林裡頭有很多樹，而且繩子便宜得很呢！」新聞記者兼登山家詹姆斯・愛德華・米爾思（James Edward Mills）將從前和現在的這類危險所造成的影響，稱為「在社會的集體記憶中形成的文化障礙」。因為這個緣故，在那些有關戶外娛樂的研討會或活動中，他往往是唯一出席的黑人。

造成「地理上的恐懼」的因素，並不只是種族歧視和暴力而已。最近有一項調查發現：科學家們進行戶外研究的地點，乃是「不友善的田野環境」。有高達百分之二十六的女科學家以及百分之六的男科學家，曾經在這類地方遭受性侵。事實上，小紅帽的故事也是這類暴力與恐懼的一部分。不僅如此，它還強化了我們文化中的父權主義心態：「女孩呀，小心一點。不要跑到森林裡遊蕩，否則你就會被男人欺負，得靠另外一個男人來救你。」雪兒．史翠德（Cheryl Strayed）之所以能走完太平洋屋脊步道（The Pacific Crest Trail），有一部分是因為她「告訴自己：女人也可以走出一條不一樣的道路……我用意志力來激發自己的力量……」。泰蕊．鄧培思特．威廉斯（Terry Tempest Williams）在描述她在山區所遇到的壞事時，形容那是一個「跳脫自己所受的制約」的過程。她寫道，要讓年輕女性不再害怕她們「在森林裡可能會碰到的那些事」，靠的不是王子的雙唇，而是「我們自己的嘴巴所說出的話語」。

南普拉特河循著一條河道流經十一哩峽谷，但這裡其實還有好幾條河。

美國的國家森林和國家公園的文化地質結構（使得人們喜歡或害怕某個地方的歷史因素），打從一開始就具有排他性，因為這些機構所據以成立的大自然哲學充滿了白人和男性的優越意識。帶頭推動成立國家公園的繆爾曾經讚美那些「勇敢、乾淨、有男子氣概」的登山客，認為他們比那些住在「因疾病和罪惡而發霉、萎縮的擁擠城鎮」裡的人們優越。繆爾相信，一個意志堅強的白人「輕輕鬆鬆就能採收比半打的黑人更多的棉花」。他筆下的印第安人是「黑眼睛、黑頭髮、不很快樂的野蠻人」，「在這潔淨的荒野裡過著骯髒、沒有規律的生活」。國家森林的創始人吉福德・平肖（Gifford Pinchot）也大力支持優生學運動。他將人種比喻成不同的樹種，如「松樹和鐵杉、橡樹和槭樹」等等，並且認為每個人種都應該住在「一個符合他們大多數人習慣的地區」。

奧爾多・李奧帕德（Aldo Leopold）曾以荷馬時期的希臘奴隸制度為例，證明人類可以屏棄過時的倫理觀，但面對他那個年代的種族歧視現象，他卻時而沉默不語，時而態度含糊。他在一九二五年（當時正是種族隔離制度盛行的高峰）所發表的一篇文章中指出，荒野地區必須被「隔離並保存」。即使在美國政府強迫印第安人接受白人的文化時，他也在文章中表示：當年清教徒抵達美國時，任何人都可以享受荒野。

這樣的態度，就體現在紐約市的美國自然史博物館入口。那裡有一座羅斯福總統騎馬的雕像。其中，羅斯福的銅像尺寸為真人的兩倍大，而且衣著整齊，但他後面站著的黑人和印第安人卻幾近半裸，而且他們的頭部只到羅斯福的臀部這麼高，明顯表達出白人的優越感。

在這種情況下，難怪《黑人開車旅行指南》（*The Negro Motorist Green Book*，這是種族隔離時期的一份刊物，目的在協助美國黑人在國內旅遊期間遠離各種「麻煩」）中很少提到公園和森林，反而推薦讀者去住市區的民宅、旅館和飯店。在一九四九年所印行的版本中，該刊物所推薦的安全旅館中、距優勝美地公園（Yosemite）最近的一家位於該公園六十英里之外，儘管當時優勝美地山谷和其他的西部景點，都是由號稱「水牛戰將」（Buffalo Soldier）的黑人騎兵所駐守並管理，這些地區直到成為國家公園後才由白人接管。

如今，我們在觀看一百年前科羅拉多中部鐵路（Colorado Midland Railway，從科羅拉多溫泉鎮載送旅客穿越十一哩峽谷的一條山間鐵路）的照片時，會發現火車上的乘客盡是白人面孔，偶爾出現的一、兩個黑人則是鐵路工。由此可見，南普拉特河雖是一條年輕的河流，但位於河水底下的卻是一條由文化的花崗岩所形成的古老河道。

那年十二月，在一個遍地霜雪的早晨，我沿著南普拉特河岸漫步。一路上，我腳上的靴子不斷踩到夾雜在地上的沙子之間的霜粒，像研磨胡椒般將它們碾得粉碎。昨夜的霜雪堆積在河岸上，形成了一長條凸出於河面的冰架，上面還有它在逐漸變大時所形成的乳白色同心圓紋路。河裡的淺浪一波波輕輕拍著堤岸。我一不小心踩到了距河面太近的地方，結果那裡的冰架就有如玻璃一般「嘩啦」的碎裂了，把正在溪河匯流處悠游的綠頭鴨、漈凫和鏡冠秋沙鴨嚇了一跳，又驚動了上百隻正在橋上棲息的鴿子。牠們「刷！」的一聲成群疾飛而起，在空中盤旋。一隻成年的白頭海鵰張著牠那雙黑色的翅膀，在天空中悠哉游哉的翺翔。牠顯然對那群傻鴿子沒興趣，只是一逕掃視著攔河壩下游的平靜水面。當牠一直沒有發現魚兒的蹤影時，便繼續沿著河彎往前飛。當牠加足馬力飛越那座高高的橋梁時，我聽到牠的翅膀發出了「嘎！」的一聲。

除了這隻白頭海鵰之外，有一群海鷗和加拿大雁也每每沿著南普拉特河飛行。前者像海鵰一般不時盯著水面，留意魚兒的動靜；後者則眺望遠方，尋找灑水器的蹤影。那些灑水器所噴出來的水是牠們的摩西，為牠們開拓出一片樂土。丹佛市的自來水有一半用來灌溉園藝植物。由於美國西部平原乾燥缺水，因此市區的草坪和郊區辦公室那些花木扶疏的庭園就成了雁鳥們的天堂。那裡不僅有水，還有成千上萬公頃肥美溼潤的草地，以及可供牠們築巢的隱密灌木叢。在丹佛市，不時可以看到成群的雁飛過天空，尤其是在冬季。在那個時節，無論本地或外地的雁，都會沿著河川和溪流覓食。

除了鳥兒之外，人們也再度開始在河邊活動。到目前為止，丹佛市政府已經在市區內建造了一百三十多公里的步道和腳踏車道，其中大多數是在河川和溪流邊，為人們和市區裡的許多動物提供了共同活動的空間。這些河濱步道和腳踏車道，不僅讓人們有了既便利又賞心悅目的場所，可以通勤、嬉戲或放鬆身心，他們在河邊活動之餘，也往往會變得更加愛護河流。

當人類的活動範圍開始與其他物種（鶥、蜉蝣、雁、麝鼠等）重疊時，我們就會重新意識到自己是這生命共同體的一分子。事實上，我們原本就屬於這個生命共同體，只是我們所建造的環境往往讓我們看不見這一點。當我們能和其他物種一起活動時，所謂的「生命共同體」就不再是個抽象的概念。它會透過生物的共舞和彼此的關係顯現出來。河流不是那些沒有生命的水分子流動的一個管道，而是一個生命體。套用亞馬遜的薩拉亞庫社運人士所說的話：「河流是有生命的，它會唱歌。這是我們的信念。」

人類是這個生命共同體的一員。儘管南普拉特河和櫻桃溪上游有許多水庫和分洪設施，儘管市政府做了詳盡的水利規畫，設法調節南普拉特河的水量，但這條河是否就因此失去它的野性，被人類所馴服呢？答案是否定的。事實上，無論負責水利規畫的人員、市府的文件或電腦檔案、設計水壩的工程師，或南普拉特河在市區的河段，都是大自然的一部分，就像河流上游那些被聯邦政府列入保護區的水域一樣。我們是大自然的一分子，兩者無法分割。

如果我們不認為人類是大自然的一部分，就等於是將這世界一分為二。整個南普拉特河流域就是這種觀念的產物。它的源頭位於山上的國家公園、森林和荒野。對某些人而言，這些地區是人們可以遠離世俗、親近大自然的神聖處所，也是岌岌可危的生態體系最後的庇護所。對那些在聯邦政府制定保護區法令之前就被迫遷離，且從此無法返回的原住民和其他民族來說，這些公園、森林與荒野乃是他們的傷心之地，上面有著一條條小說家戈馬克·麥卡錫（Cormac McCarthy）書中所謂的「長路」。那是他們告別故土、遠走他鄉的「血淚之路」（Trails of Tears）。一九六四年時，美國政府制定了〈荒野保護法案〉（The Wilderness Act），規定荒野地區應該被保存在「自然」、「原始」的狀態，以便使「那裡的土地和生物得以不受人為的束縛」。然而，這樣的概念等於是把人類排除在大自然之外。有些地區的原住民已經預見這種做法所可能導致的後果。以厄瓜多的薩拉亞庫人為例，他們並不贊同政府設置國家公園，因為他們知道最後的下場將會如何。他們寧可要一座人們可以生活在其中，並與其他物種建立關係、從而獲取生命知識的森林。

南普拉特河的源頭位於無人的山林，流到市區後卻遇見了一根根排放廢水的管子。這是我們的大自然哲學的另一產物。當我們相信這世界是二元的，我們自然就會創造出二元的實相。如果我們認為城市不屬於自然，則市區的河流勢必不會處於自然的狀態。它既然已遭到「束縛」，就可以拿來當作傾倒廢棄物的管道。這乃是上游被劃為無人的「自然」保護區的必然結果。於是，到了一九六〇年代，由於城市快速成長，南普拉特河在丹佛市區的河段兩旁便堆滿了工業廢料、報廢的車輛，以及一堆堆的廢棄物。工廠的廢水未經處理就直接排入河中。

這種將景觀分為「自然」與「非自然」的二元劃分法一旦確立，就會日益強化。於是，在那些不屬於「荒野」的地區，人們便拚命的建設開發，使得當地的景觀愈來愈不自然，也使得「荒野」與「非荒野」之間的差異愈來愈明顯。相對的，人們對「荒野」的嚮往則與日俱增。因此，環保人士對城市懷著鄙視、不屑的態度，而人煙稀少的公園、森林保護區和那些被劃定為「荒野」的地區卻備受頌揚。在我們的景觀日趨二元化的情況下，我們也愈來愈難看出人類是這個世界的一分子。

現今，無論環保、農業或科學界人士，在內心深處似乎都對城市懷抱著敵視的態度。湯瑪斯・傑佛遜（Thomas Jefferson）曾經寫道：「大城市裡的粗暴之徒對管理制度的影響，就像身體上的疼痛之於健康。」對他而言，只有鄉下的白種農夫才是有德行的人。繆爾之所以接觸大自然，是因為他不想「和城鎮裡那些討厭的樓梯以及沒有生命的馬路打交道」。李奧帕德心目中的「大地」，有「土地、流水、花草樹木、蟲魚鳥獸」，但沒有人煙；對他來說，「人為的改變不同於演化上的變異」，會造成有如疾病般的混亂失序狀態。至於學術界，在最近這二十年前，生態學家對城市的生態一直沒有多大興趣，儘管「生態」（ecology）一詞是譯自十九世紀德國生物學家恩斯特・海克爾（Ernst Haeckel）根據希臘文中的「oikos-logia」所創造出的「ökologie」。

這個字原本的意思是「研究我們的居住地的一門學問」。直到一九九七年，美國國家科學基金會才開始將都市區域納入它指標性的「長期生態學研究計畫」。即便是在今天，大多數的生物田野研究基地都位在距離城鎮很遠的地方。

如果我們相信大自然是「他者」，是一個可能受到人類汙染的領域，就等於否定了我們做為生物的本性。事實上，無論以混凝土鋪成的人行道、油漆工廠排放出的廢水，或市政府所規劃的市區發展方案，都是身為靈長類動物的人類在心智進化後試圖操控環境的作為。這些事物就像棉白楊葉子在風中的擺動、小河烏呼喚母親的聲音，以及岩燕所築的窩巢一般，都是大自然的一部分。

這些自然現象是否合宜、美善，或符合公平正義的原則，是另外一個問題。但唯有我們深切體認自己是大自然的成員，我們才有能力解答這類問題。繆爾曾說，他「和大自然同行」，以大自然為伴。現在有許多環保團體也使用類似繆爾的語言，並未將人類視為大自然的一部分。美國自然保護協會（Nature Conservancy）曾經表示，我們投注時間、精力來保護大自然，「可以得到什麼回報呢？它會為我們帶來紅利，就像任何一項良好的投資一般。」歐洲最大的環保團體英國皇家鳥類保護協會（The Royal Society for the Protection of Birds）的願景是：「給大自然一個家。」教育工作者也提出警告：我們如果太少和大自然接觸，就會因為「缺少大自然的滋潤」

而生病。然而，在達爾文的演化論讓我們明白萬物的關連之後，我們應該了解一點：人類並非如同繆爾所言，是「和大自然同行」，而是「行走在大自然中」。大自然也不會產生任何紅利，因為它本身就是一個包含萬物的完整經濟體系。大自然更不需要一個家，因為它本身就是家。我們不會「缺少大自然的滋潤」，因為我們本身就是大自然的一分子，即使我們並未意識到這一點。當我們體認到人類是屬於大自然的，是這個生命共同體的一部分，而非置身其外時，我們自然就有能力可以區辨何者為美、何者為善。

八月的正午，公園裡雖然有樹蔭可以乘涼，但大多數人還是在陽光下活動。我不像這些西部人那麼耐曬，只好坐在棉白楊樹下。兩年來，這棵樹的枝條屢屢被河狸咬斷，但之後總會再長出來。如今，它的根部已經冒出十四根枝條，其中有兩根甚至高過兩公尺，枝葉已經濃密得足以讓一個人遮蔭了。

我坐在樹下，仰頭看著那些萊姆色的樹葉。它們一片片懸在一根有如帶子的葉柄下方，葉身和葉柄形成一個直角，因此葉子在移動時是如同擦窗戶一般左右搖擺，而非像其他樹種的寬闊葉子那般上下拍動，像是在輕拍小狗的頭一般。它的近親楊樹樹也是如此，只不過動作比較猛烈。棉白楊的葉子邊緣堅硬，葉面光滑。風力微弱時，它們會彼此輕輕觸碰，彷彿在打著拍子；風力較強時，它們就會互相撞擊，像是在彼此掌摑。

這樣的聲音顯示它的生長狀況非常良好。儘管天氣炎熱、空氣乾燥，它的葉子裡卻充滿了水。在這熾烈的太陽下坐了一會兒，我已經開始口渴，感覺體內乾燥缺水，但這棉白楊的葉子卻依然飽含水，在風中起勁的擺動著。現在，它的根很可能已經長到十公尺以上了。這些根深入土壤並且到處延伸，從四面八方吸收水，以確保水的供應源源不絕、不虞匱乏。這樣的生長方式與溫室裡的水耕植物頗為相似。在大多數日子裡，它的日照非常充足，土壤裡的水則讓它的根部一直保持在溼潤狀態。此外，它還可以一點一滴的吸收到來自河水和上層土壤的養分，包括草地逕流中的肥料。在陽光、水和營養都如此充足的情況下，它當然要讓它的葉子盡可能照到陽光，以便讓葉子的細胞吸收到更多能量，而這個目的可以藉由葉子的擺動來達成。當高處的枝葉擺動時，不僅上層的樹葉可以暫時免受陽光的炙曬，低處的葉子也可以在那一瞬間吸收到陽光。如此一來，整棵樹都可以獲得營養。

匯流公園的這棵棉白楊每年遭到河狸下手後都能迅速復原，顯示這種樹木的生命力極為旺盛，難怪那些專門培育快速生長的樹木以製造生質燃料的農園，會偏愛棉白楊和其他幾種楊樹。

在河邊，棉白楊也是許多動物聚集的處所。昆蟲愛吃它的葉子，鳥兒喜歡在它的枝頭築巢，哺乳動物則喜歡在樹下乘涼。如果沒有棉白楊，堤岸上就會失去一個可供許多生物活動的重要場所。但除非上游的水壩能夠複製適合棉白楊幼苗生長的水流模式，否則許多種生物都會逐漸減少或消失。所幸，目前水壩的管理策略已經逐漸改變，不再像從前那樣只考慮人類的需求。

在午後的熾熱陽光照射下，我身後的鐵製垃圾箱開始散發出物質熟爛的氣息。就氣味而言，世界各地的食物、土壤和森林聞起來都略有不同，但公用垃圾箱的味道倒是挺一致的，同樣都帶著爛蘋果、排泄物（垃圾箱裡的一袋袋狗大便）和箱底的微生物（都市裡的層石藻）所散發的濃烈刺鼻氣味。這些氣味自然也被棉白楊吸了進去（透過它葉子上的呼吸孔和枝幹上的白色裂縫），其中有一部分分子必然會和它的細胞結合，使它產生某種奇特的反應。它會因此作何感想，沒有人知道。但在聞到這些味道後，我倒是很清楚自己該怎麼做：我該離開這兒，去游個泳涼快一下了。

下水後，我學到的第一個功課是：在溪河匯流處游泳要慢慢來，以便適應不同的溫度。櫻桃溪的水微溫，游起來很舒服，但我往下游划了幾分鐘，到了南普拉特河時，卻險些被冷死。之前我已經研究過地圖，了解這裡的水文狀況，但直到下了水之後，才體會到實際的狀況。南普拉特河的源頭在山上，那裡的水冷得嚇人，在被水壩攔住後，溫度會上升，但冷水會往下沉，因此從水庫較低處流出來的水還是很冷。不過，冷水裡含有許多氧氣，因此南普拉特河裡的昆蟲和魚兒都長得很好。至於櫻桃溪，它發源自城堡木峽谷（Castlewood Canyon）的乾燥平原，流經丹佛和市郊的大部分地區，河道很淺，而且河床上的岩石和混凝土都被曬得很熱，因此河水自然比較溫暖。也因此，小小孩在匯流公園玩耍時總是喜歡在櫻桃溪裡涉水，讓自己的腳泡在溫暖的溪水裡。

我游了一會兒之後，膝蓋和手肘都膜破皮了。這讓我學到了第二個功課。南普拉特河的河床上堆滿被沖刷過的亂石，因此我划水前進時，手腳屢屢碰到石頭，非常疼痛。有些膽子較大的青少年往往不用輪胎內胎或小艇，直接就衝下上游的一處急流，而且玩得很開心，但等到他們開始往岸邊游，一路都碰到石頭時，就開始罵聲連連了。這顯示南普拉特河依然有其野性。在那些人工河流裡，由於河水流動緩慢，淤泥會沉積，把河床上的石頭蓋住，但南普拉特河並非如此。難怪在匯流公園可以看到蜉蝣從水面上飛起的景象。蜉蝣的幼蟲最喜歡棲息在石頭上，而南普拉特河（至少在這個河段）的河床上正好有很多石頭。

相反的，櫻桃溪的溪床上都是沙子。這些沙有一部分是來自被櫻桃溪的支流所侵蝕的土壤，但大部分都來自市區的房屋施工時所挖出的泥土。游完泳，我走回那棵棉白楊所在之處時，就踩到了幾堆泥土。它們很可能來自市區街道的修補工程、商場興建前的整地作業，以及數十處住宅區的建築工程。

如果是在昨天，我是絕不可能會在櫻桃溪游泳的。這是因為之前東邊下了一場大雷雨，以致溪水洶湧湍急且水質渾濁。今天，溪床上的幾座沙丘便是那場暴雨所留下的痕跡。這些沙丘呈扇貝狀或弧形，長度大約一公尺，一座座橫躺在溪床上。沙丘出現後，微生物也跟著來了。這是因為市區的暴雨排水管裡的汙水通通都流進了櫻桃溪，而這些汙水含有大腸桿菌（一種會寄生在溫血動物腸道內的細菌）。在多數情況下，大腸細菌是無害的，但由於它很容易監測，而且可以做為水中其他許多病原體（它們會隨著雨水從街道和汙水溝中流入溪流與河川）的指標，因此丹佛市的環保局會固定監測大腸桿菌在水體中的濃度，並將結果標示在地圖上。我只要按一下電腦滑鼠，就可以知道哪些河川與溪流不適合游泳。在那場暴雨之後，地圖上的櫻桃溪被放上一枚紅色的釘子圖案，顯示溪水中的細菌含量已經達到危險等級，不適合戲水。當暴雨所造成的逕流減少時，那枚紅釘子就消失了。南普拉特河有時也會被列入危險等級，這要看市區的河川支流和暴雨排水管排入河川的水量而定。但如今，在大多數適合下水的日子裡，櫻桃溪和南普拉特河都可以游泳。較之以往的狀況，這不能不說是一個很大的轉變。

然而，當河川變得愈來愈適合人類和其他生物活動時，新的汙染源也跟著來了，其中之一便是加拿大雁的糞便。目前，有上百隻加拿大雁在匯流公園的上游處活動。這些雁由於體型大，又以青草為食，因此糞便量也多，一天就超過十公斤，更何況有時雁群的數量還不只一百隻。除此之外，河邊的其他動物也會製造排泄物，而這些排泄物最後也都流進了河裡。

遊民也是汙染源之一。南普拉特河岸邊的濃密柳樹林，是那些居無定所的人士過夜的好地方。這些人當中，有一部分是無家可歸的遊民，有些則是喜歡在城市裡流浪的人。他們經常在南普拉特河的堤岸和公園裡活動，但這些地方並沒有廁所，於是他們便在河邊的樹叢裡方便。因此，在下雨後，河川的水質必然會變差。

就像當年的阿拉帕霍人和來自東部的移民一般，現在也有許多人喜歡在南普拉特河的堤岸上聚集或露營。黃昏時，每每有一些年輕的旅人聚集在棉白楊北邊的那座小圓丘上，彼此寒暄，分享食物，並計劃晚上的活動。今天上午，在第十五街橋下面，有一個鬍子花白的男人告訴我，他已經「在外頭跑來跑去很多年了」，現在他每天早上起來第一件事情就是在河裡擦澡、洗衣服。就像大多數我在河邊遇見的旅人一般，他很樂意告訴我一些有關他的故事，卻不肯透露他的行蹤和過夜之處。他之所以如此謹慎，顯然是為了保護自己。在堤岸高處的一棵白楊樹底下，一對穿著帥氣低腰褲、看起來和其他十七歲孩子沒有兩樣的年輕情侶正在拔營。他們說，這條河很棒，比起市區其他許多地方，這裡要安全得多，但如果在一個地方待得太久，就會被壞人盯上。如此看來，「地理上的恐懼」已經從山間沿著河流蔓延到了城市，以一種新的形式呈現。

到了冬天，很容易就能看出有多少人在河邊露宿。這是因為此時河邊的棉白楊葉子都掉光了，於是地上的枯葉和那些墊著硬紙板睡覺的人便都一覽無遺了。事實上，根據法令，人們不得在此地露營，一旦違反便會遭警方驅離。但相關的政策一直搖擺不定。為了改善水質，市政府一度在河邊設置了流動廁所，但這樣一來，卻吸引更多人前來公園過夜。於是，為了降低公園的吸引力，市府便撤掉了這些廁所。二〇一二年時，市府明文禁止民眾在野外露宿，規定人們在戶外睡覺時「身上除了衣物之外，不得有任何遮蔽或保暖之物」，但這項政策也沒有全面貫徹。有一項針對丹佛市遊民所做的調查發現，儘管市區內各收容所的床位不斷增加，但仍有四分之三的遊民是因為收容所床位不足才淪落街頭。那些在冬天時受訪的遊民當中，有三分之一的人表示：他們曾經試著只穿著衣服睡覺，不蓋任何被毯，以免違反政府的規定。在如此寒冷的天氣中，不蓋棉被睡在外面，想必非常難受，但法令就是這麼規定的。現在，這些遊民的處境恐怕還比不上河裡的河狸和其他齧齒類動物。這也是都市令人感嘆的奇景。

人們往往認為一定要離開城市才能接觸到大自然。但在一九七〇年代初期，有一位名叫喬伊・舒梅克（Joe Shoemaker）的男子並不認同這樣的想法。於是，他決定和幾個朋友一起駕船從南普拉特河出發，暢遊丹佛市內的幾條水道。沒想到船隻才剛下水，就有一輛垃圾車開到河邊，準備把車上的垃圾倒進河裡。喬伊阻止了他們。此後的四十年間，他便致力於把這條河「還給人民」。他帶著一群理念相同的人，設法美化河邊那些雜亂、醜陋的地方，使得它們再度成為人們與各種生物活動的場所。現在的匯流公園便是其中之一。

如今，丹佛市的綠水基金會（Greenway Foundation）仍舊做著這樣的工作。該會的非正式格言是「Make Shit Happen」。這句話的英文縮寫MSH不僅被印在他們的辦公用品上，甚至還出現在某些人身上的刺青中。由於他們的努力，南普拉特河的大腸桿菌含量已經下降，但他們的目標並不僅止於此。他們積極與市府官員開會，與州政府合作，為各項河岸計畫募款，並且跟擁有下游水權的業主和管理上游水壩的機構協商，同時還舉辦各種公共活動並透過媒體為南普拉特河請命，讓大眾注意到這條河。他們的理念是：人和河流是分不開的。如果人們了解這一點，並且根據這樣的精神來行事，必然會導致美好的結果。

舒梅克是科羅拉多州共和黨籍參議員，也是該州聯合預算委員會和參院撥款委員會的主席。他是個道地的行動派，但他並不崇尚個人英雄主義式的單打獨鬥，而是透過在社會脈絡中運作的方式改變河流及其流域的現況。他堅決認為：政府應該讓公園成為一個人人都可以親近的地方，即便在那些老舊窮困的城區也是如此。這樣的想法蘊含了社會正義的理念。除此之外，舒梅克也深諳生態政治學中的互惠原則。他不僅設法讓人們到南普拉特河來遊玩，更企圖讓這條河成為他們生命中的一部分。如果以政治術語來說，舒梅克讓南普拉特河有了一群死忠的選民；以生態術語來說，人類的政治活動是河流動力學的一部分，而河流則是人們生命中的一部分。只要增強這兩者之間的連結，便可確保此一網絡持續存在，並且愈來愈有生命力，不會因為某些人死亡、某幾座公園或水壩消失而受到影響。二〇一二年時，政府在匯流公園舉辦了紀念並表揚舒梅克的活動。科羅拉多州的名人政要和舒梅克的朋友，都站在那株被河狸咬過的棉白楊樹前的走道上，回顧他一生為這條河所做的努力。

除了舒梅克和綠河基金會之外，其他公益團體、地方機關和民間企業，也都已經開始共同為南普拉特河發聲。除了政界人士之外，有許多人也默默展開了行動：工程師開始思考如何修補老舊的汙水和雨水排水管，地質學家開始規劃具有淨水作用的滯留池，生物學家開始設法管理廢水處理場中的微生物群落，教師們則開始帶領學生到河邊參觀。這一切都是為了要讓南普拉特河得以生生不息。

認為人類不屬於大自然乃是一個謬誤的見解，這點在匯流公園就可以看得出來。人類所制定的都市政策足以影響所有生物（包括人、細菌、河狸和棉白楊），但制定這些政策的丹佛市政府本身就位於櫻桃溪和南普拉特河的交會處。十九世紀時，市政廳曾經被河水沖走。現在的市政府位於地勢較高之處，而且已經成為整個河流關係網絡的一部分。

八月的一個下午，一輛巴士載著一車的身障小孩和六、七個皮艇教練，來到了匯流公園。他們下車後便往南普拉特河的急流坡道和旋轉渦流池走去，這是當初設計這座公園的工程師所建造。進入河中後，那些孩子便一個個在教練的陪同下划著皮艇越過急流。一名七歲的非洲裔小男孩用他的鋼鐵義肢跳進船裡。他彎腰坐下時，船頭剛好濺起一絲浪花，原本神情有些憂慮的他頓時驚訝的張大了嘴巴，然後便咧嘴笑了起來，顯得頗為開心。他被另外一位教練抱下船時，還跟他的皮艇教練擊掌。活動結束後，他便跑到櫻桃溪的沙灘上，在石頭間尋找貝殼，這正是小孩子在這座公園裡最喜歡做的事。繆爾如果見到此情此景，可能會駐足觀看並且露出微笑，因為他看到「當雪白的山峰發出召喚時」，人們將不會「注定在城鎮的陰影中勞苦生活」。

他們走後，有個拉丁家族把他們的毯子和裝成一袋袋的野餐食物，放在棉白楊附近的草地上。媽媽讓祖父母和孩子們坐好後便開始分發食物。兩個女孩快速吃完三明治後，便跑到櫻桃溪的潮間帶去建造沙堡。她們滿心歡喜、渾然忘我的蓋著。完工後，她們一邊湊近彼此的耳邊說悄悄話，一邊拿起一根棉白楊的枝條，以及她們從柳樹林中採來的一小朵向日葵，將它們插在那座沙堡的塔樓上。

# 豆梨

N

✕ 美國，曼哈頓

40°47'18.6" N, 73°58'35.7" W

在曼哈頓，一個外來客要引人注意，可以試試一個方法：「監聽」一棵樹。那是四月裡一個晴朗寒冷的早晨，我站在八十六街與百老匯大道的交叉口，用一小片可卸式的蠟將感應器貼在一棵梨樹上。這感應器（電子耳）的大小和顏色都和一顆黑豆差不多，藉由一條藍色的電線連接到兩台約書本大小的處理器上，而後再連到我的筆記型電腦上，我只要戴上耳機就可以聽到那棵樹的聲音。被我監聽的這棵樹是一棵路樹，種在人行道上一塊比樹根大不了多少的長方形樹穴中，樹幹粗如一名壯漢的身體，樹冠則約有三層樓房高，枝葉扶疏，亭亭如蓋，將人行道和百老匯大道一條車道的路面都納入它的綠蔭中。

行人來到樹下，都會停下腳步，看看我在做什麼。逐漸的，人愈來愈多，並且開始交談。一開始，他們都對我的監測設備感到好奇，但不到一分鐘之後，他們的好奇心就轉移到這棵樹身上。在知道這個樹種的名稱後，這群原本互不相識的人就開始聊了起來：「這棵樹春天開花的樣子真是美極了！」「這一帶的鹽分太高了。」「夏天時，這樹底下是乘涼的好地方！」「市政府正在種更多的樹呢！也該是時候了。」接著，有人說起了樹木和人的關係。「樹木和人一樣。」一名男子說道，「它需要環境的刺激，甚至包括這些可怕的噪音。」最後，一個紮著馬尾的白人男子開始說起他對九一一事件的看法。他認為那是一個陰謀，並且滔滔不絕的提出許多證據。於是，人群開始散去。我騙他說我會上網去看他寫的文章，將他打發走了，然後便開始進行我的「監聽」工作。

我貼在樹皮上的感應器只能感應到樹木實心部分的震動，無法感應空氣中的聲波。人的聲音只會使樹皮的表層微微顫動，然後那些聲波就會消散在樹皮裡的海綿狀組織中，在錄音中聽不太出來。唯有較強大的聲波才能穿透樹木。在這棵梨樹東邊約十步以外的地方，有一條名叫「第七大道快車」的地鐵路線經過，它的鐵軌位於地下兩層樓梯之處。列車駛過時，輪子噹啷噹啷輾過鐵軌的聲音（地鐵乘客都很熟悉的那種聲音）會透過樹根傳進樹木內部，使其為之震動，並在幾分之一秒後傳到街上去。壓力波在混凝土和木頭裡行進的速度，是在空氣中的十倍。在空氣中，無論是撞擊聲、尖叫聲，或顫動聲等聲波每秒行進的距離，大約比市內的一個街區長一些。但在以混凝土鋪成的道路裡，聲波每秒可以走三公里，將近紐約中央公園的長度；在以花崗岩製成的路邊石中，其速度更達到兩倍之多。在堅硬的傳導體中，聲音傳輸的速度不僅較快，能量也不太會消散。我坐在梨樹下那座低矮的鐵製護欄上時，只要有列車經過，臀部和脊椎便可以感受到透過圍欄傳來的劇烈震動，但我的耳朵卻只能聽到些微聲響。

這些震動已經成為這棵梨樹的一部分了。當植物感受到震動時，為了能讓自己站得更穩，它會長出更多的根，而且根部會變得更加堅硬，以便提升抗震能力。除此之外，它的樹幹也會長出更多的纖維素和木質素，變得更加粗大，木質部的細胞則會變得更加緻密，細胞壁也會變厚。因此，城市樹木的抓地力會比鄉下的樹木更強。尼采曾有一句格言：「生命是一個戰場。我從中學到：凡殺不死我的，必定會使我更強大。」我們可以超越個體的角度，將這句話改成：「生命是一個關係網絡，我從中學到：凡殺不死我的，必定會成為我的一部分。」樹木會適應環境，將外在事物納入它的內部；它所增生的木質，便是它與土地的震動和風中的聲波對話後的具體結果。

一輛載著啤酒的貨車在梨樹前停了下來。它的柴油引擎所發出的聲音，讓我的臟器和喉部都產生了微微的震動。我用手碰觸那梨樹的樹幹，感覺裡面也有一絲微微的、幾乎無法察覺的顫動。但是當那卡車駕駛「砰！」一聲把貨艙門打開的時候，那強烈的聲波立刻震得我頭暈目眩。

貨車引擎所發出的聲音頻率較低，可以暢行無阻的穿過樹上的葉子，就像海浪流過海草一般。但那些頻率較高的聲音，例如薩克斯風高亢的樂音、騎腳踏車的送貨員在遇到紅燈時緊急煞車的聲音、一名女子對著耳掛式麥克風開懷大笑的聲音，或一隻激動的燕子尖銳的鳴叫聲，會以長約一公分、大小有如梨樹葉子或甚至更小的壓力波向外傳送。這些聲波會被行道樹上成千上萬的葉子反射到樹下的空間，停留在那裡，而那些低頻的聲音則會很快消散。因此，當我走在人行道上時，沿路所聽到的市聲會有一些微妙的變化。在樹下時，我聽到的聲音比較輕盈、明亮，但是當我走在兩棵行道樹之間時，那些聲音聽起來就比較空曠，像是在林間空地或峽谷中的感覺。不過，比起耳朵，我的皮膚對這些聲波的感受更加敏感。

就像梨樹一樣，我們身上的每個部位都可以傳送聲波。我們所聽到的聲音並不只來自耳朵。我們的耳道內有許多束纖毛漂浮在淋巴液中，這一束束纖毛各自長在一個細胞表面，負責將或高或低的聲波轉換成神經訊號，再傳到大腦。但除了耳朵之外，震動也會透過其他許多管道傳送。我們中耳內的聽小骨會傳遞耳膜的振動；包覆著內耳的顳骨（屬於頭骨的一部分），會隨著傳進或傳出的聲音而顫動。我們的頭蓋骨像一個碟形天線，也像一面鼓，嘴巴像號角，喉嚨和脊椎則負責傳輸來自下半身的震動。我們的軀幹就像一顆南瓜，裡面有一半是南瓜籽（我們的臟器），有一半是空的（我們的肺部）。除了軀幹之外，臉部和耳部皮膚上的震動也會傳入我們的耳道內。耳環則像天線一般，接收我們的身體無法感應到的頻率。我們的神經會彙整各方傳來的聲音訊息，再決定要將哪些訊號傳送到我們的意識中樞。因此，我們所聽到的聲音已經經過身體各部位（舌頭的味覺、我們的情感、腳底神經和皮膚上的毛髮）的調節，是我們的身體和絮聒不休的世界對話後所達成的結論。

市區的喧鬧使我更加意識到這一點：我們的知覺並非單一感官的刺激與回應，而是各種感官的綜合。在梨樹北邊三十步以外的地方有一個小販，他每天都用一塊熾熱的鐵板燒煮肉類和各種配料。他做出來的食物必然是既鹹又辣，因為在這嘈雜的街道上，我們一定要吃重口味的東西才會覺得有味道。只有在安靜的環境中，我們才可以品嘗出食物的原味，並分辨其中微妙的差異。在嘈雜的曼哈頓餐館裡吃飯，你的味覺一定會受到影響。當你坐在有如工廠生產線般吵鬧的餐桌旁進食時，恐怕連酸甜苦辣都嘗不出來，何況是水果或蔬菜裡的微妙滋味。

我們的皮膚也會影響我們的聽覺。當一輛輛貨車轟隆隆駛過我們身旁時，我們所聽見的聲音可能會受到干擾。有一些實驗顯示，我們的「聽覺」固然有一部分是由耳朵掌管，但也有一部分取決於身上的其他部位，尤其是皮膚對空氣的感應。那些悄悄拂過我們體表的空氣，會影響大腦的認知。當我們皮膚上的觸覺受體感受到空氣吹拂時，我們會把單純由喉嚨所發出的聲音聽成送氣音，例如把da-da聽成pa-pa，把bar聽成tar，把dine聽成pine等等。如果這些聲音是直接對著我們的耳朵發出，這結果或許並不令人意外。但即使這些聲音是對著我們的手（而非臉部）發出的，手部皮膚對氣流的感受也會影響到我們的聽覺。同樣的，當我們走在人行道上時，街上來來往往的車輛所攪動的氣流，或被建築物阻擋而轉向吹來的風，都會改變我們所聽到的聲音。也就是說，我們對這個世界的認知會受到城市環境的影響。因此，外在的「環境」和我們內在的經驗（意識）之間，並沒有明顯的界線。

外在的刺激會影響我們內在的認知（情緒、想法和判斷）。例如，音調的高低和音樂的類型，會影響我們對食物和酒的感受。樂聲低沉時，我們的舌頭會產生苦味；樂音輕快活潑時，我們會覺得食物特別好吃。柴可夫斯基的華爾滋舞曲會使我們的味蕾產生複雜細緻的感受，而這是我們在聽著用合成器播放的搖滾樂用餐時所體會不到的經驗。此外，同樣音量的城市噪音如果出現在我們認為不適當的地方，例如出現在公園而非街道上，也會讓我們感覺特別吵鬧。因此，我們對「噪音」的認定，有一部分固然與聲音本身有關，但也有一部分和我們對它出現在某個場所是否適當的認定有關。

在車輛喧譁、機器嘈雜的環境中，人們說話的聲音會比較大、比較高亢，母音也會拉長。我們會用更多的能量來發出更大的聲音，並且用臉部肌肉來表達我們的意思。事實上，有些動物也會這麼做。以鳥兒為例，牠們在車馬喧譁的環境中鳴唱時也會提高音調和音量，讓別的鳥兒可以聽見。那些無法適應嘈雜環境的鳥類因為不能用聲音來與同類溝通，就會面臨消失的命運。在這棵梨樹附近，最常聽到的動物聲音就是椋鳥的鳴叫。牠們的叫聲音調較高，因此不致淹沒在吵鬧的市聲中。

除了市聲之外，一些新式的科技產物也會擾亂許多生物的感官，其中包括各式各樣的電子產品和發射台。由於市區裡到處都是發射台，因此這裡的電磁波和無線電訊號會比鄉下更強。這些雜訊會干擾鳥兒的羅盤，使牠們不知道該往哪個方向飛。此外，柴油引擎所排出的廢氣會改變花香中的化學成分，讓蜜蜂找不到花朵。城市中的各種氣味，也會干擾蛾的嗅覺，使牠們無法循著氣味尋找交配對象。除此之外，市區樹木葉子上的微生物也似乎無法找到彼此並互相交換訊息，以致它們的種類極少。在這樣的環境中，只有一些物種能夠成功存活，豆梨便是其中之一。它們因為普遍受到人們喜愛，得以在城市裡大量繁衍。

晚上十點，天上的滿月照在梨樹後方的公寓樓房上。從窗玻璃上反射出來的月光，將樹頂的梨花照得一片銀白。但愈往下，花上的光線便漸趨黯淡。下方的街道上，一家商店透出了琥珀色的光，和附近報攤上淡紅色的霓虹燈光一起融入了月色中。月亮的光來自太陽。陽光轉化成煤炭，讓燈泡發光，照在花瓣上。整條百老匯大道都是太陽光在大地上留下的印記。在東南邊幾條街區之外，有好幾條橫街上的梨花都盛開了，形成了一條條柔白的花海隧道，彷彿十七世紀中國畫家惲壽平筆下的花卉圖一景。然而，到了早晨，這樣的景象便煙消雲散了。載運啤酒的卡車轟隆隆的開了過來，停在梨樹下。在那震耳欲聾的聲音中，樹上的千萬朵潔白梨花都隨之顫動。

豆梨之所以會出現在曼哈頓的街道上，要歸功於一種名叫「梨火傷病菌」（*Erwinia amylovora*）的細菌。這種細菌是沙門式桿菌的親戚，屬於北美洲原生種，喜歡寄生在蘋果、黑莓、山楂和梨子等薔薇科植物上。當殖民人士將歐洲的水梨帶到北美時，這些細菌便開始對這些天真的外來梨樹下手。就像蜂窩裡的蜜蜂一般，它們的細胞會不斷相互交換訊息，然後共同決定何時要分泌化學物質，以對付它們的宿主或與其競爭的細菌。十九世紀初期，這種細菌蔓延到美國各地的果園，以致果樹枝幹上的葉子和葉柄都扭曲變黑，宛如被火燒過一樣，因此它的俗名便叫做「火傷病菌」。在這種細菌肆虐下，水果收成減少了將近百分之九十。於是，一九一六年時，美國植物產業局（U.S. Bureau of Plant Industry）局長便委託荷蘭裔生物學家兼探險家法蘭克．梅耶（Frank Meyer）前往中國，「盡量收集」不同的水梨品種，希望能將亞洲種的水梨與歐洲種雜交，以便培育能夠抵抗火傷病菌的新品種。後來，梅耶從中國運回一袋袋種子，其中一個品種便是豆梨，它的英文Callery pear則是為了紀念早期的一位歐洲探險家。梅耶說這種水梨在中國各式各樣貧瘠、惡劣的土壤中都長得很好，「令人稱奇」。他本人雖然未能目睹豆梨生長在美國土地上的景象（他在乘坐渡船前往某個採集地點途中不幸溺斃於長江），但他引入的豆梨如今已是北美洲很普遍的一種樹木。

事實證明，有幾個品種的豆梨確實一如那些植物育種專家的期望，能夠對抗火傷病菌，因此現在豆梨已經被用來當作其他多種梨樹的砧木了。當年，在那些進行育種實驗的果園中，有幾種開著滿樹燦爛白花的梨樹特別引人矚目，尤其是在春天的時候。到了一九五〇年代，由於郊區面積不斷擴張，需要生長快速又適合觀賞的樹種，於是園藝專家們注意到這些梨樹，並在其中選出一個來自南京、名為「布瑞福」（Bradford，這是馬里蘭州一位植物育種專家的名字）的品種，以嫁接法繁殖。後來，美國數百萬條街道、許多住宅區和工業園區所種植的豆梨，都是這棵樹的後代。因此，現在植物學家回想起一九六〇和七〇年代的光景時，腦海中所浮現的應該不是人們穿著紮染衣服的「愛之夏」（譯注：summers of love，這是一九六七年夏季發生在舊金山的一場社會運動，是後來「嬉皮革命」的起源），而是一大片單一顏色、以無性生殖技術繁殖的布瑞福種豆梨。

曼哈頓曾是印第安勒納佩族（Lenape）口中的「多山之島」。現在八十六街和百老匯大道交會的地方，曾有許多橡樹、山胡桃和松樹；往東走幾十步路，則可看到一條小溪蜿蜒曲折的流過一塊塊由勒納佩人定期放火焚燒林木而成的草地。我之所以知道這些事情，是因為我看了生態學家艾瑞克・桑德森（Eric Sanderson）所寫的一本書，該書中蒐羅了昔日曼哈頓的地圖以及相關文章。桑德森指出，一六三〇年代時，有三位荷蘭人——約翰．戴拉特（Johann de Laet）、大衛．彼德孫．戴瓦瑞（David Pieterszoon de Vries）和尼可拉斯．范瓦塞納（Nicholas van Wassenaer）——曾經在他們所寫的文章中提到：他們看到一座島嶼，上面有「許多高大的樹木」，還有「大量的鹿……許多的狐狸、一群群的狼……眾多的河狸」，而且「森林裡滿是鳥兒，牠們吱吱喳喳叫個不停，非常吵鬧，讓人難以通行」。然而，將近四百年之後，我在觀察這棵豆梨的數十個小時期間，卻不曾在樹上的花朵間看到任何一隻蜜蜂，連我從前觀察其他樹木時經常看到的蚊蚋也付之闕如。至於鳥類，我也只看到五種。牠們分別是：歐洲椋鳥、歐亞家麻雀、歐亞岩鴿、一隻在大樓頂端飛行的紅尾鵟，和一隻在豆梨樹上停留了兩秒鐘就沿著八十六街飛往河濱公園的林鶯。

由此可見，在昔日那座名為「曼納哈塔」（Mannahatta）的沿海島嶼變成「新阿姆斯特丹」（Nieuw Amsterdam），再變成今日的紐約這段期間，此地動植物的種類已大幅減少。這是全世界的城市共通的現象。平均來說，一個地區的原生鳥種中只有百分之八住在市區。植物稍好一些，約有四分之一。在城市中，除了原生物種減少之外，動植物也出現日益同質化的現象。舉例來說，現在全世界約有百分之九十六的城市，都可以看到一種名為「早熟禾」（*Pao annua*）的禾本科植物。這種草植株矮小，原產於歐洲，後來透過與其他多種青草雜交的方式逐漸演化，變得很能適應城市的環境，因此如今在全球各地的城市裡都能看到它的影蹤。鳥類也是如此。現在城市裡的鳥類都以少數幾種為主。我在梨樹附近看到的鴿子、椋鳥和家麻雀，也是現在全球其他百分之八十以上的城市裡的主要鳥種。

這樣的趨勢，似乎使得許多環保人士更有理由反對都市生活。然而，城市的面積只占全球土地百分之三，卻容納了全球半數人口。這種人口集中的現象其實是有效率的。舉例來說，紐約市民平均每人排放到大氣中的二氧化碳，比全美的平均值少了三分之一。在過去三十年間，紐約市的車輛所排放的二氧化碳數量一直都沒有增加，這是其他人口較為分散的城市（例如亞特蘭大或鳳凰城）所看不到的現象。再以丹佛市為例，該市雖然有許多草坪，並且只擁有百分之二的科羅拉多州水源，卻供應了該州四分之一人口的用水。因此，鄉村地區的物種之所以如此繁多，乃是拜城市之賜。如果全世界的城市人口都搬到鄉下住，對各地原生的鳥類和植物而言並不是一件好事。屆時森林將會消失，溪流將會堆滿淤泥，二氧化碳的濃度也將飆升。這並不僅僅是個理論而已。事實上，過去數十年間，有不少都市人跑到郊區或郊區外圍居住，其結果就是：有更多的林地遭到砍伐，二氧化碳的排放量也增加了。因此，與其嘆惋全球各城市的物種逐漸減少的現象，不如將它視為鄉村地區物種增加的徵兆。

在紐約的市中心區，光是房屋和道路的面積就占了全區土地百分之八十。即便是在這樣的地區，其他物種也可以存活，有時甚至頗為興旺。紐約市市旗上一直有兩隻蹲伏在地上的河狸圖像，那是代表荷蘭毛皮貿易商的標誌。但在過去這兩百年間，紐約的河流裡始終不曾見到河狸。不過，就像在丹佛市一樣，紐約的布朗克斯河（Bronx River）由於水質改善、草木繁茂，如今又出現河狸的蹤影。從我觀察的這棵梨樹往東走幾個街區，就是中央公園所在地。春天候鳥遷徙的時節，我在那裡觀察時，曾經在半個小時內看到三十一種鳥類，而且其中大部分是出現在栽植原生草木的區域。這些鳥當中有一部分是留鳥，有一部分則是沿著海岸北飛、要前往北方冷杉森林的候鳥。如此看來，當年那些「吱吱喳喳叫個不停，非常吵鬧」的鳥兒，尚未完全從曼哈頓的森林裡消失。

由於從前規劃得當，紐約市目前百分之二十的土地上都有樹木，而且幾乎都是人工種植。一九〇四年時，為了興建第八十六街地鐵站（紐約市最早的二十八個地鐵站之一），百老匯大道一帶的土壤一度被挖除，而後又再回填。在這個過程中，只有一棵樹存活下來。它當時所在的位置，就在我觀察的這棵梨樹附近。一九二〇年代，亞瑟·霍斯金（Arthur Hosking）曾經拍攝一系列的紐約街景照，但由於這些照片並不是很清晰，所以我們很難看出當時這棵樹的確切位置。不過，從照片上可以看出，當時的百老匯大道除了幾個街區上的一、兩棵樹，以及安全島和人行道上的幾棵矮小樹苗之外，幾乎看不到任何植物。其後的數十年間，由於政府大量栽種，紐約市的樹木才又多了起來。不過在最近這三十年間，由於許多綠地被用來興建房屋，再加上樹木種得比較少，市內的綠地面積已經逐漸縮減。為了扭轉此一趨勢，二〇〇七年時，紐約市政府和一個進行「紐約重建計畫」（New York Restoration Project）的公益組織，共同發起了「百萬植樹行動」（MillionTreesNYC project），試圖在紐約市區種植至少一百萬棵樹苗。這個目標已經在二〇一五年的冬天達成。不過，就長期而言，減緩綠地縮減速度的目標仍有待努力。

在「百萬棵樹」的栽種名單中，布瑞福種的豆梨並未入列，這是因為它現在已經不再那麼受到歡迎，至少園藝專家已經不那麼喜歡它了。這種梨樹由於母株的基因發生了某種變異，因此，後代的枝幹變得很脆弱，在冰雪的積壓下很容易折斷，即使是都市裡那些因為噪音的緣故而長得比較粗壯的樹木也不例外。一旦枝幹折斷了，樹藝師就得花時間修復，並調整其餘枝幹的角度，使它們不致因為角度太大而容易斷裂。因此，這種梨樹比其他大多數樹種更需要費心照顧。久而久之，人們便發現，這個一九六〇年代的「明星樹種」，其實維護的成本很高。此外，從生態的角度來看，豆梨還有一個缺點：它是外來種植物，因此它的生物群落不像原生種樹木那般豐富。

有許多種昆蟲都喜歡在原生種樹木上啃食葉子或吸食花蜜，而這些昆蟲本身又會吸引那些以昆蟲為食的蜘蛛、黃蜂和鳥類前來捕食，使得樹上的物種益形豐富。但本地的動物尚未發展出對付豆梨的防禦性化學物質的辦法，因此都對它敬而遠之。這是為什麼豆梨的葉子看起來都完好無缺，沒有被毛毛蟲或其他蛀蟲咬過的痕跡，顯得較為美觀。這樣的特性一度被視為豆梨的優點，但如今，基於生態考量，它卻被當成了缺點。除此之外，布瑞福種豆梨在野外的表現也使它更不受歡迎。這是因為它雖然無法自花傳粉，但是一旦它的花粉或胚珠和其他的豆梨變種結合，所產生的種子便具有很強的繁殖力，蔓延的速度很快。因此，豆梨現在已經被市府列為入侵種植物之一。

除了豆梨之外，有幾種植物也同樣逐漸不受歡迎，女貞即是其中之一。十八、十九世紀時，由於公部門的植物學專家和民間苗圃業者推薦，美國各地的庭園幾乎都以進口的歐洲女貞或亞洲女貞做為樹籬。但如今，這種植物已經在美國的森林裡氾濫成災，占據了數百萬英畝的林地，因此它已經被生態學家和園藝人士視為有害的入侵種。另外一個例子則是柳穿魚。從前，美國人為了提煉藥物和裝飾庭園，從歐洲引進了這種會開美麗黃花的草本植物，但現在它已經蔓延到北美各地的河邊、草原和田野，有時甚至廣達好幾千英畝，因此也被列入不受歡迎的植物。事實上，除了女貞和柳穿魚之外，還有其他幾百個物種也面臨同樣的處境。它們一度受到讚揚，並且被引進本地，如今卻成了眾矢之的。相反的，從前我們的祖先不屑一顧的本土物種，現在卻備受推崇。總而言之，我們開始推崇本土物種，打壓外來物種。但事實上，我們在判定物種的好壞時，都是根據它們是否符合我們的需求，而這樣的標準會隨著時間改變。我們現在雖然已經不再依賴豆梨的抗病蟲害能力，也不需要以女貞來做為樹籬，更不再用柳穿魚等植物入藥，但如果有一天，美國各地果園又發生了病蟲害，或者鐵柵欄缺貨，或者藥局全都關門了，我們對那些外來種植物的看法勢必將會改觀。人類的心是善變的。我們總是為了滿足自己各個階段的需求，而努力改變我們所屬的生命網絡。

夜深了，街道上的車輛少了，住在上西城（Upper West Side）那些租金昂貴的公寓裡的人們都回到家了，因此人行道上冷冷清清，只剩下那些夜不成眠的人，或無家可歸的流浪漢。有一名嘴唇乾裂、滿面皺紋、穿著髒兮兮長大衣的婦女，正低著頭坐在梨樹的護欄上咳嗽。那聲音和今天下午那群在街上玩耍時，因為不小心吸入地鐵站格柵所排出的廢氣而一邊笑、一邊咳嗽的孩子不同。她坐在那兒吸著只剩下一小截的雪茄，肩膀不時因為咳嗽而顫動。這樣的聲音讓我不由得替她擔心起來，因為她的肺顯然出了問題。

汙染她肺部的禍首，除了那藍色的雪茄菸霧之外，還有這城市的空氣，其中包含將近兩百萬輛汽車所排出的廢氣，以及每年冬天市民為了取暖而燒掉的十億加侖燃油所排出的煙霧。時至今日，上西城一些古老而知名的建築以及若干租金昂貴的地段，仍然使用一種劣質的焦油狀油泥來取暖。這種油泥燃燒時所排出的廢氣，並不亞於「老煙囪」的那些工廠。所幸，在過去這十年間，人們已經不再使用那些會造成嚴重汙染的燃油，因此紐約市現在的煤煙排放量比十年前降低了四分之一，酸性的二氧化硫也減少了將近四分之三。因此，目前紐約市的空氣可說處於五十年來最乾淨的狀態。儘管如此，上西城仍然名列空氣汙染最嚴重的地區之一。

咳嗽的那位婦人離開後，雨開始下了起來。由於雨水會附著在樹葉上，並緩緩沿著枝條流到樹幹上，因此有好幾分鐘的時間，站在樹下的我一直都沒有淋到雨。但此處的情況和亞馬遜森林不同。在這裡，我只聽得見幾滴雨水從樹葉上掉下來的聲音，其他聲響都被汽車輪胎碾過雨水時嘶嘶飛濺的水花聲所掩蓋，甚至連遠處的雷聲聽起來都模糊不清，直到有一道雷電劈過我上方的天空。既然耳朵聽不清，皮膚便再次成了雨水偵測器。當樹冠達到飽和狀態，雨水開始從葉子上流下來時，我才感覺到有冷冷的雨滴落在臉上。而距我只有三步距離的人行道路面，由於沒有樹蔭遮蔽，所承受的雨水顯然多了很多。這是因為樹木的葉子可以攔截一部分的雨水，使它不致掉落在地面上。這些被攔截的雨水大部分都會被樹皮吸收，然後逐漸流到樹幹底部，滲入土壤裡，並不會像其他雨水那樣，從路面流入排水溝中。

這樣的現象有若干好處。由於路面的雨水有一半會流入雨水排水管，而這些排水管同時也是汙水排放的管道，因此遇到豪雨時，市內的汙水處理設施如果來不及因應，部分未經處理的汙水可能就會流入溪流與河川。樹木可以發揮緩衝作用，減少這種「合流式下水道溢流」（combined sewer overflow）現象，降低對河川的汙染。由於市區的樹木和周遭的土壤發揮作用，再加上市府新建了滯留池，紐約市因暴風雨導致汙水流到河川中的比例，已經由一九八〇年的百分之七十降到今天的百分之二十。因此，哈德遜河（Hudson River）河中的魚兒之所以能夠存活，有一部分要歸功於百老匯大道上的樹木和土壤。

我把手搭在樹幹上時，感覺手掌底下有什麼東西溼溼冷冷的，被我壓得略微下陷。雨水不斷從樹幹的溝紋中流淌下來，有如一條條蜿蜒的小河，而且還冒著泡泡。我把手拿開後，看到我手上有一抹髒汙的水痕，不禁嚇了一跳。我把手伸到雨中，幾分鐘後，那汙痕就被雨水沖乾淨了。我低頭一看，發現連樹幹底部的積水也黑得像鹽沼裡的泥巴一樣，而且同樣冒著泡泡。排水溝裡的水也是黑的，裡面全是這城市的汙垢，可見樹木並非只攔截到雨水。在雨水的沖刷下，樹幹的表皮逐漸露出了一層凹凸不平、閃耀著祖母綠光澤的物質。那是寄生在樹上的水藻。由於它表面的灰塵已經被雨水沖走，它終於得以重見天日。

在城市裡，燃料燃燒後所產生的汙染微粒會堆積在樹木的表皮和葉子上。下雨時，這些物質就會被沖到地上。在乾燥有風的日子裡，它們可能會再度被吹到空中，就像吸塵器的集塵袋被搖晃後灰塵會飄散出來一般。不過，就總體而言，樹木還是發揮了潔淨空氣的效果，尤其是在夏天的時候，因為這時有一部分煤煙和汙染微粒會被樹葉吸收，溶解在葉子內部的水中，並進入葉子的細胞裡。

不過，並非所有的樹木都能在這樣的環境中存活，但豆梨因為在中國經歷過貧瘠劣質土壤的考驗，因此能夠適應。它的細胞會分泌化學物質，吸附鎘、銅、鈉和汞等金屬，使它們不致汙染環境。曾經有一些遺傳學家把負責製造這些化學物質的DNA植入細菌體內，結果他們發現這些細菌能夠解除金屬溶液的毒性。如果這樣的技術可以應用在實驗室之外，我們或許可以利用豆梨細胞內的基因來清理工業廢棄物。事實上，豆梨所分泌的化學物質除了讓它得以在城市的空氣汙染中存活之外，也讓它的根部比較能夠忍受鹽分的侵蝕。冬天時，為了使地面上的冰雪融化，附近公寓大樓的門房或市府的道路維護車輛，都會在百老匯大道上撒鹽。豆梨忍受這些鹽分的能力，要比那些嬌嫩的樹種（例如槭樹）更強。就像美國西部的棉白楊一般，豆梨之所以具有這樣的本事，是因為它的祖先曾經生長在中國土壤中，培養了吃苦的能耐。

目前，紐約市約有五百萬棵樹木。這些樹木每年為該市減少約兩千公噸的空氣汙染物，以及四萬公噸的二氧化碳。夏天時，在樹木很多的區域，樹木每小時會吸收空氣中百分之十的若干汙染物質。但一般來說，情況很少如此理想，更何況新的汙染源源源不絕。平均來說，樹木一年大約可以吸收百分之〇．五的空氣汙染物。如果社區裡有很多樹木，空氣品質就會比較好；如果樹木稀少，甚至沒有樹木，人們可能就會吸入較多的汙染物。梨樹下的那位婦女之所以會咳嗽，或許是因為她有抽雪茄的習慣，或是她吸入太多汽車廢氣，但也可能是因為她童年時，人行道上根本沒有樹木。

人的肺和樹木的葉子都會吸收煙塵，兩者互有關連，也都和這城市密不可分。儘管市區內較大的垃圾都集中送到城外的掩埋場，但仍有數十億微小的垃圾被排放到空氣中，進入人們的肺。因此，市府的公園與遊憩管理處已經開始在氣喘住院率高而且沒有植栽的地區大量種植樹木。從前，他們都是等居民提出要求才會前往種樹，但這往往會造成原本有樹的地方樹木更多，沒有樹木的地方就無人聞問。現在，市府仍然會應民眾要求而種樹，但他們已經開始主動在那些光禿禿的街區大量種植樹木。這項行動的成果，不需用二氧化硫監測器就可以看得出來。我們從樹木下方走到空地時，不僅會感覺到市聲的微妙變化，連空氣的味道也會變得不太一樣。走在樹木林立的街道上時，你會覺得空氣中散發著些許沙拉和土壤的氣息。那是樹葉的氣孔和樹幹根部的土壤所逸散出的分子的味道。我們吸入這些分子時，會感覺自己彷彿置身在森林中。在沒有樹木的地方，空氣的味道就像是稀釋的棕酸，那是由引擎廢氣、排水溝的汙垢和柏油所混合而成的氣息。當你從一條滿是巴士的大街走進一座公園，會明顯感受到兩者之間的差別。在公園的樹林間或空曠的草坪上，我們會感覺自己的口腔裡彷彿瀰漫著葉子的精華。

要打造都市森林，第一步當然是要種樹，但樹苗種下去之後，不一定能夠存活。它們可能會被車子撞倒，遭人惡意破壞，或者因乾旱、汙染、狗大便太多、根部土壤遭到雨水侵蝕，以及其他種種因素而死亡。在工業區和幾乎沒有植栽的地方，樹苗種下去之後，有百分之四十活不過十年。這和樹木本身的韌性有關。豆梨是紐約路樹中適應力最強的一種，它的存活率比最嬌弱的七葉懸鈴樹（或稱法國梧桐）高了百分之三十。不過，樹木的存活率固然與物種有關，但更大一部分是取決於樹木與人的關係。那些被納入人類社會網絡的樹苗，存活率往往較高。由附近人家所栽種的樹，會比由不知名的包商所種的樹活得更久。如果樹上有一塊牌子，寫著樹木的名稱和它所需要的東西，例如水、覆蓋物、鬆軟的土壤、不能有垃圾等，這棵樹的存活率就會提高到將近百分之百。一棵被當成社區一分子、受到愛與關注、有身分、有歷史的樹，會比一棵沒有過去與未來、無人聞問的無名路樹活得更久。

都市裡的居民往往和樹木有著很深的關係。我曾經和一些紐約市民談論有關樹木的種種，結果發現他們就像亞馬遜森林的瓦奧拉尼人一樣，對樹木懷有深厚的感情。他們談到曼哈頓的路樹遭粗心的建築工人破壞的事件時，往往義憤填膺，就像瓦奧拉尼人看到石油公司的人為了開路而砍掉一棵吉貝樹時的反應一般。面對樹木所受的傷害，這些和樹木共同生活、與樹木有著密切關係的人，都有著切膚之痛。無論在紐約市或鄉下地區，只要談到樹木的未來，人們的反應往往頗為熱烈，陌生人也因而有了交集。人們可以藉由樹木，尤其是長在自家附近的樹木，獲得「忘我」的經驗。住在公寓裡的人聽到屋前路樹的葉子沙沙作響的聲音，看到它們春天時綠意盎然的景象，或許會想起有關森林的種種。在城市裡，樹木因為數量稀少，更顯得珍貴。它們可以讓城市居民進一步了解大自然。當人們每天都可以看到樹木時，或許就會像那些居住在森林與果園中的人士一般，逐漸明白樹木與人類的生存與繁榮息息相關。

然而，並不是每個人都喜愛樹木、關心樹木，這點我們從樹幹底部的土壤就能看得出來。我所觀察的這棵梨樹四周有一座高及膝蓋的金屬護欄，是由這條人行道後面的公寓大樓業主所設置（大多數護欄都是如此）。樹幹周圍的土壤上，有時會種著一年開花一次的彩葉草和秋海棠，由於這兩種植物最初都來自東亞，因此豆梨在這裡也算是遇到了老鄉。不過，在大多數時候，人們總是把垃圾丟在護欄內的泥土上。在仲夏的某一天，我計算了一下這裡的垃圾數量，發現共有半打菸屁股、九片口香糖（另外還有兩片塞在樹皮的隙縫裡）、一個插著亮麗吸管的葡萄汁罐子、一條斷掉的橡皮筋、一張被揉成一團的報紙，和一個藍色的塑膠瓶蓋。

南邊的街區由於沒有公寓房子，因此樹木乏人照料。不僅如此，那家雜貨店的老闆每天還會拿水槍噴灑人行道，沖洗路面，但這樣一來，旁邊那棵銀杏樹底下的土壤也逐漸被沖走了，以致最上面的幾條根都露了出來。在東北邊的街區，有人用牛奶箱的網板為一棵樹做了一座護欄，旁邊還放著一塊手寫的標語，上面寫著「請勿讓狗在此大小便」的字樣，下面還劃了三條線。另一座護欄則是用五金店買來的籬笆做成的，樹穴裡的泥土上還鋪了一層碎大理石塊。在梨樹北邊五棵樹的地方，有幾個小吃攤販把推車停在幾棵沒有護欄的樹木旁邊，來來往往的顧客把樹木四周的土壤都踩得像人行道一樣硬。先前，附近八十六街上的幾座公寓進行整修，四周搭起了鷹架，以致鷹架下方的樹木有兩年的時間都照不到陽光，也沒有雨水滋潤，變得衰弱不堪。今年十二月時，他們又從人行道底下拉線，在這些樹上裝設許多盞燈光。在東邊，距梨樹好幾條街區的地方，也就是中央公園和紐約的幾座博物館附近，那裡的路樹四周的土壤是用手翻鬆的。隨著季節變化，上面還會妝點著挺直的紫色鬱金香，或緬因州冷杉的樹枝。因此，如果路樹是通往大自然的門戶，它們的護欄和樹穴便是窗戶，讓我們可以從中窺見人的不同。

護欄的目的在保護樹木，使它們的根部和樹幹不致被汽車撞到，或被行人踐踏。但有時人也得提防樹木。樹木的枝幹如果未經修剪，可能會突然折斷，這時如果有人剛好站在樹下，可能就會發生悲劇。我造訪這棵梨樹的第二年，看到樹上有幾根枝幹長出的葉子都出奇的小（當時春天的花期剛過），一副發育不良的模樣，而且那些葉子和枝幹的表面都結了一層褐色硬皮，顯然是遭到火傷病菌攻擊。那些病菌從花朵裡入侵，以致樹的枝條和葉子都受到了感染。聚集在附近那棟公寓大樓門口的幾位門房和工友告訴我，他們很擔心它會枯死。更何況，那些已經枯掉的枝幹可能會掉落下來，砸到過往的行人。於是，之後就來了一群專家，把那些樹枝都剪掉了。他們是在樹枝與樹幹的連接處下手，修剪的位置和角度都必須剛剛好，如此樹木的傷口才能癒合。

儘管樹木的枝幹如果掉落地面，可能會砸傷行人，但這些年來紐約市政府的相關政策卻有些反覆。二〇一〇年時，市府削減了修剪樹木的預算，結果第二年就有許多市民因為被掉落的樹枝砸傷而控告市府，其中有好幾個案例讓市府不得不花數百萬美元和解。其中，有一個人坐在長椅上時被一根掉落的樹枝砸成重傷，賠償金額甚至超出前一年樹木修剪預算的兩倍。於是，二〇一三年時，市府便恢復了相關預算。也因此，這棵梨樹染病的枝幹才得以被剪除。由此可見，我們在享受都市的樹木所帶來的種種好處時，也必須回報它們的恩惠，細心的照顧它們的每一根枝幹。

一到早晨的交通巔峰時間，百老匯大道上的這條人行道便人來人往，摩肩擦踵，川流不息，有如一條人河。它的歌聲是由各式鞋子敲擊地面的聲響交織而成：男士的皮底上班鞋那「啪！啪！啪！」有如馬鞭揮擊的聲音、時髦女士的高跟鞋「喀！喀！喀！」踩著地面的聲音、跑者的球鞋所發出的嚓嚓聲、狗兒趾甲摩擦地面的聲音，以及疲倦的行人拖著腳走路的聲音。八十六街的地鐵站入口就像河底的大洞，將人群一一吞沒，但隨後又吐出更多人群。一輛輛穿越市區的公車相繼到站，放下乘客後便隆隆駛離，而那些乘客也很快就融入大街上的人流中。八十六街和百老匯大道的交叉口，是兩條車流交會的地方。街上的紅綠燈就像水閘一般，管制著這些車流，使它們時而靜止、時而前行。面對這川流不息的行人與車輛，豆梨兀自靜靜的站在那兒，一動也不動，彷彿是湍急河流邊的一座寧靜水塘。人們只要一轉身，便可逃脫洶湧的人潮，享受那靜謐的氛圍。這樣的模式從冬天時地面的景象就可以看得出來。這時，樹下的雪地上只有一些輕輕淺淺、沒有特定方向的腳印，但旁邊人行道上的積雪卻被那些筆直前進的行人踩成了一灘雪泥。如同丹佛市那棵為河邊生物創造了棲地的棉白楊一般，這棵梨樹也為周遭的人們創造出更多可能性。

不過，並非所有行人在經過這棵梨樹時，都會停下來歇息。在我看到的幾十個人當中，有四分之三是女性，其中包含了各個種族和階層。但在男性當中，則完全沒有白人（除非我把自己算進去），儘管走在這條人行道上的白人男性並不在少數。這些人來到樹下後，有的講電話，有的抽香菸，有的整理包包或雨傘，有的人則光是靜靜的站在那兒，也有人坐在護欄上，打開報紙，看了起來。

在紐約，你如果在「沒有正當目的」甚或「蓄意造成大眾不便」的情況下阻擋行人往來，就是妨害秩序的行為，依照紐約州的刑法，可能會被判處十五天拘役、送到賴克斯島（Rikers Island）監獄裡服刑，只是大多數人最後都是繳交罰款，或從事社區服務了事。不用說，在城市的人行道上走路或站立，一定會擋到人，因此根據法令，警方可以隨時將你攔下。照這樣看，所有行道樹其實都有妨礙交通之嫌，而且它們都像美國詩人霍華．內梅羅夫（Howard Nemerov）所說的那樣，保持「全面的緘默」，拒絕透露自己的意圖與目的。同樣的，那些喜歡沉思的人也有藐視法律之嫌：漫無目標的站在人行道上是妨害秩序的行為，走著走著突然停了下來也是違法的舉動，站在行道樹底下則是微型的顛覆活動。那些西裝筆挺的男士或許就是因為了解這一點，才很少走到這棵梨樹的樹蔭下。可見，將城市的種種規則加以內化的，並不只有樹木而已。

我沒想到的是，當我走出樹下時，我的存在竟然從「微型的顛覆」變成「微型的侵略」。因為我發現，一個男性白人站在人行道上時，會創造出一個有性別限制的空間。當我手拿筆記本靠在一家商店的牆壁上時，就像是一根釘在河邊的木樁，占去了這條人行道大約百分之十的可用寬度，而且我一旦這麼做了，不到幾分鐘之內就會有一到五個男人加入我的行列。他們會站在離我大約一公尺的地方，吃著他們買來的小吃，或用手機講著電話。這些人清一色都是男性，而且很少白人。我這樣做了三次（有兩次是為了讓自己清醒，有一次是為了做實驗）之後，開始意識到自己創造了一個令人非常不快的空間，不僅占去了遠遠超過百分之十的路面，也造成他人的不便。此外，我站在人行道上一動也不動，也可以說是一種消極的「男人的碰撞」（manslamming），也就是男人走在人行道上，不肯讓路給女人，有時甚至會因此撞到對方的行為。擔任勞工組織工作的貝絲．布瑞斯洛（Beth Breslaw）曾經做過一個實驗：她刻意在紐約街頭像男人那樣走路，也就是說，像冰上曲棍球員那般大咧咧的橫衝直撞。結果她發現，幾乎所有男人都不肯讓出一丁點的空間給她。這次靠牆而站的經驗也讓我學到了一些教訓，於是後來我便轉移陣地，跑到商店門口和地鐵出口中間的角落去做筆記。這時，我發現只要我手上拿著筆記本，人們便不會注意到我，但如果我無所事事的站在那兒，即使那個地方並沒有什麼行人來往，仍然會有一些人跟著過來，站在我旁邊。但如果是在樹下，我無論坐著或站著，都不會侵擾到別人的空間。如此看來，這梨樹下的空間似乎能讓人們比較不需要遵守人行道上所適用的規則，至少在像曼哈頓這類比較富裕的地區是如此。如果我是以不同的面目站在別的地方，想必無法如此安心。

行道樹使人們走在街頭時有了更多選擇，尤其是在像紐約這樣一座城市。這是因為紐約的人行道上並沒有許多長椅可供歇息，因此人們通常只能一直向前走。如果說紐約的人行道像一條平直的河流，那麼行道樹就是迂曲的河彎。無論它們是否「有意」，它們都在這座人種繁多、權力結構失衡、空間有限的擁擠城市裡，扮演了一個具有社會與文化功能的角色。作家珍・波登（Jane Borden）曾經在她的著作中，談到她在紐約街頭的人群中行走時的心得。她說：「在紐約，你只能過著介系詞式的生活。因為缺少修飾語，所以行動不可能發生。」行道樹改變了一條街道的文法，讓句子得以完整。

除了改變文法，行道樹也可以改變人行道上乃至整座城市的氣溫，帶給人們不同的體驗。七月末的一個午後，我把一支溫度計放在樹下的地面上，測得的氣溫是攝氏二十七度。在幾步路之外，那沒有樹蔭的地方，地面溫度是攝氏三十六度。由此可見，這棵樹除了為人們的橫向移動創造出新的空間，也在垂直照射的光線中締造了不同的空間。人行道上的小販很了解這個道理。因此，有一個報販和一個賣童書的男人都在樹蔭下擺攤。在距離他們約一分鐘路程的地方，有三個小販在太陽底下做著生意，他們的攤位上雖然撐著遮陽傘，但那幾把傘的大小和深度都比不上梨樹的樹冠。在樹下擺攤的小販證實了溫度計告訴我們的事：夏天時，曼哈頓有樹蔭的地方是受到歡迎的。

那童書攤子的老闆名叫史丹利・貝西亞（Stanley Bethea）。他告訴我，為了避開暑熱，他在夏天最熱的時節會跑到城外的一處夏令營工作，其餘時間則在紐約的人行道上賣書，一天擺攤八小時。多虧有梨樹遮蔭，他才不至於被曬得太厲害。不過，他和隔壁的報販不同：他對有沒有樹蔭這件事不是那麼在意，反而比較關心有沒有美麗的花朵可以欣賞。對他而言，花開令人欣喜，花落令人感傷。樹葉雖然可以在炎熱的天氣裡遮擋陽光，但每到四月樹木的嫩葉冒出來的時候，就是花兒凋零的時節。因此，他難免會有點討厭那些葉子。因為喜愛花樹，他知道城市裡各種樹木的花期，也常常跑到好幾個街區之外去欣賞一棵盛開的花樹。百老匯商場前那座寬闊的中央安全島上的樹木什麼時候會開花，他都一清二楚。他的名片上還印著一張他面帶微笑站在商場前的一棵花樹旁的照片。如今，在市府的公園與遊憩管理處與百老匯商場協會（Broadway Mall Association，一個致力於栽種並照顧樹木的非營利社區團體）的努力下，紐約市區已經有了更多美麗的行道樹。這些樹木不僅讓人行道景色宜人、行走起來更加舒適，也讓人們得以在烈日的炙曬下稍事喘息。而它們花開花落、四時有別的風貌，更能讓城市裡的人們體會季節的遞嬗與光陰的流轉。

那天入夜後，我又回到了梨樹下，就著地面反射的燈光觀看溫度計上的數字。在樹下，人行道的溫度是攝氏二十五度，只比白天降了幾度。在沒有樹木遮蔽的地方，氣溫則是攝氏二十七度，比樹下略高一些，但已經比下午最熱的時段涼爽多了。這是因為人行道上的混凝土和路面的柏油已經像電暖器一般，把它們所吸收的熱氣釋放回空氣中。但七月的紐約實在用不上電暖器，因為市內的道路和房屋經過一整天的曝曬後所散發的熱氣，已經使得這座城市變得更加炎熱。這種現象叫做「都市熱島效應」，也因此，城市的氣溫往往會比周遭地區高出好幾度。以紐約市而言，在夏天時，市內和周遭地區的氣溫平均相差攝氏四度。樹木可以降低熱島效應的影響。一方面，它們的樹冠可以擋住陽光，使地面不致吸收到熱氣；另一方面，它們的葉子會散發水蒸汽，使空氣變得比較涼爽。因此，樹木就像一塊覆蓋在發燒的額頭上的溼手帕，可以幫城市降溫。不過，因樹冠上層的葉子高低不齊而造成的空氣對流現象，也可能會讓城市變得更熱。如果一座城市周圍都是森林，但市內卻鮮少樹木，則周圍地區空氣對流的旺盛程度將高於市內。在這種情況下，熱氣便會滯留在城市上空，無法往上散發到大氣中。北美洲東部的城市，如波士頓、費城和亞特蘭大，在夏季時有大半時間都處於這種狀態下。因此，城市裡的樹木在許多方面都能降低市區的溫度。就紐約市而言，每年夏天因此而省下的冷氣費用，就多達一千一百萬美元。

對於來自鄉間小鎮的人而言，曼哈頓乍看之下似乎是個令人感到非常寂寞的地方。如果你看著對面走來的人，向對方點頭說聲「哈囉！」，或在和別人擦肩而過時，向他們道聲「早安」，對方往往會加快腳步離去。在這裡，人與人之間不像其他地方那樣有著非正式的連結。於是，我們得以獨來獨往，至於這是好是壞，要看我們的個性而定。對外來客而言，這是城市吸引人的地方，也是它令人傷感之處。同樣的，城市裡的樹木也和它們的生物群落裡的多數成員失去了連結。因此，它們似乎象徵著城市人的疏離與孤寂。但我在造訪這棵梨樹的三年當中逐漸發現：對外來客乃至一部分的居民而言，城市確實會給人這樣的印象，但就整個城市而言，情況並非如此。

當初，人們看到我在人行道上為梨樹裝設「耳機」時，基於好奇心，便打開了話匣子，你一言我一語的討論著，分享著彼此的經驗與看法。這些人之間原本沒有交集，但在這一瞬間，彷彿有仙子拿著魔棒一揮似的，他們開始熱烈的互動著，彼此之間建立了連結。然而，當一名男子開始瘋言瘋語、大發議論時，這樣的連結就立刻斷掉了。顯然，這類人際互動很容易受到某些因素影響。人們只有在接收到合適的訊號時，才會想與他人連結；當訊號不對時，他們就會立刻撤退。土壤裡的樹根、細菌與真菌之間的對話也是如此。它們會選擇性的建立連結，但這些連結一旦形成，就可以發揮很強大的力量。

路邊的表演雖然可以吸引人群，卻無法使人們建立持久的連結。當我在之後的幾個星期乃至幾年間，一再重回那棵梨樹下方時，這類長期性的連結便逐漸形成了。附近的人開始和我打招呼，有些人會和我握手，也有許多人向我問安。但這樣的連結具有地域性。在十字路口的西北邊，也就是梨樹所在之處，大家都認識我了，但在不遠處的東南角，我依然是個陌生人。除此之外，由於我行蹤不定、出沒無常，有時一離開就是好幾個月，回來之後，有時一整晚站在樹下監測，有時又是在白天的不同時段出現，因此我和那些人之間的連結並不深。

事實上，同個地方存在著不同社群，並且依時間、季節和月分而異：早上七點半的通勤人士、下午兩點半用推車帶小孩外出的媽媽、午夜時咳嗽、討香菸的人；星期六上午去猶太會堂祈禱的人及當天晚上聚在一起喝酒的人、夏天清晨跑步的人和冬天下午蹓狗的人，都各自形成一個社群。人們在這些社群中會跨越不同的社經階層，彼此交流互動。在我鄉下的老家，每到有市集的日子，人們在路上遇見彼此便會互相打招呼、閒聊、以眼神示意，然後再走到附近的樹下深談。這時，他們可能會竊竊私語，或大笑，或啜泣，或彼此擁抱，然後才繼續往前走。但在成千上萬個行人來來往往的情況下，這樣的交流就比較不容易被察覺。

因此，在這個乍看之下似乎沒什麼人際互動的城市裡，其實存在著成千上萬個社群。城裡人似乎各行其是、互不往來，但事實上，他們之間有著各種連結。鄉下的市集雖然很熱鬧，但那裡的人際網絡數量有限，很多人也無法參與，例如那些住在偏僻地區、身有殘疾、生活窮困、車子破損，只有「暗處的鶇鳥」與他們為伴的人（譯注：「暗處的鶇鳥」引自英國詩人湯瑪士．哈代〔Thomas Hardy〕所寫的一首同名詩）。這些人在鄉下往往被隔絕在人群之外，在城市卻不致如此。

當人類聚落的規模愈來愈大時，人際網絡的複雜性也以數學家所謂的「超線性」方式成長。當一個城市的人口增加一倍時，其中的人際連結數量會增加一倍以上。不僅如此，人們與他人溝通的時間也會增加許多，而且這樣的連結可能正日益頻密。有人曾以影片記錄了人們在紐約市、費城和波士頓的公共場所活動的狀況，結果發現：相較於一九八〇年代，人們如今在公共場所聚會的時間變多了，而且出現在這類場所的婦女人數也比以前多，顯見人們並未因為手機出現而減少連結。而且，他們多半是在獨處的時候才會使用手機，這點更增加了人與人之間的連結。因此，實際上，城市會使我們愈來愈深入人際關係。當人與人之間的連結強化之後，人際的互動就會更加頻繁，從而衍生各種創意與行動。而隨著人口增加，各種創意與行動也會變得更多，這點從一些人均指標中便可以看得出來：隨著城市規模擴增，研究和創造性領域的工資上漲了，相關的工作機會也變多了；獲得專利的設計與產品增加了；暴力犯罪案件和傳染病罹患率也都上升了。就像在雨林中一般，城市的人口愈趨複雜，人與人之間的合作與衝突也會愈演愈烈。相形之下，城市的各項公共建設發展速度不但並未隨著人口成長而增加，反而減緩了。雖然城市的規模愈來愈大，但可用土地面積和人口的比例卻日益降低。除此之外，無論道路和各種管線的長度，或雨水無法滲透的土地面積等等，也都變得愈來愈精簡。因此，在城市中，實體建設和社會發展這兩個趨勢正好背道而馳。當城市的規模愈來愈大，人與人之間的連結雖然日益頻密，但人們對實體建設的需求卻逐漸減少。然而，這是一體的兩面。在一個緊密複雜的環境中，人們自然會有更多的機會建立連結。就像梨樹的木質和我們的肺部會分別受到噪音與空氣汙染的影響一般，我們的社交生活也是環境的產物。

城市的環境讓我們更接近自己的本性。我們是一群互有關連的動物，聚集在我們的創造物四周，聆聽著彼此的歌聲。不過，有另外一些物種同樣生活在城市裡，與人們有著各種關係。它／牠們的生命是人類所賦予的，但它／牠們也以生命來回報人類。目前，我們針對城市社會網絡所做的各項統計分析並不包括這些物種。然而，梨花花瓣上的月光、馬路安全島上的花樹，或遷徙途中過境市區公園的鶯鳥，就像各式各樣的人際關係一樣，也是城市社會生活的一部分。紐約人對行道樹的深厚感情，正足以顯示人與樹木之間的緊密連結。這樣的能量之所以誕生，是因為城市能聚集各種事物，讓它們結合在一起。由此可見，城市自有它的力量，並非僅僅是繆爾筆下「發霉、萎縮的擁擠城鎮」。

# 橄欖樹

✕ 以色列，耶路撒冷

31°46'54.6" N, 35°13'49.0" E

有三隻貓——一隻虎斑貓、一隻橘貓，還有一隻黑色的大公貓——躺在那橄欖樹下，一邊嚎叫，一邊在地上翻滾扭打。阿克薩清真寺（Al-Aqsa mosque）每週五舉行的例行禱告在幾個小時之前就結束了，數千名的信眾已經離去，只剩下幾十人陸陸續續從大馬士革城門走出耶路撒冷舊城的城牆。攤商們在橄欖樹的護牆下方的廣場上叫賣著，一箱箱的鞋子、小黃瓜、桑葚、皮帶、李子和咖啡機，把每條走道上所鋪的石板都蓋住了。人潮已經散盡，廣場上有些冷清，因此，商販們的叫賣聲顯得格外清晰。「Ashara，Ashara。十個雪克爾！」一聲聲的從大馬士革城門那高聳的石牆上迴盪過來。廣場周圍站著幾個手持機關槍的士兵，但下午值勤的幾十名黑衣安全部隊已經離開了。他們的裝甲車和蒙著面罩的馬兒也都回到了軍營。太陽下山時，一陣西風吹來，空氣中的熱氣和灰塵便消散了，那橄欖樹的枝葉也像穗帚一般窸窸窣窣的隨風搖擺。這棵樹的樹幹虬結，約兩公尺高，頂端長著四根約兩、三公尺長的樹枝，樹冠呈圓頂狀，枝葉蓬亂，寬達八公尺，位於從馬路通往廣場的那座寬闊弧形石梯內側。日正當空時，樹下的濃蔭是這附近唯一可以乘涼的地方。樹下的地面散落著幾根鼠尾草和薄荷的枝葉，是某個藥草販子遺落的，已經被行人踩個粉碎。此刻，那三隻貓正躺在上面打滾。

忽然間，那隻黑貓露出警覺的神情，並立刻翻身站了起來，悄悄的走出樹下，跳上一旁的低矮護牆。此時，周遭並沒有任何動靜，因此我以為牠只是要去追趕牠看到的某隻麻雀。但緊接著，有兩個男孩從那條滿是巴士的街道上匆匆忙忙的下了階梯，爬過警方所架設的圍欄，朝著虎斑貓和橘貓跑了過去。那兩隻貓見狀便趕緊跳上樹旁的矮牆，隨著那隻目光敏銳的黑貓（牠可能已經先看到那兩個男孩了）飛奔到下面的廣場上了。男孩們閃過那些拿著購物袋和拐杖的人群，邊喊邊跑，然後便衝進了城門。

一進入城門，他們便飛奔過那石板地，下了坡，跑進了舊城的穆斯林區。那兩隻貓則從下方的另外一條路進入了地下的廢墟。那裡隱藏著昔日羅馬的街道和溪流，位置比現在的耶路撒冷城低了至少一個樓層，入口處雖設有鐵柵，卻阻擋不了貓兒。牠們會從石牆的裂縫中鑽進去，藏身在廢墟裡。

大馬士革城門是一座有雉堞的城牆，建於一五三七年，也就是鄂圖曼帝國的蘇丹蘇萊曼一世（Süleyman I）在位的時期。這座城門看起來雖然古老，但埋在它下方的廢墟歷史更加久遠，其中包含了西元初期的建築。這些建築雖然曾經出現在第六世紀的地圖上，但一直沒人看過。直到一九三〇年代，英國的考古人員在開挖城門前的一座廣場時，才發現了埋在底下的羅馬建築。一九七〇年代末期，以色列開始修復這座廣場。他們先派考古學家前往探勘，結果在城區的地下發現了幾座羅馬時期的城門和瞭望台，以及幾條道路。在那些新發現的房屋中，有一個房間裡放著一台七世紀的搾油機，是阿拉伯或拜占庭商人以殘留的羅馬石柱做成的。考古學家開挖完畢後，耶路撒冷市政府便開始重建城門前的這座廣場。這項工程於一九八四年完工。當時有一批橄欖樹被移植了過來，種在廣場上方的各個入口，並在每棵樹四周砌上一圈矮牆。那三隻貓兒所待的那棵橄欖數便是其中之一。移植時，它可能有三十歲了，算一算現在已經超過六十了。如今，幾座保存得較為完好的羅馬建築遺址，已經開放給大眾參觀。另外幾處雖然沒有開放，但人們還是可以從入口處鬆動的鐵柵之間鑽進去。不過這些遺址大多已經倒塌，泥土尚未被挖除，有的則被牆壁擋住，因此人根本進不去。不過，貓兒們倒是暢行無阻。我在裡面探索時，一直聞到牠們的糞便臭氣，並且聽到牠們打架時的叫聲。

在這些地下廢墟中，空氣終年都是潮溼的。在夏天時，這簡直令人難以置信。此刻，我坐在城門外的這棵橄欖樹下，被太陽曬得又熱又渴。好幾個星期以來，這棵樹唯一獲得的水分，是一些早起的小販所撒的尿。幸好，這些尿液的量並不像曼哈頓的狗尿那麼多，因此並不致使土壤裡的鹽分過多，傷害到樹根。況且等到雨季來臨時，這棵橄欖樹便可以從這些尿液以及來自市場的腐爛果菜殘渣裡獲得額外的氮素。不過現在，樹下的土壤乾燥得就像沙子一般。

橄欖樹很能適應地中海地區夏季時這般乾燥無雨的氣候。它們的葉片上有厚厚一層蠟質，在最熱的時節，葉片上的氣孔會閉合，以致整棵樹進入木僵狀態。以城門邊這棵橄欖樹為例，到了夏天時，為了避免被太陽曬得脫水，它的葉子會沿著中脈捲成管狀，並朝著葉柄的方向彎曲。這種做法可以使葉子背面不致曬到太陽。橄欖樹的葉背看起來是銀色的，這光澤來自於成千上萬個透明的細胞。每個細胞都由一根柄支撐著，站在葉背上，像是一把小陽傘。這使得從氣孔逸散出來的水分子得以停留在附近的葉面上，形成一層薄薄的水氣，在烈日的曝曬中延長氣孔敞開的時間。

橄欖樹的根大多分布在土壤上層，以便吸收那些還來不及滲入土壤深處就流失的雨水。但如果土壤和雨水的模式發生變化，它們也會做出改變，以適應新的環境。一棵橄欖樹如果生長在有人澆灌的果園，它的樹根就會簇集在灌溉水管附近，很少會延伸到地下一公尺以下。如果長在鬆散、乾燥的土壤裡，樹根就會往各個方向伸展，而且變得又粗又長，甚至能伸到地下六公尺處。事實上，每一種樹木的根都會隨著環境調整自己的生長形態，但橄欖樹在這方面尤其厲害。它的樹根有沒有活力，從樹幹上就可以看得出來。老樹的樹幹表面都有一條條垂直的脊狀隆起，中間隔著一道道很深的裂縫，形成了一條條溝槽。每一條脊狀隆起都連接到一條主根。如果那條根找到了水源，和它連接的樹幹部位和樹枝經過幾十年的生長之後便會膨大。萬一那條根枯死了，或者附近水源分布的模式改變了，這些部位就會再次縮小。因此，每一棵樹齡在幾十年以上的橄欖樹，都包含好幾個這樣各自獨立的區塊。大馬士革城門邊的這棵橄欖樹的樹幹上，就有兩個較大的區塊，且其上還有兩條較為細小且蜿蜒交叉的脊狀隆起。至於那些已經活了幾百年乃至幾千年的橄欖樹，它們的樹幹裡原有的部分通常都會消失，形成空心的狀態。我們所看到的是樹幹增生和根部抽長的部分。橄欖樹之所以長壽，是因為它們能夠因地制宜，隨著生長地的環境改變。但它們也為此付出了代價：它們只能生長在陽光充足的地方。如果長在缺少日照的樹林裡或多雲的地區，它們就會因為能量不足而枯萎。

我跟隨著那三隻貓到了地下廢墟，也就是那橄欖樹下方幾十公尺的地方。走在那鋪著石板的地上，我聽到了水淙淙流過石渠的聲音。那石渠有幾段是未經打磨的石槽，但大多是由石頭鑿成，表面平整而光滑。城外的水經由這條石渠流到城裡，進入位於市場和神殿下方的幾座貯水池，以供應聖殿山（Temple Mount）一帶的用水。它的位置幾乎就在城門邊這棵橄欖樹的正下方。但除了這條石渠之外，耶路撒冷還有許多條渠道和多座貯水池。事實上，耶路撒冷周遭數十公里地區的水全都送到城裡來了。有許多渠道是羅馬人開鑿的，也有許多是後人續建的。有幾條則是在羅馬人到來之前就已經存在。羅馬人之後，耶路撒冷的每一個統治者都曾經使用並調整這些渠道，有些更予以增建。可以說，從古到今，此地每一個王朝都視用水問題為第一要務。耶路撒冷發展的過程就像一棵橄欖樹。位於地面上的城市斑駁老舊、風景如畫，但它所賴以為生的水源，乃是來自隱藏於地下的一套供水系統。這套系統必須經過不斷的修改，而且往往要因此付出極大的代價，才能確保這座城市的生存。

根據西元第一世紀羅馬猶太學者弗拉維奧．約瑟夫斯（Flavius Josephus）的記載，當時的猶太行省總督彼拉多（Pontius Pilate）計劃將修復聖殿的款項轉用來「建造一條引水渠，將溪流源頭的水攔截下來，送入耶路撒冷」，但他誤判民意，因此觸怒了猶太人，以致「成千上萬人集會反對，要求他放棄這項計畫」。在隨之而起的暴亂中，彼拉多手下的士兵「逾越他的命令，大肆鎮壓，不僅懲戒了參與暴亂之人，也波及無辜的民眾」。從此以後（或許在彼拉多之前就是如此，只是歷史並未記載），耶路撒冷的統治者無不對與水有關的事務格外小心。

千百年來，耶路撒冷歷經拜占庭帝國、回教王朝、十字軍、馬穆魯克人（Mamluk）、鄂圖曼帝國、約旦、英國、以色列和六、七個其他勢力的統治，發生過無數次政治宗教革命、暴動和大屠殺。然而，地面上的政權雖然幾經更迭，在耶路撒冷的政治中向來扮演重要角色的水卻千古不變，兀自在這座城市的地下淙淙流動、滔滔不絕。

我跟著那三隻貓進入地下廢墟的前一天，城門邊的這棵橄欖樹上掛滿了各種醫療裝備與螢光安全背心。那是巴勒斯坦的醫護人員為了即將到來的五月十五「災難日」（Nakba Day）的示威活動所準備的物品。這一年一度的示威活動有時會引發暴亂，而今年（二〇一四年）由於以色列的殖民區不斷擴張、各地發生的零星暴力事件，以及以色列、約旦河西岸與加薩走廊各政府之間出現的僵局，局勢非常緊張。因此，前來採訪的新聞記者個個嚴陣以待。他們站在橄欖樹的樹蔭下，錄影器材的帶子上都掛著頭盔和防毒面具。在大馬士革城門內側以及廣場的西邊，有六十名男子帶著鎮暴裝備站在那兒待命。他們大多數都帶著槍，有幾個肩上斜背著子彈帶，裡面裝著瓦斯罐或包著橡膠皮的鋼彈。天氣很熱，他們身上的制服又不通風，因此他們後面放著一堆塑膠瓶裝的飲用水。

走在示威隊伍最前面的，是一群拿著鑰匙和手製標語的兒童。那鑰匙象徵巴勒斯坦人終於得以返回家園，取回他們在一九四八年以色列建國時被強占的房屋與村莊。一群人贏得了解放戰爭回到故土時，卻也是另一群人失去家屋、村莊和農場之時。站在這群孩童身邊的是他們的祖父母，其中有幾位手裡拿著他們老家的鑰匙——現在房子裡住著一些陌生人。「我每天開車上班的時候，都會經過我的老家。他們占去了我們的房子；現在我一無所有，甚至沒有國籍。」一名住在東耶路撒冷的男子如此說道。不過，這群人大多都只帶著掛在項鍊或鑰匙圈上的象徵性鑰匙。

除了鑰匙之外，許多人還帶著畫在小型金屬板上的「韓達拉」（Handala）畫像。韓達拉是巴勒斯坦漫畫家納吉．阿里（Naji Al-Ali）創造出來的漫畫人物。他是個打赤腳的小孩，頭上長著像仙人掌一般的刺，代表仙人掌在面對逆境時堅持不懈、根植大地和堅定不移的精神。但對以色列人而言，仙人掌代表的是sabra，也就是「出生在以色列的猶太人」，象徵他們外表強悍多刺，內心卻柔軟甜美的特質。以色列漫畫家卡瑞爾．賈多許（Kariel Gardosh）也為sabra創造了一個漫畫角色，那便是親切友善、膽子很大的蘇力克（Srulik）。由此可見，無論對以色列猶太人或巴勒斯坦人而言，仙人掌都是很重要的象徵，代表他們對這塊土地的歸屬。事實上，仙人掌是個外來種，原產於墨西哥和美國西南部地區，但如今在以色列的農田四周和廢棄的巴勒斯坦村莊裡已經到處可見。由於它只是靜靜的站在那兒，沒有聲音——和我聊天的每個農民都告訴我，他們不曾聽過它發出什麼聲音——於是，人們便藉由它來表達自己的心聲，並帶著各種造型誇張的仙人掌圖案前來示威。

孩童們離開後，示威的人漸漸多了起來。大約有一百個人聚集在一起，背對著廣場的擋土牆。以色列的安全部隊開始將廣場的各個出口堵住。示威者展開了印在橫幅上的標語：「我們要返鄉！」、「整個巴勒斯坦都屬於我們！」、「讓我們回去吧！」。有幾個人在口袋或背包裡插著巴勒斯坦國旗。一名女子用打火機點燃了一面用聚酯纖維做成的以色列小國旗，將它燒得黑煙縷縷。有三個青少年試圖拿著巴勒斯坦國旗通過城門，但遭到以色列安全人員強力驅離。不久，廣場上響起了鼓掌和唱誦的聲音：「神是至高無上的！」、「返鄉是我們神聖的權利！」。然後，鼓掌的速度忽然變快，群眾的叫聲也愈發響亮。

他們呼喊唱和了三十分鐘後，一個警察拿著擴音器命令示威群眾解散。兩、三分鐘後，武裝人員衝進人群中，挾住了其中兩名男子頭部，將他們制服，並把他們拖到停在街上的那輛裝甲車上。其他示威者見狀便趕緊跑到階梯上。一名男孩被安全人員扭著手臂拖到圍牆邊，一路尖聲大叫。一名年紀較大、穿著黑色寬鬆上衣的婦人，也被蜂擁過來的安全人員撞倒在地，但不久便站了起來，一拐一拐的走出了大馬士革城門。果真是「不僅懲戒了參與暴亂之人，也波及無辜的民眾」。

幾分鐘後，有一名年約二十歲的巴勒斯坦青年朝著安全人員丟了一個水瓶蓋。對後者來說，丟擲物品就是暴亂行為，因此他們立刻集結起來，衝進那群人當中。之後，巴勒斯坦醫護人員過來把那些受傷倒下的人拖走，但為首的一位卻被幾個以色列安全人員推倒，頭部碰到地面，昏了過去。這時，部署在廣場周邊的安全人員也相繼衝進示威人群，將他們驅散。但不久，有六、七個十餘歲的少女又重新聚集在一起，並開始嘲弄那些士兵。有幾個人朝她們追了過去，並抓住她們的手腕，卻被她們掙脫了。之後，女孩們繼續大聲喊著口號。有一名士兵被惹火了，打算拔槍用橡膠子彈近距離射擊其中一名女孩，但被他的同伴制止了。他們將他往後架，並拉住他的手，不讓他扣扳機，並且對著他大喊，又將他抱住，以抑制他的怒氣。那些女孩則在一旁面帶冷笑的叫喊著。

那天，沒有人送命，也沒有人受到重傷。但在其他一些日子裡，人們被刺殺或槍擊的聲音不斷傳過橄欖樹的枝葉間。每隔幾個月就會有一些屍首被人抬到街上，其中包括在通過城門時被刺死的以色列人，以及在發動攻擊後被射殺的巴勒斯坦狙擊手。由於大馬士革城門一帶是耶路撒冷各種衝突爆發的中心，舊城穆斯林區的許多暴亂都發生在這裡的廣場上，因此城門邊的這棵橄欖樹偶爾會出現在報紙和電視新聞上。但它並不只是一個旁觀者。它和此區的人民禍福相連、休戚與共。早在猶太教、回教和中東地區的任何一個國家誕生前，這裡的橄欖樹和人民就已經建立了互利互惠的關係。

災難日的示威活動結束後，不到一個小時，大馬士革城門前的市集就再度開張了。在市集下方，石渠裡的水也依舊汩汩流動。廣場上的以色列士兵回到了西耶路撒冷，一個處處都是灌溉草坪、水上樂園和噴泉的地方。在廣場上示威的巴勒斯坦群眾，則帶著他們那些沒機會用上的鑰匙，通過以色列所建立的那道隔離牆，回到了位於西岸的城鎮和難民營。五十年來，西岸地區一直受到軍事統治，直到奧斯陸協議（Oslo Accords）之後才有了若干地方自治權。在這個地區之內，除了巴勒斯坦人的村莊和農場外，還有幾個以色列殖民區。後者的四周都有圍牆，還有警衛駐守。人們從好幾公里以外便可分辨兩者之間的差異：在巴勒斯坦村莊內，每戶人家的屋頂都有黑色的水塔。以色列殖民區的屋頂上則很少看到，即使有，也多半被棕櫚樹遮擋，而且只是用來當成太陽能熱水設備，無關生存。他們的日常用水是直接以管線自水源引來，並不經過當地的城鎮與村莊，因此以色列殖民區內的民生用水非常充足且供應無虞，但巴勒斯坦人的用水則有一定的配額與限制。也因此，他們必須在屋頂上裝設水塔，以因應軍事與政治衝突爆發期間供水緊縮的情況。

在以色列境內，耶路撒冷的北邊，有一座橄欖園坐落在《聖經》所說的「末日善惡決戰的戰場」（Armageddon）上。根據《舊約．啟示錄》記載，這個地方是世界末日時各方軍隊集結之處，屆時「有聲音、雷轟、閃電……列國的城也都倒塌了……各海島都逃避了，眾山也不見了」。想必有人對蘊含末日滋味的橄欖油甚感興趣，因為在這座橄欖園裡面，有許多樹木的枝幹上都掛著名牌，上面寫著認養它們的德州福音教派人士的名字：「晨星電視網：為塔克先生與太太而種。」對以色列農民而言，這些對末日感興趣的美國人是很好的顧客，可以幫他們負擔一些種植橄欖的成本。

我造訪這座橄欖園是二〇一四年十一月時的事，當時適逢收成的季節。在那裡，我唯一聽到的「聲音與雷轟」是那些正在遷徙的鶴鳥「咕咕咕」的鳴叫聲、操作機器的農民說話的聲音，以及上百萬顆橄欖從收割機上嘩啦啦滾落在料斗上的聲音。這是千百年來這片土地上不斷響起的聲音。Armageddon這個希臘字，源自希伯來語中的har Megiddo一詞，亦即「米吉多山丘」（the hill of Megiddo）之意。從橄欖樹叢之間看去，現在的米吉多只是躺臥在大地上的一座砂質丘陵，看起來靜謐而安詳，但事實上在歷史上有九千年的時間，它曾經是古代一座城邦的所在地，也是農業、貿易和政治中心。就像耶路撒冷一樣，米吉多的地下岩洞中也有著一條條以人工開鑿的渠道，其中許多甚至有一個人這麼高。米吉多之所以能夠在歷史上屹立不搖，具有如此重要的影響力，全是拜這些供水系統之賜。

現在的米吉多，除了地下的石渠之外，地面上還有數千公尺長的塑膠水管連接到這些渠道。在我參觀的這座橄欖園裡，每一排橄欖樹底下都有一條黑色的水管。它們各自躺在樹幹四周的黑色壤土上，距兩排樹中間那條供機器與車輛通行的寬闊通道有一段距離。每根水管表面都有一個個鉛筆芯粗細的洞孔。這些洞孔的構造看似簡單，其實頗為複雜。負責管理這座橄欖園的年輕男子里昂・衛布斯特（Leon Webster），特地從他正在操作的那台拖拉機那兒走過來，向我解說這些灌溉水管的內部構造。他把一小截廢棄的水管割開後，管子的內壁就露了出來，上面每隔一段距離就黏著一個小塑膠盒。這些盒子可以調節水的流量。當橄欖園裡的控制閥打開時，管子裡的水便會以一定的速度從洞孔中流出，讓橄欖樹位於淺層土壤的根能夠一點一滴得到滋潤。

這種可以調節水量的塑膠盒和「奶嘴」，是幾位以色列發明家在一九五〇年代設計出來的。以色列的農民在使用這種新式裝置，並輔以自澳洲和歐洲進口的滴水管之後，終於使那些乾旱的土地和沙漠得以如先知以賽亞所言「快樂、開花」（以賽亞的這段話，也出現在以色列的獨立宣言中）。他們用來灌溉的水，有一部分來自水庫，有一部分是經過稀釋的汙水。有些地方甚至使用海水。米吉多的這座橄欖園所使用的，則是來自一座合作農場和監獄的汙水。由於中東地區只有冬天的幾個月當中才會下雨，因此在別的地方被視為廢物的汙水，在這裡卻被當成了寶貝。歐洲人有一句格言：「需要乃是良師。」我在和以色列的農民和橄欖研究員交談時，就曾屢次聽到他們提到這句話。

這種滴灌法不僅讓橄欖樹得到了水，也改變了它們的狀態。在米吉多的莊園中，橄欖樹的枝幹不像大馬士革城門邊的那棵那般虯結，樹幹表面也不像那些仰賴雨水灌溉的老樹一般有著一條條溝槽。它們的樹齡都很小，而且是新的品種，不僅生長快速，產油量也多。每到收成時節，這裡的工作人員便會開著一輛高如房屋的收割機（是由採葡萄的機器改良而成），從一排排橄欖樹上方轟隆隆開過去。這時，樹上的橄欖便會紛紛從枝條上掉落，進入機器的料斗裡。由於土壤溼潤，有幾棵橄欖樹經不起這樣的搖晃，會被連根拔起，但園方事後會補種新苗。由於那收割機的採收口大約兩公尺高、一公尺寬，因此在這座橄欖園中，所有的樹木高度都不超過兩公尺，寬度也不超過一公尺，每棵樹的間距也只有一隻手臂那麼長，因此它們的樹冠都連在一起，看起來有如一道樹籬。這種種植方法，是由名叫拉維．席孟（Lavi Shimon）的以色列男子發明。當初，他在參加一些國際會議時，宣稱他像種葡萄那樣，把橄欖樹密集的種成一排排，並且用水管引水灌溉時，曾經遭人嘲笑。但過了幾十年之後，他的栽種方法已經傳到西班牙和澳洲了。

橄欖樹在水量充足的環境中可以適應得如此之好，可說是植物界的奇觀。大多數生長在乾旱地帶的植物在獲得額外的水時，都會長得比較茂盛，也比較會開花，但程度有限。這是因為所有植物內部的輸水管道、葉子和行光合作用的化學成分，都已經適應了他們所生長的環境。因此，它們先天上並不習慣其他的生長環境。在陰涼的樹林裡演化出來的野花，在得到稍微多一些的日照時會長得比較好，但它的生長狀況永遠比不上那些在日照充足的草原上演化出來的花種。如果你為一株沙漠植物澆水，可以滿足它的根部對水的需求，但如果你把它移植到潮溼的土壤中，它因為已經習慣了乾旱的土壤，因此它所能吸收、處理的水是有限的。但橄欖樹卻是特例。它們雖然生長在乾旱的地帶，但一旦被移植到較為潮溼的土壤時，似乎也賓至如歸。之所以如此，似乎和它的演化過程有關。

現在的橄欖樹雖然幾乎全都集中在地中海一帶的乾燥地區，但從前它們一度分布甚廣。人類開始栽培橄欖樹大約是六千五百年前的事，但在那之前的數百萬年間，地中海周遭到處都可以見到它們的蹤影。後來，這個地區進入了冰河期，並且有數萬年的時間一直都處於冰封狀態。其後，間冰期來臨，氣候變得較為暖和，但後來又再度進入了冰河期。在氣候最寒冷的幾個時期，海岸邊若干沒有被冰封的地帶還是可以看到橄欖樹。當時，它們生長在山丘的南坡以及溪流河川沿岸，因此不致受到冰雪影響。等到氣候變暖時，拜那些以橄欖為食的斑尾林鴿之賜，它們的分布區逐漸擴大。當時它們固然有一部分分布在乾燥的山丘地，但也有許多橄欖樹和柳樹及其他喜溼的植物一起生長在河邊的棲地。就像棉白楊和豆梨因為祖先的經驗而得以適應都市生活一般，橄欖樹也因為過去的生長背景而得以自新式的農業科技中獲益。因此，當二十世紀後半橄欖園開始使用滴灌式的水管時，它們的根就輕易的適應了潮溼的土壤。

橄欖樹的生長區之所以逐漸集中於乾旱地帶，完全是人類造成的。這是因為人們往往將較為潮溼的地區用來種植那些比較不耐旱的植物，例如柑橘類、五穀和蔬菜等等。而橄欖樹無論根部的適應力或葉子的耐旱力都比這些植物強，因此，人們便將它種在季節乾溼分明、雨量極不平均的地方。而橄欖樹之所以成為這類地區的主要樹種，則是因為人類對油脂的喜好所致。

如今，以色列的農夫已經有能力生產大量的橄欖和橄欖油。這除了和橄欖樹本身的特性有關之外，也是拜滴灌技術以及能源（用來製造塑膠水管、驅動抽水馬達）之賜。除此之外，也要歸功於以色列政府管理並分配水源的強大行政能力。儘管如此，許多以種植橄欖為業的以色列農民仍然非常辛苦。這是因為以色列雖然是以猶太教立國，而橄欖油又是猶太教的重要象徵，但由於以色列之所以能夠建國，主要得力於近年來許多海外猶太人的移入，而這些海外猶太人並不習慣地中海東部地區的飲食，因此比較沒有購買橄欖油的習慣。另外一個因素則是，在歐盟的農業補貼政策下，歐洲地區銷往以色列的橄欖油價格非常低廉，以致本地的農民根本無法與他們競爭。

以色列的猶太人平均每人每年攝取約兩公斤的橄欖油，僅及鄰近阿拉伯國家的四分之一。當橄欖油滯銷時，農民往往就會放棄耕作，任由土地荒廢，而這些土地又往往被建商或當地政府拿來興建房屋。儘管橄欖樹是依法必須受到保護的作物，但無人管理的橄欖園往往雜草蔓生，很容易發生火災。因此，只要有人製造一場大火，就可以把那些橄欖樹燒得一乾二淨，如此一來，原本種植橄欖樹的土地便無須受到法令束縛，於是這樣的狀況便不時發生。因此，以色列的政府官員和研究人員除了要設法對抗橄欖樹的病蟲害，並培育新的品種之外，還得設法讓以色列的猶太人重新接納橄欖油才行。目前，他們已經開始推行品質認證制度，並透過市場行銷活動，宣揚橄欖油的美味以及它對健康的好處。這些努力或許能夠使摩西口中的「橄欖樹之地」——以色列——的橄欖園得以繼續存活。但光靠摩西的號召是不夠的。以色列橄欖油委員會的執行總裁阿地·納里（Adi Naali）告訴我，儘管「末世」之說可以吸引美國的買主，但訴諸《聖經》中的話語並無法使以色列的家庭購買更多的橄欖油。

在大馬士革城門邊的這棵橄欖樹下面，有一截鐵管從土裡露了出來，它的末端還連著一條塑膠水管。但我在數十次的造訪期間，無論春天、夏天或冬初，都不曾看過管口流出一滴水來。因此，那棵樹只能靠雨水以及攤販或遊客灑在地上的水存活，但它似乎很能適應這樣的環境。它那布滿裂縫的石灰色老枝上已經長出許多新枝，上面布滿細長的綠葉。在這十一月時節，每根低垂的枝椏上都結了數十顆黑色的橄欖。

「噗！」一聲，有一顆橄欖掉在那溼漉漉的石板地上。之前落下的那些都已經被人踩得稀巴爛了。現在，樹上那些伸手可及的果實都已經被人採光，掉下來的都是長在高處的橄欖。它們落在地上的水窪中時噗噗作響，聽起來像是雨林中豆大的雨點打在吉貝樹上的聲音。我撿了一把，用手帕包了起來，帶回我住的那間位於屋頂的宿舍裡。第二天早上，我動手將果肉碾碎時，發現我的手指都被染成了深紫色。碾好的果糊表面有一層粉紅色的油脂，那是成熟的橄欖皮裡的花青素。我嘗了一下那油脂，感覺酸酸的，有些油耗味，似乎並不新鮮，而且微帶苦味。

我把那些油扔了，但也因此對橄欖樹有了更進一步的認識。大馬士革城門邊的這棵橄欖樹下，有成千上百個橄欖核，樹上也是果實纍纍。我只要花上幾分鐘，就可以採到足夠的橄欖供我飽餐一頓（雖然它們都已經過熟了）。由此可見，橄欖樹即使生長在乾旱而表淺的土壤裡，根部也被石頭擋住，無法伸得太長，還是可以結出許多果實。以色列考古學家曾經發現幾百萬年前的人類所留下的橄欖核，可見打從早期的人類嘗到野橄欖的滋味以來，地中海東岸的人們便開始在多石的山丘上種植這種高能量的食物。一碗橄欖油的熱量相當於等重肉類的兩倍，而且生產橄欖油比畜養牲畜更加輕鬆，又不費水。因此，橄欖就像中石器時代蘇格蘭地區的榛果一般，使得地中海東岸的乾旱土地成了適合人類居住的處所。到了銅器時代，地中海西岸的農夫發現：只要把樹幹上的癒合組織切開，把新的植株種入，或者把橄欖樹的樹幹和根部所萌生的嫩枝剪下來，再用來插枝，便可以繁殖高產量的樹種。於是，後來的希臘人便開始將一些品種優良的嫩枝嫁接在強健的砧木上。一些針對橄欖樹的基因所做的研究發現：地中海區的橄欖樹，無論是長在「野地」上或果園裡的，幾乎都是經過改良的品種。沒有經過人工育種的樹木非常稀少。由此可見，幾千年來，人類和橄欖樹一直相互影響，密不可分。

在雨水稀少、沒有灌溉溝渠，而且資金有限的情況下，農民們只能用傳統的方式栽種並採收橄欖。為了了解他們所用的方法，我特地搭乘巴士前往耶路撒冷北邊一個名叫「傑寧」（Jenin）的城市（它和米吉多隔著隔離牆遙遙相對）附近，去參觀幾位巴勒斯坦農民的橄欖園和油坊。他們的土地上並沒有任何灌溉設施，園裡的橄欖樹只能靠雨水存活，而且它們都生長在滿是岩石的土壤中，彼此相距好幾公尺。有幾棵樹的底部直徑達一公尺以上，可能已經有一千年的歷史。不過，大多數的樹幹都粗如人的胸膛，樹齡可能在數十年到一百年之間。這些樹大多是蘇利種（Souri），這個品種很適合夏季漫長無雨且土壤很淺的生長環境。農民們都管那幾棵最古老的樹叫「魯米」（Rumi，即「羅馬人」之意），因為它們有些可能是由羅馬人所種。那些農民告訴我，他們曾經試過幾個新的品種，但那些樹後來都因為缺少灌溉而枯萎。在水源稀少的情況下，他們只能繼續種植傳統的品種，因為這些品種的祖先已經在乾旱的山坡地繁衍了許許多多世代，因此它們的基因比較能夠適應缺水的環境。

我們先用手採摘橄欖，再把採來的果實放在樹下鋪著的油布上。然後，這些果實會被放上拖車，用一輛一九五〇年代的牽引機載走。橄欖園旁邊農田上有幾頭驢子，負責載水給工人們喝，並且把裝入袋子的橄欖載到家裡和油坊。我因為沒有經驗，採摘時橄欖落地的聲音時斷時續。那些農民和他們的家人動作就純熟多了。只見他們的手經過之處，一顆顆橄欖就像冰雹一般不斷落在油布上，彷彿某種打擊樂似的。他們圍在樹旁邊，一邊採摘，一邊聊天。我透過自己粗淺的阿拉伯語能力和同伴的翻譯（他們的阿拉伯語都很流利），聽出他們所談的部分內容。站在梯子上的那幾個男人彼此正在爭論應該用什麼方法修剪樹木和烹煮羊肉，又應該如何增加本地油坊的榨油量。由於有男性訪客在場，婦女們大多數時間都很沉默，但一旦我們這些外國人轉移陣地，跑到另外一棵樹去採摘時，她們就開始說說笑笑，閒話家常。

採收期間，每棵樹都成了人們談天說地的場所。他們聊著人類、樹木、土地，以及三者之間的關係。等到園子裡的橄欖採收完畢時，他們彼此之間已經交換了幾萬句話語。於是，這片土地的記憶、連結與律動，便會有一部分留在人們的意識中。由此可見，採收橄欖不只能搾油，也能創造並深化人與人之間的連結，以及人與自身所屬生物群落的連結。以大馬士革城門邊的這棵橄欖樹為例，它的功能就像曼哈頓的那棵梨樹一般，能夠提供一個陰涼的處所，讓人們得以在那裡交換訊息與貨物。梨樹所影響的人較多，因為每天都有成千上萬人在它四周進行互動，但這些人互動的時間比較短暫。相形之下，在巴勒斯坦的橄欖園中，家人和夥伴之間的對話則比較深入而親密。

在隔離牆的另外一邊，橄欖園裡的橄欖大多是由機器或泰籍外勞採收。這些外勞取代了過去由巴勒斯坦人和猶太農民所扮演的角色。在今天的以色列，就像在其他工業化國家一般，樹木已經無法促進人與人之間的連結。這是因為目前以色列從事農業勞動的人口極少，以致有百分之九十五的合作農場都必須仰賴外國勞工，而這些勞工幾乎沒人會說希伯來語，因此，「以色列地」（Eretz Yisrael）的農業知識目前都存在於泰語人士的腦海中。有鑑於此，以色列農業部已經開始鼓勵人們在農場工作，以進一步了解他們自身所屬的這片土地。

我搭車前往米吉多時，一路都很順利，就像在西歐或美國地區開車一樣。然而，當我搭車前往傑寧市附近的橄欖園時，所經過的地區幾乎每個路口都有軍方的檢查哨。當時（二〇一四年），加薩走廊的衝突尚未爆發。我停留在那裡的橄欖園期間，正值轟炸行動的高峰，而我一直待到八月停火協議制定後的好幾個月才離開那兒。這段期間，任何人從以色列穿越「邊界」（這是以色列士兵所用的名詞，但以色列的政界人士並不太喜歡）進入西岸，都必須在檢查哨前排隊數小時，在柴油引擎所排放的廢氣中龜速前進，並且向那些手持自動武器的士兵出示身分證明，而且沿途所經的道路全都坑坑洞洞、崎嶇不平（巴勒斯坦人無論在財政或後勤運補方面，都無力維護他們的基礎設施）。在戰事如火如荼之際，人們在檢查哨前等待的時間會更久，士兵的態度也會更加粗魯。但即使在較為承平的時期，這些士兵的態度也充分顯示了以色列軍方在西岸享有的絕對管轄權。在利刃型鐵絲網和圍牆的另一邊，則是專門供以色列人來往殖民區的道路。在這些道路上，不僅行車速度較快，通過檢查哨的速度也快。以色列人開車只要兩分鐘的路程，卻花了我兩個半小時，只因為我走的是巴勒斯坦人專用的道路。我坐在車陣裡，等著士兵們檢查我們所搭乘的公車時，看到那條從耶路撒冷通往拉馬拉市（Ramallah）的道路兩側，有一些牆壁上用噴漆畫著橄欖樹的圖案，但那並不是我們在耶路撒冷的許多宗教和觀光勝地可以看到的那種與《聖經》人物有關、充滿田園風味的圖案，而是悲傷的婦女用手扶著被連根拔起的橄欖樹的景象。顯然，過去這幾十年來，在圍城和戰事期間，《申命記》中「不得毀壞那樹」的諭令並未被切實遵守。

我和那些巴勒斯坦農民聊天時發現：他們全都有過因為以色列軍方的阻撓、隔離牆的阻隔，或殖民區人士的破壞，而損失橄欖樹的經驗。有許多人的土地被隔離牆或殖民區的圍牆一分而二。他們拿出手機，向我出示以色列殖民人士砍除橄欖樹、對著樹木噴灑除草劑、射殺或毆打巴勒斯坦人，以及縱火焚燒橄欖園的照片。有些農民抱怨以色列的士兵不讓他們在被隔離的橄欖園中停留太久，有些士兵甚至只准他們家中的老爺爺前往。然而，要照料那麼多橄欖樹並採收橄欖，每一公頃就得花三、四百個小時的人工，那是老爺爺一個人做不來的。於是，那些橄欖園便逐漸荒廢了。此外，在許多入口處的士兵都不准巴勒斯坦農民攜帶工具和水壺進入隔離牆後的橄欖園，因此他們在工作時還得向住在那裡的以色列殖民人士買水喝。

在處處受限的情況下，不出幾年，樹木與人就失去了連結。那些位於隔離牆彼端的橄欖園變得野草蔓生，很容易引發火災，樹木也無人修剪。統計資料顯示，西岸地區的橄欖園在被劃入隔離牆的另一邊之後，收成量平均減少了百分之七十五。根據法令，土地只要連續三年無人耕作，就得充公。那些被視為攸關國家安全的土地，也會被軍隊徵收。此外，以色列政府如果不滿巴勒斯坦政治人物的作為，就會讓原本非法的殖民區合法化。於是，西岸的土地就這樣一點一滴的被吞併，原本居住在那些土地上的巴勒斯坦人也因此被迫住進面積較小的保留區。如今，巴勒斯坦人已經逐漸對未來不抱任何希望。有一名農夫沿著鐵絲網從他那座位於隔離牆後方的橄欖園走回來時告訴我：「我們已經淒慘到極點了……無論我們怎麼說或怎麼做，都沒有用……」他從前是開著牽引機去工作，現在則是牽著一頭老驢子。

在政客的煽動之下，這樣的挫折感很容易轉化為政治或軍事行動。在傑寧那座街道狹窄、到處都是簡陋的混凝土房屋的難民營裡，牆上所貼的都是那些在對抗以色列的行動中殉難，或因自殺式攻擊而死亡的巴勒斯坦人的肖像。在難民營邊緣的自由戲院（Freedom Theater），有些年輕人告訴我：他們童年時唯一的願望，就是為國犧牲。他們表示，以色列不僅占領了他們的土地，對他們實施殖民統治，也摧毀了他們的夢想。

然而，以色列本身也深受暴力之苦。伊斯蘭的基本教義派組織哈馬斯（Hamas）屢屢從加薩走廊發射飛彈攻擊以色列平民。報紙頭條經常出現巴勒斯坦人以炸彈和刺刀進行自殺式攻擊的新聞，連平民百姓也經常成為這類攻擊的目標。以色列的猶太人過去曾在歐洲遭遇種族屠殺，建國後又面臨強敵環伺的局面，因此，他們深深籠罩在過去的陰影，以及未來可能會被殲滅的夢魘中。在加薩戰爭期間，我所遇見的以色列人幾乎家中都有人參與這場戰事。有許多人在開車時收聽的不是電台的音樂或新聞，而是飛彈來襲的警報。在不斷受到攻擊和威脅的情況下，建造圍牆似乎無可避免。

以色列和那些受它控制的土地就像亞馬遜雨林的生態一般，充滿了複雜且永無止境的衝突。那條通往「良好生活」的道路究竟在哪裡，目前實在很難看得出來。

在傑寧附近，我遇到一個正在那一帶採購橄欖油的美國商人。他是猶太人，而且曾有幾位住在以色列的近親因巴勒斯坦人的自殺式炸彈攻擊而喪命。這樣的一個人居然會出現在傑寧——一個出產炸彈客和戰士的地方——未免令人不解。對於這個疑問，他的回答倒是很直截了當：他對過去的事情沒有興趣。現在，他只希望能夠找到一個符合未來需求的商品，並將它推廣出去。他之所以來到傑寧，是為了購買由迦南公平貿易組織（Canaan Fair Trade）與巴勒斯坦公平貿易協會（Palestinian Fair Trade Association）所合作生產的橄欖油。

這種橄欖油之所以誕生，是這兩個組織通力合作的結果。他們將那些原本各自為政的社區集合起來，重建本地的農業社會網絡，並且讓它以新的形式運作。事實上，在十九世紀之前，巴勒斯坦農村一直是採取一種名為「musha'a」的耕作制度：村中的農地由眾人共同耕作，每個農戶所分配到的耕地面積視其耕作能力而定，並視社區的變化每一、兩年調整一次。但一八五八年所頒布的〈鄂圖曼土地法〉（Ottoman Land Code）廢除了這種制度，要求農民向政府登記自己所擁有的土地，主要目的是為了讓稅制更加清楚。其後，英國人和以色列仍沿用這種做法，只是略加修改。巴勒斯坦公平貿易協會的目標，便是重現昔日農村社會的溝通與合作精神，再以現代化的方式運作。他們集合當地農夫，將所有資源集中起來，採取一致的行動，和買家談判，為他們的產品爭取較高的價錢，並且擬定栽種計畫，合力提升橄欖油的品質。之後，再由迦南公平貿易組織協助這些農民與美國和歐洲的橄欖油市場建立連結。就像以色列政府努力為橄欖油打開國內市場一般，西岸的這些農民和外銷人員也知道唯有開發海外市場，他們和他們的橄欖樹才能夠繼續存活。

這樣的做法，或許可讓巴勒斯跳脫那由圍牆與自殺式攻擊所構築的惡性循環。在迦南公平貿易組織設於傑寧市附近的油坊，人們在牆上看到的不是戰爭死難者的肖像，而是以瓷磚鑲成的阿拉伯文字：

根（Juthur）

橄欖（Zaytoon）

味道（Adh-dhawq）

美（Jamal）

合作（Ta'awon）

水（Maa'）

在今日的敘利亞境內，有一批刻有烏加里特（Ugarit）楔形文字的泥板被埋在地下長達三千五百年的時間，一直到近代才出土。上面記載了神明巴力（Baal）的話語。祂訴說著「樹木的語言」和「石頭的低語」（雨聲）。據說，祂在秋天時會駕著天上的雲朵，並以雨水的形式降臨大地。根據泥板上的文字，當人們接納了祂，人間便不再有戰爭，愛也會降臨大地。

那些泥板上還記載著古迦南人的一句禱文：「祈求巴力讓雨水降臨大地。」事實上，這是從古至今迦南人民的心願。這樣的心願不僅記錄在烏加里特的泥板上，也呈現在另外一種「楔形文字」中，那便是殘留在土壤中的古代花粉。這些花粉已經有數十萬年的歷史，從它們的分布模式，我們可以看出地中海東岸從古到今的氣候變化，以及此區人類文明的演進、繁榮，乃至衰亡。

耶路撒冷城坐落於一座石灰岩山丘上，西邊是地中海岸邊的平原，東鄰死海與約旦。每年春天，當橄欖樹上成千上百朵小白花開始綻放時，它們那黃色的花粉便會隨著地中海吹來的風飄向東邊，經過耶路撒冷舊城的城牆上方，越過汲淪谷（Kidron Valley），到達橄欖山（Mount of Olives）。這一路上，它們會飛過以巴隔離牆，飛過眾多村莊和殖民區，然後飄下山丘，經過昆蘭（Qumran）洞穴，抵達位於海平面以下四百公尺處的死海。這時，有一部分花粉會被風吹過死海，到達約旦，有一部分則會掉落在海水中，並逐漸沉澱在海底。經過數千年的累積後，死海本身的礦物和這些花粉便在海底形成一層層的沉澱物，厚度達好幾公尺。

如今，死海的水位正逐年下降，其原因包括：雨量太少、上游的水被過度抽取做為灌溉之用、大量海水被引入蒸發池中以供製鹽等。隨著水位下降，海底的古老沉積層便露了出來。於是，地質學家和生物學家便像過去對弗羅里善的薄頁岩那樣，在其中鑽洞，取出岩芯，再將那一層層的沉積物加以分離，藉此了解過往的情況。後來，研究人員在加利利海進行類似鑽探的結果，也證實了他們對地中海東岸地區過去這一千來的情況所做的判斷。

從死海的沉積中，我們可以看出巴力這位掌管雨水的神祇具有何等威力。過去這二十五萬年來，雨量的變化曾導致死海以及它的前身利桑湖（Lake Lisan）的水位上升或下降達數百公尺之多。有幾百年的時間，地中海東岸的雨水非常豐沛，但也有幾百年的時間極度乾旱。花粉的沉積量也隨著雨量變化而消長。雨水多時，草木繁茂，花粉便多；雨水少時，一片荒漠，花粉便少。

這些變化乃是由地球另一端的一股力量所造成。在上一個冰河期快要結束時，冰層融化後所形成的雪水流進了大西洋，使得海水變冷，以致進入地中海的熱氣和溼氣開始變少。於是，地中海東岸便不再降雨，死海的水位隨之下降，土地也成了一片沙漠。當流入大西洋的雪水減少或停止時，地中海東岸便開始下起雨來。雨量變多時，外來的移民便出現了，其中包括最先離開非洲的人族（hominin）和人類。這些人大部分都是在雨量較多的時期移入地中海東岸和鄰近的阿拉伯地區。他們可以說是第一批「海外猶太人」（diaspora），如今歐洲、亞洲、澳洲和美洲等地的原住民，都是這些移民的後代。

從死海海底沉積物中所含的馴化作物，尤其是橄欖樹的花粉數量，也可看出近古時期地中海東岸人類文明的興衰。在六千五百年前，人類開始栽種橄欖的時期，死海中沉積的橄欖樹花粉便突然多了起來。到了銅器時代初期（大約四千年前），雨水變得頗為豐沛，橄欖樹也因此欣欣向榮。在後來將近兩千年期間，氣候和草木的形態一直都沒有太大變化，但到了銅器時代末期，情況又為之改觀。在西元前一二五〇年到一一〇〇年這段期間，死海的沉積物中幾乎看不到橄欖樹或其他地中海樹木的花粉。後來，沉積層更整個消失了。在地質學家所取出的岩芯中，原本每年都有的花粉沉積在那個時期突然出現了斷層。那是因為當時死海的水位極低，以致花粉都落在沙丘上，而非海裡面。等到一百年後，雨水重現時，地中海東岸地區已經成了一片人少樹稀的荒漠。考古學家把這段時期稱為「青銅器晚期文明大崩壞」（Late Bronze Age Collapse）。烏加里特泥板便是出自這個時期，其中的文字曾經提到穀物的運輸是「攸關生死」的大事。同一時期，非洲東北部和地中海東岸的文書也曾提及飢荒的情景。這個現象可能有一部分也和北方地區的融冰有關。在地中海東岸的乾旱發生前，覆蓋格陵蘭島的冰雪一度達到最高峰。後來，有一部分冰層開始融化，於是此區便陷入了乾旱。

如今，格陵蘭的冰雪再度開始融化。這很可能會對中東地區未來的農業發展造成影響。世界資源研究所（World Resources Institute）曾經預測未來數十年各國可能面臨的缺水情況，並依照其嚴重性來排名，結果以色列和巴基斯坦在「農業用水」、「工業用水」和「民生用水」這三個領域都名列前茅。目前，死海的水位已經很低，未來花粉可能會再度掉落地面，而非海中。

根據《聖經》的記載，耶和華的先知以利亞曾經擊敗他口中的「假神」巴力。但巴力的影響力仍然展現在米吉多橄欖園的灌溉水管，以及西岸老橄欖樹耐旱的基因中。以色列殖民區內的灌溉設施，以及巴勒斯坦村莊的乾旱，也是祂的力量展現的結果。以色列軍隊禁止巴勒斯坦農民帶水通過隔離牆的行為，便是借用了巴力的力量。事實上，巴力的名字也出現在市場裡。在巴勒斯坦和以色列的市集中，凡是自然生長、無須人工灌溉的水果和蔬菜都被稱為「巴力」，只不過，根據我有限的經驗和語言學家兼歷史學家巴塞姆・拉德（Basem Ra'ad）所做的廣泛研究，沒有攤販會承認自己和這位在亞伯拉罕諸教（譯注：Abrahamic religions，包括基督教、回教、猶太教等承認亞伯拉罕這個人物的宗教）興起前即已存在的神祇有任何關連。

「祈求巴力讓雨水降落大地」是一句有生態意味的祈禱，但或許也帶著絕望的意味。雨量、花粉和人類命運的關連，似乎會讓我們懷抱宿命論的觀點：「無論我們說什麼或做什麼，都沒有用。」然而，死海花粉的資料顯示，巴力的喜怒固然影響重大，但並不能完全決定人類與樹木的命運。大約三千年前，地中海東岸一度陷入乾旱，但當時橄欖樹所飄出的花粉並未間斷，顯見當時的文明具有高明的灌溉技術，只是不為我們所知。同樣的，在希臘、羅馬和拜占庭等王國統治的時期，由於人們普遍喜愛橄欖油和葡萄酒，加上灌溉設施規劃得當，因此地中海東岸的山丘上仍然遍布橄欖園與葡萄園。這固然與氣候有關（在羅馬時期，湖泊的水位往往很高，顯示當時雨量頗豐），但即使是在歷史上的一些乾旱時期，橄欖樹的花粉量仍然很多。當年彼拉多在耶路撒冷建造的引水渠道，就是羅馬時期眾多水資源管理計畫的一部分。這類計畫使得人們無須再看巴力的臉色。相反的，有些時期雖然氣候良好，但橄欖樹的花粉量卻很少。銅器時代的幾個時期就是一個例子。在這些時期，雨量頗為充足，但由於戰爭爆發和政治動盪，人們無暇照料他們的橄欖樹，於是花粉量便減少了。其後，在鐵器時代末期（大約西元前七五〇年到五五〇年），猶大和以色列這兩個王國的橄欖種植業，都因為亞述人和巴比倫人入侵而遭到破壞。是的，我們必須仰望巴力，但如果社會動盪、分崩離析，農民就無力照顧他們的作物，自然也就無法生產糧食了。

正如同亞馬遜雨林鳳梨科植物內的動物群落、北方香冷杉的根，和曼哈頓人行道上的豆梨，中東地區的橄欖樹也必須要與其他物種建立穩定的關係，才能存活並茁壯。在橄欖樹所屬的群落中，最重要的物種莫過於人類。如果人與樹之間的關係斷裂，它就難以存活。即使巴力慷慨的賜下豐足的雨水，人們仍有可能因為銅器時代的戰爭、巴比倫人的入侵，以及以色列所設置的隔離牆等因素，而與樹木失去連結，以致良田變為荒地。

戰爭和人類社會的流離遷徙不只會切斷人與土地的連結，也會抹滅人們對一個地方的知識。亞馬遜雨林的瓦奧拉尼人因為石油業入侵而被迫離開家園；北美的印第安人遭殖民人士殺害並驅逐；猶大族人被放逐到巴比倫；巴勒斯坦人在災難日後流離失所，乃至承平時期因為務農無利可圖而導致的農業人口外移；這些現象都會導致人類在與當地的物種建立連結時所獲致的知識消失無蹤。那些被迫離鄉背井的人，固然可以將他們所知道的記錄下來、予以保存，但那些從持續的關係中所獲得的知識卻會消逝，影響原有網絡的智慧、生產力、復原力與創造力。

無論從前或現在，我們的周遭都有太多這樣的例子。然而，我們可以重新建立連結，恢復原有的生活形態，讓我們所屬的網絡變得更美、更有潛能。以厄瓜多的奧梅瑞基金會為例，他們不僅在已經退化的土地上種植植物，也設法建立人與植物的關係，並將老一輩在這方面的知識傳授給年輕人。該基金會的共同創辦人是一位名叫德瑞莎・雪琦的舒瓦族婦女。她曾經告訴我：「把你的筆記本拿走吧！文字會死亡，只有你親身經歷過的關係才會留存。」紐約市公園與遊憩管理處讓社區居民加入種樹的行列時，人們就可以和樹木建立切身的連結。這樣的連結雖然遠不如亞馬遜森林那般多樣化，但仍然可以提升人與樹木的生活。在北寒林中，政治立場各不相同的人士透過對話，整合了各方在森林中生活的經驗，激發了新的想法與創意。迦南公平貿易組織、巴勒斯坦公平貿易協會和以色列農業部也試圖建立這種關係網絡，並進行對話，讓人們理解、記住，並維護人與樹木之間的關係。

在警報聲中，哈馬斯民兵所發射的一枚飛彈咻咻越過了加薩走廊的圍牆，飛向耶路撒冷。二

○一四年七月的衝突期間，以巴雙方一共發射了成千上萬枚飛彈，這只不過是其中之一罷了。儘管如此，在齋戒月結束時，大馬士革城門前的市集還是人潮洶湧、生意興隆。人們摩肩擦踵的朝著廣場上櫛比鱗次的攤位走過去。城門邊的那棵橄欖樹上綁著繩子，在市場攤位和走道上方架起了一頂用油布做成的遮雨棚。如此一來，人們在白天時便不致曬到太陽，到了夜晚時也可以防塵擋風。市場裡的巴勒斯坦小販告訴我，由於戰爭的緣故，現在人們在通過隔離牆的檢查哨時需要花更多時間，因此市集結束後，家住圍牆彼端的人都寧可留下來，在那棵橄欖樹底下過夜。

為了展示他們的水果，有些攤販把一些硬紙板箱堆疊起來，做成了一張桌子。這些紙箱上面都印著以色列農產公司的名字，但那些農產公司的果園既不在耶路撒冷，也不在西岸，而是在海邊。他們所生產的李子和橘子就像米吉多的橄欖一樣，都是用滴灌式的水管灌溉出來的。然而，東耶路撒冷這一帶卻沒有水可以灌溉作物。事實上，以色列的供水政策已經使得成千上萬人無水可用，有些居民甚至不得不購買瓶裝水來飲用。因此，除了本地生產的一些橄欖之外，這整座市場裡的水果都是人工灌溉的產物。

將近日落時分，卡達一個慈善機構的人員站在一輛箱型車敞開的車門前，分發餐盒給市場裡的人群。那是回教徒對窮困者的一種施捨。但就像市場裡的水果一樣，那些餐盒裡的食物也是用灌溉的方式生產出來的。太陽下山後，不到幾分鐘，市場裡的人都回家享用開齋日的大餐了，只剩下幾個攤販留在那空蕩蕩的廣場上，打開他們的餐盒吃將起來。夜色漸深時，一隻黑色的公貓、一隻橘貓和一隻虎斑貓悄悄從城牆裡走了出來，靜靜的圍在那棵橄欖樹的樹幹旁，開始吃著小販們留下來的一些剩菜與殘渣。

# 日本五葉松

✕ 日本，宮島

34°16'44.1" N, 132°19'10.0" E

✕ 美國，華盛頓特區

38°54'44.7" N, 76°58'08.8" W

一小堆松木悶燒著，不時冒出火星子。松木上方掛了一個鐵鍋。經過多年的煙燻火燎，房間四壁已經一片烏黑。凝結的碳粒有如鐘乳石般一條條從天花板垂了下來，沾染了那條釘在屋頂上、用來懸掛那只鐵鍋的鍊子。房裡的牆壁和長椅都是木頭做的，散發著樹脂、木炭與火灰的氣息。房門口上方掛著一塊木匾，上面鐫刻著「不消靈火堂」的字樣。入口很矮，我得彎下身子才能進到房裡。跨過門檻時，我看到清澈的空氣從腳邊湧過，然後便流向位於房間中央的爐火。屋裡煙霧瀰漫，燻得人眼睛刺痛。由於房裡並沒有通風口，那煙在鐵鍋四周盤旋繚繞了一番之後，便從門口上方飄了出去，從那弧形的屋簷逸散到山上的空氣中了。

房間內，由於煙霧甚濃，人們咳嗽和交談的聲音似乎都被悶住了，聽起來不甚清晰。前來參拜或遊覽的人們一邊咳嗽，一邊拿著茶碗，看著那火。那鐵鍋的大小相當於一個桶子。我們把那又厚又重的鍋蓋掀起來，並且用手裡的碗舀起鍋裡的熱水時，鍋子發出了「嗡！」的一聲。據說，只要喝幾口鍋裡的水，便百病全消。但即便它沒有傳說中的神效，在我們從海邊爬了五百公尺高的山坡，來到這座位於山頂的靈火堂時，這水喝起來還是格外甘美。

在日本真言宗開山祖師空海各代弟子的努力下，這火已經持續燃燒了一千兩百年。西元八〇六年，前往中國學習佛法的空海大師回到日本後，就在瀨戶內海一座小島（位於廣島附近）的山頂上，也就是這靈火堂的所在地，閉關苦修了一百天。當時，他所生的火被他的弟子奉為「不消之火」，一直燃燒至今。據說用這火燒熱的水不僅可以治病，而且特別純淨。十七世紀到十九世紀時，日本江戶時代的和尚會把用這火燒過的水拿到山下的寺廟，用來製作抄寫佛經的墨水。除了空海之外，還有許多宗教和政治領袖也在這座小島上建造了聖殿。不消靈火堂附近就有幾十座神道教的神社和佛教的寺廟。其中最大的一座便是嚴島神社，這座島也因此得名，但通常都被人們稱為「宮島」。

我是為了這些神社才來到這兒，但目的不在參拜，而是為了探訪華府的一棵樹的原鄉，因為這棵樹的旅程正是從宮島的神社展開。島上林立的宗教建築使得它們周遭的森林也成了聖地。因此，這座島上的草木在日本文化（尤其是神道教）中具有非常重要的地位。在神道教的信仰中，人、鬼神和「大自然」的分野只是幻象。當我們置身於像宮島這般特殊的地方，便可超越這樣的幻象。在他們看來，神社周圍的神木林乃是人與鬼神、生者與逝者、靈性世界與物質世界交會之處。事實上，宮島本身便是一座「神島」，是彰顯萬物關連的一處聖地。正如同樹木的根部整合了它所屬的生態群落，神木林中的樹木也整合了神道教宇宙中的各個不同面向，包括生態在內。

我要探尋的那棵樹是日本五葉松（亦稱姬小松）。一六二五年時，當時還是一株幼苗的它被人從土裡挖了出來，送到日本本島，之後被嫁接在比較耐寒的黑松根部，並且被慢慢塑形，成了一株盆栽。這種樹如果未經修剪，可以長到二十公尺高，就像科羅拉多州那棵美西黃松一般巨大。但這棵日本五葉松已然經過定期修剪，因此尺寸小巧多了。我如果站在它的瓷盆旁，它的綠蔭頂多只能遮到我的膝蓋。除了樹形矮小之外，它的樹幹也很挺直，樹冠呈圓頂狀，顯得很均衡。就像許多盆栽一般，它的枝幹上也纏繞著鐵絲，為的是讓它的形狀看起來更加美觀。

美西黃松的根和共生的真菌，能夠從土壤深處汲取枝幹吸收不到的水。但這棵日本五葉松並沒有這樣的機制（所有盆栽都是如此），因此得靠人們每天為它澆水，有時甚至一天必須澆上兩次。此外，由於它的盆子又寬又淺、空間有限，照顧者也必須每一、兩年就把那些較老的根剪掉，只留下小根。因此，儘管盆裡的土壤中還是有真菌與它的根部共生，但那些真菌的工作大致上都被人工取代了。

有三百五十年的時間，這棵樹一直由世居廣島的勝山木（Masaru Yamaki）家族負責照料。

一九四五年廣島遭原子彈轟炸時，這棵樹由於被勝山木家花園的圍牆擋住，得以倖免於難。當時，勝山木一家所住的房子距離爆炸地點有三公里之遙，因此儘管他們家的窗戶爆裂，刺傷了家裡的成員（爆炸時他們全都在家），但花園的圍牆並未倒塌。一九七六年時，勝山木家族和日本政府共同將這棵盆栽送給美國，以慶賀美國建國兩百週年。

如今，這棵日本五葉松被收藏在華府東北郊美國國家植物園（U.S. National Arboretum）的國立盆栽和盆景博物館（National Bonsai & Penjing Museum）中。就盆栽而言，它的尺寸還頗為高大。那瓷盆大約有一隻手臂寬，深度則約一掌。樹幹高度及我的前臂，粗如一個瘦子。樹幹表面有一些彎曲的裂縫，還有幾處癒合和增生的部分，其中有些地方的樹皮已經剝落，並且出現裂口，顯示它的年紀已經很大。樹冠呈圓頂狀，底部平坦，左右對稱，是由好幾根針葉繁茂、狀如波濤的枝枒組成，看起來生氣勃勃，雖然不像一座具有田園風情的山丘，但仍有一股溫柔婉約的韻致，讓人不由得安靜下來。

這棵日本五葉松的周遭還有其他十八、十九世紀的老樹，但沒有一棵像它這般古老，也沒有一棵像它一樣出生在一處神聖莊嚴的土地。根據勝山木家族和美國國家植物園所保存的記錄，這棵五葉松是在一六〇〇年代初期誕生於彌山山坡上，就在空海大師的「不消之火」附近。

我離開煙霧繚繞的靈火堂，繼續尋找那棵日本五葉松的誕生地。但當我置身在那座森林時，卻有一種很不真實的感覺。這裡的一切都很熟悉。風吹過日本橡樹和槭樹的聲音，與美洲並無二致：前者粗啞而低沉，後者則如同流沙般輕盈。然而，當我細看它們的葉子形狀、樹幹表面的溝紋和果實的顏色時，卻感覺頗為陌生。這並不是因為我在神社裡被煙燻得頭腦不清，而是因為這些樹木在不同的地理環境長期演化後，面貌已經和北美洲東部阿帕拉契山脈上的那些樹木大不相同。然而，事實上，它們卻是後者的近親。兩者間的親緣關係，甚至比後者和美國西北部、佛羅里達州或美國西南部乾燥地帶的那些樹種更加接近。這座森林裡的樹木都是阿帕拉契山脈一帶可見的樹種，包括漆樹、槭樹、梣樹、杜松、松樹、冷杉、橡樹、柿子樹、冬青、紫珠和杜鵑，只有少數亞洲特有種是阿帕拉契山脈沒有的，例如柳杉、蛇藤（snake vines，亦稱東蕊花）和傘形松（umbrella pines，亦稱金松）。其中，柳杉的聲音聽起來輕柔悠長，和我較熟悉的橡樹和槭樹不同。除了這幾種樹之外，我所看到的其他樹木幾乎每一棵都像是老朋友。然而，近看時，有些小地方卻令我感到困惑，比方說：這裡的針葉似乎張得很開，橡實的殼斗太軟，莓果在枝上排列的形狀也頗為奇怪。無論從它們的DNA、化石和內部構造來看，這些日本樹種確實都是阿帕拉契山樹木的親戚。看到它們，就像看到熟人的兄弟姊妹一般，雖然似曾相識，卻又有一種陌生感。

如果從現在的地理位置來看，我們很難想像東亞和北美東部的植物會有如此密切的親緣關係。但從前地球上氣候溫和潮溼的區域，也就是現在的溫帶森林分布的地區，要比現在遼闊許多，尤其是在弗羅里善的森林生長期間和之後的一段時期。當時，北半球森林裡所生長的樹種，就像現在的東亞地區和阿帕拉契山脈一樣。但後來，北美洲中部由於氣候漸趨寒冷乾燥，當地的樹種便逐漸出現變化。到了冰河期，溫帶樹種的生長地變得更加狹小，並且愈來愈往南移。於是，這些溫帶樹木便因為氣候改變而被分隔在兩地了。

因此，宮島的這座森林不只是幾百年前那棵日本五葉松誕生之處。裡面那些活生生的樹木就像弗羅里善的紅杉化石一樣，顯示東亞和阿帕拉契山兩地的樹木雖然相距甚遙，在三千萬年前卻是一家人。

不過，在這座森林裡，我卻沒有看到任何一棵日本五葉松。山頂上有不少赤松和黑松，但沒有任何一棵的葉子像五葉松那般呈五根一束的針葉構造。有幾位日本植物學家和來訪的西方科學家也證實了我的觀察。據我們所知，如今宮島上僅有的幾棵日本五葉松都種在盆裡或公共場所。如此看來，華府的那棵五葉松來自宮島的說法或許言過其實，只是當時的人想藉宮島的名聲來拉抬盆栽身價罷了。但也有可能是因為如今宮島的情況已經和四百年前不同。

第一種情況是很有可能的。即便那棵日本五葉松並非真的來自宮島，但也沒有人規定盆栽業者不能用著名地標來為他們培育的樹木命名，更何況現在的旅遊手冊和海報上，「宮島」這個名字已經用得頗為浮濫。到處都可以看到宮島的植物、鳥居和神社的圖片。光是廣島的一條街上，我便看到各式各樣這類的物品：小巧的宮島神社模型、宮島的楓葉糕、印著宮島神社照片的小飾品、賣牡蠣的推車上所掛的發光鳥居裝飾，以及印著優雅寺廟圖案的木塊。從前的情況想必也差不多。因此，「宮島」有可能只是那棵盆栽的名字，而非它的誕生地。

然而，勝山木家族世代流傳的說法或許也並非子虛烏有。一個能夠持續數百年每天殷勤細心照顧一棵樹的家族，或許也會同樣關心那棵樹的來歷。如此看來，在過去四百年間，日本五葉松的生長區域很可能已經有了改變。事實上，來自科學文獻的資料也證實了勝山木家族的說法。十七世紀初期，也就是那棵日本五葉松的毬果已經成熟、種子已經落地的時候，日本地區仍處於小冰河期。從那段時期河流結凍的情況、櫻花的花期，以及來自樹木年輪和花粉的資料，我們都可以看出當時日本的氣候非常寒冷。歐洲地區的文獻也證實，當時全世界的氣候都受到小冰河期影響。在之前的數百年間，也就是那棵日本五葉松的祖先已經長成大樹之時，日本的氣候也比今天更冷。從殘留花粉的數量來看，當時松樹較多，橡樹和其他闊葉樹則逐漸減少。因此，儘管如今宮島的氣候稍微太過暖和、位置也太過偏南，並不適合日本五葉松生長，但在四百年前，島上的氣候和現在並不相同。因此，一六〇〇年代製作盆栽的人士爬到宮島的彌山上去採集樹木時，他們所看到的森林，應該和現在日本那些海拔較高、氣候較冷的山區一樣。也就是說，當時宮島的山上確實可以看到日本五葉松。

如今，宮島的樹木已經被各式各樣祈禱的聲音所圍繞。在那裡的神社前面，你會看到一圈串著許多木珠（每顆約柳橙大小）的繩索。這條繩索會經過安裝在神社門口的一具滑車。每當前來參拜的信徒拉動這條繩子時，木珠子就會隨著繩索逐漸上升到滑車頂端，然後再掉落下來，和下面的木珠子碰撞，發出啪嗒啪嗒的聲音，彷彿在向神社裡的神明祈禱。人們搖晃籤筒時，筒裡那些細長光亮的籤竹會嘩啦啦的彼此撞擊，為人占卜未來的吉凶。參拜者在向神明祈求或致謝時，都要拍手兩次。人們拿著繫在一條牢固繩索上的木槌敲鐘時，那座以金屬製成的鐘便會發出渾厚低沉的聲音。錢幣投入木製的賽錢箱時，也會發出類似擊鼓的聲音。這些聲響都是在召喚那些居住在森林與神社中的神明。在這些神聖的場所，人們主要是透過木頭的聲音來與神明溝通，木頭的震動成了人們向神靈祈求的媒介。這裡的神靈並不住在遙遠的天堂，而是住在樹木、森林與木造的神社中，木頭的敲擊聲會將神明從祂們的居所中引來。而那棵日本五葉松便是從這樣的森林遷移到廣島。在那裡，它從手推車和馬車隆隆行駛於路上的時代，經歷人們因煤灰而咳嗽、引擎也嗡嗡作響的歲月，到了汽車輪胎嘶嘶碾過柏油路的年代。而後，在一九四五年，一聲轟然巨響震撼了它所在的那座城市。

此刻，在華府，一架架直升機在天空中穿梭。盆栽與盆景博物館的亭子裡，到處都可以聽到遠處高速公路傳來的車聲。在這些亭子裡，除了盆栽之外，也可以看到天然的柳杉和槭樹，就像在宮島的森林那般。甚至一些參觀者的舉止也頗像宮島神社裡的參拜者。他們會在那棵日本五葉松前停下腳步，欠身閱讀面前的解說牌，然後抬起頭，欣賞這棵樹。他們有時會小聲的談論每棵盆栽的產地，評論它的枝葉是否均衡、樹幹和樹枝看起來是什麼形狀等等。大約一分鐘後，他們就會轉過身去，繼續參觀其他植物。不過，大多數遊客的聲音都比較大。他們就像置身露天遊樂場一般，說說笑笑、任意走動、隨興瀏覽，每棵樹頂多只看個幾秒鐘。有些人看到那些樹的年齡時，會驚訝的大叫。有些人會敦促同伴注意它們的形狀或顏色，有人則會詢問這些樹是如何變成現在這副模樣。

這些被種成盆栽的樹木似乎能夠讓人們展開對話，而這通常是其他樹木所做不到的。有一部分原因或許與環境有關，因為館方將它們陳列在展示箱裡，並放上解說牌，為的就是要吸引遊客參觀。但除此之外，這些盆栽的形式似乎也讓人比較容易和它們產生連結。由於它們被雕塑成有如人頭或軀幹一般大小，因此人們一眼就能夠看到整棵樹。而這往往是他們生平第一次有這樣的經驗，於是他們就像弗羅里善那位穿著粉紅色長褲的小女孩一般，開始注意到人類以外的物種。當孩子們聚集在那棵日本五葉松前，看到這棵已經幾百歲的樹居然長得像他們一般矮小時，他們便和這棵樹產生了連結，而這樣的連結將會深深烙印在他們身心之中。

四百年來，這棵日本五葉松就像個神明一般。它在呼吸空氣時，也吸入了寺廟、森林與城市裡的聲音，將它們轉變為它的針葉、根部與樹幹的一部分。它每一年長出的年輪，都捕捉了當年空氣特有的分子。因此，那一圈圈的年輪便是樹木的記憶。木質的生長，是樹木與空氣互動再加上細胞放電催化的結果。空氣和樹木互相造就：樹木是空氣中的碳分子暫時的結晶，空氣則是由四億年來森林所呼出的氣息所形成。無論空氣或樹木都沒有屬於自己的故事，因為它們彼此互屬。

對於空氣、樹木和森林而言，形體和它所承載的故事都來自關係。自我只是短暫的集合體，由構成生命的恆久要素——各種連結與對話——所組成。而人類拿著鏟子、樹剪和盆子介入其間，將樹木變成了盆栽。乍看之下，這似乎具體顯現了人類脫離生命網絡的事實：我們手持剪刀，將自身的目的強加於他者。我們透過修根、剪枝、嫁接、在樹皮上做記號和整土等方式，讓盆栽樹木成為我們的奴隸，並依照我們的心意決定它們的未來。這是我們在看著那棵日本五葉松時，可能會得出的結論：它先是淪為人類的私產和奴隸，然後又遭到人類的原子彈轟炸。

但盆栽博物館中的遊客看到這棵樹的反應，卻推翻了這樣的結論。盆栽的樹木並未脫離生命的網絡。相反的，它們就像橄欖樹一般，讓我們看見我們在其他樹木身上很難看出的事實：人類的生命和樹木的生命，從來都是由關係所形成。對許多樹木而言，它們生命網絡中的主要成員並非人類，而是細菌、真菌、昆蟲和鳥類。但在橄欖樹和盆栽樹的生命網絡中，人類卻是主要的角色，它們讓我們親身體驗到持久的連結是何等重要。

這些連結一旦斷裂，生命便會被削弱，甚至可能終止。在地中海東岸，人與樹木之間的連結被切斷後，橄欖樹便開始減少甚至死亡，那些依賴橄欖樹存活的經濟和文化實體也遭受重大影響。就盆栽樹木而言，一棵數百年才長成的樹木一旦無人照應，很快就會死亡，使得這段期間人類所花的心血毀於一旦。這類損失雖然不像橄欖樹那般對人類的生計造成重大衝擊，但還是會對一個社會的文化造成深刻影響。

千百年來，中國和日本的園藝家都了解關係的重要性。十一世紀的日本園藝手冊《作庭記》（此書可能是史上最古老的庭園造景紀錄）敦促人們敞開自我，認識風、山間溪流與人類情感的本質。作者（可能是當時身為攝政王之子的橘俊綱）呼籲園藝師意識到「野性」的存在，而他所謂的「野性」，並非一個不屬於人類的世界，而是人類、其他生物、水流與岩石的內在本質。在他看來，萬物皆有靈性，石頭也有慾望，而樹木就像佛陀般莊嚴。同時，他也認為一處景觀中看似不同的各個元素間的關係，例如岩石和草木排列的方式，都會影響居住其間的神明的心情。他相信：園藝師有必要親身體驗世上的花草樹木，並細心觀摩「過往園藝大師」的作品，謙卑的敞開自我，吸取他人的知識。因此，園藝造景並非人類脫離生命網絡、企圖宰制大自然的行為。相反的，它需要人們持續關注生命網絡，並了解人類對於這些網絡的記憶。在《作庭記》中，作者指出，只要你用心聆聽，就可以領略庭園中各種花草樹木間的關係所具有的美感。

繼《作亭記》之後，日本的園藝著作仍然強調園藝師要覺察萬物的內在本質，並研讀世世代代所累積的知識。十五世紀時，信玄在他所創作的有關庭園造景的文章與素描（也有人說那是十一世紀僧人增円僧正的作品）中甚至堅持：「你若未曾得到（前輩大師的）口傳，切不可建造庭園。」一個園藝師獲得了這些口傳知識後，還必須「全神貫注」的觀察庭園中石頭的位置、鳥兒移動的方式，和樹木枝葉的形狀。他強調的是人對自然的崇敬，而非控制。

當代盆栽界的做法也秉承這樣的理念。目前，負責照顧那棵日本五葉松的美國盆栽和盆景博物館館長傑克．蘇思地（Jack Sustic）也像橘俊綱、增円和五百多年前的信玄一樣，談到了聆聽前輩大師和注意觀察樹木的重要性。他表示，一個人在花幾年的時間照料盆栽後，會變得比較不那麼自我中心。「我後來比較不會想到自己。相反的，我更在乎這棵樹以及前人所花的心血。這影響了我的下半生。我現在對他人更寬容，也更體諒了。」蘇思地之所以投入盆栽工作，是因為過往的一次經驗。這個經驗或許就是增円所謂的「全神貫注」，以及梅鐸在看到美麗的事物時那種渾然「忘我」的感受。他說，他在派駐韓國的美國軍隊中服役時，有一回透過巴士車窗看到了許多盆栽，當下他頓時忘卻自己置身何地。「美好的藝術就是會讓你有這種感覺。」他說。

有一次，我和當時擔任助理館長的艾林．派克德（Aarin Packard）聊天時，他一邊忙著為館內的盆栽整土、修枝，一邊告訴我他學習盆栽藝術的心得。他表示，初學者都認為他們可以決定那些盆栽的枝幹以後會長成什麼樣子。但是當你學到更多之後，就會明白盆栽的形狀取決於人與樹木的關係，是難以預測的。「目前還在世的盆栽行家或許可以看出他們的盆栽十五年後會長成什麼樣子，但即使是約翰．納卡（John Naka）這樣的大師也頂多只能預測它們五十年後的模樣。」

這些盆栽的未來並不存在於任何個體的自我中，比如樹木的種子或人類的心智，而是存在於各種關係中。盆栽藝術讓我們看見樹木的本質。一棵樹是一個生命共同體，由各式各樣的對話所形成。

在宮島海拔六百公尺的山頂上，我意識到個體的存在只是幻象。一旦這個幻象被打破，無可言喻的力量就顯現了出來。

一九六四年時，廣島原爆事件的生還者將那「不消之火」引到廣島和平公園，在園裡的紀念碑和眾多的墳墓間點燃了一支火炬，並敲起了鐘。那一聲聲鐘響迴盪在空中，彷彿是來自宮島的聲音。

當年，勝山木家族所贈與美國的，乃是一份由不同的生命所融合而成的禮物。

# 謝詞

首先要感謝Katie Lehman在我撰寫書稿期間給予的啟發、建議和鼓勵，也謝謝她陪我在林中散步，一起欣賞樹木之美。

在寫作本書期間，我有幸與許多優秀人士共事，實乃樂事一樁。維京（Viking）出版社編輯Paul Slovak不僅協助我發想此寫作計畫，也幫我看稿，並提供諸多一針見血的指引，使得本書的形式和內容有所提升。我的經紀人Alice Martell對於本書的概念和架構的分析也使我獲益良多。她不僅指引我，讓本書的概念逐漸發展成熟，也始終如一的支持我，讓本書得以問世。我在撰寫《森林祕境》期間和Kevin Doughten對談，讓我確定自己要踏上寫作之路；在我開始探索未來的寫作方向時，他的話語幫助我釐清了自己對生物網絡的想法。我要感謝維京出版社優秀的編輯、設計、製作與行銷團隊，尤其是Haley Swanson對文稿的編輯與潤飾、Hilary Roberts細心的審稿，以及Andrea Schulz、Tricia Conly、Fabiana Van Arsdell、Kate Griggs和Cassandra Garruzzo的編輯、製作與設計。

感謝維京出版社、古根漢紀念基金會、美國自然史博物館、聖凱瑟琳斯島研究計畫、愛德華・約翰・諾貝爾基金會（Edward J. Nobel Foundation）和美國南方大學提供經費。南方大學的John Gatta、麻省理工學院的Thomas Levenson、威廉與瑪麗學院的Barbara King和康乃爾大學的Mike Webster，在這項計畫的初期提供了許多支持與建議。瑞文戴爾作家聚落（Rivendell Writers' Colony）是讓人文思泉湧的寫作之處。感謝Carmen Toussaint Thompson提供的所有協助。感謝Sarah Vance在這項計畫的初期給我的建議、支持與實務上的協助。

感謝所有與我分享他們對我的作品的看法與建議的人士，也感謝所有在我旅行期間接待我的人士，包括南方大學的Buck Butler、Jon Evans、Mark Hopwood、Katie Lehman、Leigh Lentile、Deborah Mc-Grath、Stephen Miller、Sara Nimis、Tam Parker、Greg Pond、Bran Potter、Cari Reynolds、Gerald Smith、Ken Smith和Christopher Van de Ven；芝加哥的貝克一家人（Paul Becker、Carl Becker & Son）；密蘇里大學的Rex Cocroft；杜克大學的Dan Johnson；馬里蘭大學的Pedro Barbosa；丹佛市大都會州立大學的Adrienne Christy；Peter Matthews；Jonathan Meiburg；Paul Miller；康乃爾大學的Greg Budney；喬治華盛頓大學的Randa Kayyali；田納西州環境與保育署的Todd Crabtree；普吉特灣大學（University of Puget Sound）的Bill Kupinse和Peter Wimberger；世界自然基金會的Martha Stevenson；

大地之音（Music of Nature）的Lang Elliott；威廉高級小提琴製造公司（Williams Fine Violins）的Dustin Williams；Joseph Bordley；Mariane Tyndal；Sanford McGee；Anna Harding；Laurie Perry Vaughen；Paddy Woodworth；自然保護協會的Matt Farr；北亞歷桑納大學的Richard Hofstetter；密西根州立大學的Deborah G. McCullough；耶魯大學的Jeff Brenzel、Derek Briggs、David Budries、Susan Butts、Peter Crane、Michael Donoghue、Ashley DuVal、Justin Eichenlaub、Jon Grimm、Chris Hebdon、Shusheng Hu、Valerie Moye、Rick Prum、Sayd Randle、Scott Strobel和Mary Evelyn Tucker。我在南方大學教授生物與文學課程時和學生的對話，豐富了我思考和寫作的內容。Jim Peters和Tom Ward兩人對我多所關照，也經常和我談天。我的思考領域因著他們的行事為人和對我的忠告，得以深化並擴大。

厄瓜多：基多舊金山大學和提普蒂尼生物多樣化研究中心的Esteban Suárez、Andrés Reyes、Consuelo de Romo、Diego Quiroga、Pablo Negret、José Matanilla、María José Rendón、Mayer Rodríguez、Ramiro San Miguel和Kelly Swing。厄瓜多環保署、國際學生教育學會（IES）的Eduardo Ortiz、Rene Bueno、Gladys Argoti、Lee L'Hote、Melissa Torres、Lauren Ostrowski和John Lucas，以及所有參與國際學生教育學會在基多與提普蒂尼研討會的

師生，尤其是Given Harper對我的友誼以及他在生態方面的洞見。耶魯大學的克里斯・赫伯敦（Chris Hebdon）給了我許多實質的協助，並且在和我談話與為我看稿時和我分享了他豐富的知識，讓我得以了解我們在厄瓜多所聽見的一切。還要特別感謝赫伯敦，他讓我更加明白不同文化在現代化時有許多不同的表現方式，也讓我了解到人們在選擇如何向外來者表達他們的文化時，所考慮到的許多政治和實際的面向。亞馬遜森林一帶原住民社區的居民對我殷勤款待、慷慨有加，可惜他們及其社區有時會遭受政治迫害，因此我將不一一列舉他們的姓名。

安大略省：北方鳴禽協會（Boreal Songbird Initiative）的Jeff Wells和湖首大學（Lakehead University）地質系的Phil Fralick。

聖凱瑟琳斯島：Royce Hayes、Christa Hayes、Jenifer Hilburn、Tim Keith-Lucas、Lisa Keith-Lucas、Jon Evans、Kirk Zigler、Ken Smith、Bran Potter、Gale Bishop、Mike Halderson、Eileen Schaefer、Arden Jones、南方大學島嶼生態計畫的學生，以及聖凱瑟琳斯島海龜保育計畫的工作人員和實習生。

蘇格蘭：陸岬考古中心的Laura Bailey、Edward Bailey和Julie Franklin；蘇格蘭歷史研究學會（Historic Scotland）的Rod McCullagh；福斯能源公司（Forth Energy）的John Gardner、Donald Dalton；我的父母琴・哈思克和喬治・哈思克；國立礦業博物館的Jim

Cornwall。

科羅拉多州弗羅里善：弗羅里善化石床國家保護區的Jeff Wolin、Hebert Meyer、Aly Baumgartner、Toby Wells。

科羅拉多州丹佛市：水資源教育計畫基金會（Project WET）的Laurina Lyle；薩簡特攝影社（Sargent Studios）的Rick Sargent；丹佛水公司（Denver Water）的Matt Bond；綠河基金會的Jolon Clark；櫻桃溪管理協會（Cherry Creek Stewardship Partners）的Casey Davenhill；丹佛市政府與郡政府的Cynthia Karvaski、William "Pat" Kennedy、Jon Novick和Ted Roy；北達科他州立大學的Devan McGranahan。

紐約市：Hailey Robison、Warner Watkins、Stanley Bethea和Ofelia Del Principe。

以色列與西岸：耶路撒冷希伯來大學的Zohar Kerem和Jeff Camhi；耶路撒冷荊冕堂（Ecce Homo Convent）的修女和志工；綠橄欖旅行社（Green Olive Tours）的Fred Schlomka、Mohammad Barakat、Yamen Elabed、Bruce Brillh和Yahav Zohar；以色列橄欖理事會（Israel Olive Board）的Adi Naali、Ibrahim Jubran和Rowhia Ganem；Leon Webster；Neta Keren；Ayala Noy Meir；Monaem Jahshan；巴勒斯坦公平貿易協會的Mohammed Al Ruzzi、Haj Bashir和Majed Maree；迦南公平貿易組織的Nasser Abufarha、Manal Abdullah和Mohannad Ghannam；Michal Productions

的Maxine Levite；Adam Eidinge。我在西岸停留期間，西岸的農民和其他一些人士對我盛情招待，並容許我和他們一起在橄欖園裡工作，他們的談話也讓我受益良多。我在此向他們致謝。但或許是因為以色列安全部隊曾經要求我提供他們的姓名，但被我拒絕的緣故，他們請我不要公布他們的姓名。

華府與日本的宮島：美國國家植物園國立盆栽和盆景博物館的傑克・蘇思地、艾林・派克德和Avery Anapol；美國國立盆栽基金會的Felix Laughlin；加拿大卑詩大學植物園與植物研究中心（UBC Botanical Garden and Centre for Plant Research）的Brent Hine；東京農業大學的Iwao Uehara；愛丁堡皇家植物園（Royal Botanic Garden Edinburgh）的Tom Christian；廣島大學的Hiromi Tsubota；《盆栽焦點》雜誌（*Bonsai Focus*）的Farrand Bloch；蒼鷺盆栽（Herons Bonsai）的Peter Chan；英國吉爾沃斯針葉樹苗圃（Kilworth Conifers）的Derek Spicer；伯里亞學院（Berea College）的Rebecca Bates和Rob Foster；Jordan Casey；Miki Naoko；Bruce Taylor。

# 參考書目

## 前言、三椏、槭樹

Basbanes, N. A. *On Paper: The Everything of Its Two-Thousand-Year History*. New York: Knopf, 2013.

Bierman, C. J. *Handbook of Pulping and Papermaking*, 2nd ed. San Diego: Academic Press, 1996.

Ek, M., G. Gellerstedt, and G. Henricksson, eds. *Pulp and Paper Chemistry and Technology*. Vols. 1–4. Berlin: de Gruyter, 2009.

Food and Agriculture Organization of the United Nations. "Forest Products Statistics." 2015. www.fao.org/forestry/statistics/80938/en/.

Goldstein, R. N. *Plato at the Googleplex: Why Philosophy Won't Go Away*. New York: Pantheon, 2014.

Knight, J. "The Second Life of Trees: Family Forestry in Upland Japan." In *The Social Life of Trees*, edited by Laura Rival, 197–218. Oxford: Berg, 1998.

Lynn, C. D. "Hearth and Campfire Influences on Arterial Blood Pressure: Defraying the Costs of the Social Brain Through Fireside Relaxation." *Evolutionary Psychology* 12, no. 5 (2013): 983–1003.

National Printing Bureau (Japan). "Characteristics of Banknotes." 2015. www.npb.go.jp/en/intro/tokutyou/index.html.

Toale, B. *The Art of Papermaking*. Worcester, MA: Davis, 1983.

Vandenbrink, J. P., J. Z. Kiss, R. Herranz, and F. J. Medina. "Light and Gravity Signals Synergize in Modulating Plant Development." *Frontiers in Plant Science* 5 (2014), doi:10.3389/fpls.2014.00563.

Wiessner, P. W. "Embers of Society: Firelight Talk Among the Ju/'hoansi Bushmen." *Proceedings of the National Academy of Sciences* 111, no. 39 (2014): 14027–35.

Woo, S., E. A. Lumpkin, and A. Patapoutian. "Merkel Cells and Neurons Keep in Touch." *Trends in Cell Biology* 25, no. 2 (2015): 74–81.

Wordsworth, W. "A Poet! He Hath Put His Heart to School." 1842. Available at Poetry Foundation, www.poetryfoundation.org/poems-and-poets/poems/detail/45541. Source of "stagnant pool."

———. "The Tables Turned." 1798. Available at Poetry Foundation, www.poetryfoundation.org/poems-and-poets/poems/detail/45557. Source of "the beauteous . . ." and "Science and Art."

## 吉貝樹

Araujo, A. "Petroamazonas Perforó el Primer Pozo para Extraer Crudo del ITT." *El Comercio*, March 29, 2016. www.elcomercio.com/actualidad/petroamazonas-perforacion-crudo-yasuniitt.html.

Bass, M. S., M. Finer, C. N. Jenkins, H. Kreft, D. F. Cisneros-Heredia, S. F. McCracken, N. C. A. Pitman, et al. "Global Conservation Significance of Ecuador's Yasuní National Park." *PLoS ONE* 5, no. 1 (2010), doi:10.1371/journal.pone.0008767.

Cerón, C., and C. Montalvo. *Etnobotánica de los Huaorani de Quehueiri-Ono Napo-Ecuador*. Quito: Herbario Alfredo Paredes, Escuela de Biología, Universidad Central del Ecuador, 1998.

Davidson, D. W., S. C. Cook, R. R. Snelling, and T. H. Chua. "Explaining the Abundance of Ants in Lowland Tropical Rainforest Canopies." *Science* 300, no. 5621 (2003): 969–72.

Dillard, A. *Pilgrim at Tinker Creek*. New York: Harper's Magazine Press, 1974. Source of "lifted and struck."

Finer, M., B. Babbitt, S. Novoa, F. Ferrarese, S. Eugenio Pappalardo, M. De Marchi, M. Saucedo, and A. Kumar. "Future of Oil and Gas Development in the Western Amazon." *Environmental Research Letters* 10, no. 2 (2015), doi:10.1088/1748-9326/10/2/024003.

Goffredi, S. K., G. E. Jang, and M. F. Haroon. "Transcriptomics in the Tropics: Total RNA-Based Profiling of Costa Rican Bromeliad-Associated Communities." *Computational and Structural Biotechnology Journal* 13 (2015): 18–23.

Gray, C. L., R. E. Bilsborrow, J. L. Bremner, and F. Lu. "Indigenous Land Use in the Ecuadorian Amazon: A Cross-cultural and Multilevel Analysis." *Human Ecology* 36, no. 1 (2008): 97–109.

Hebdon, C., and F. Mezzenzanza. "Sumak Kawsay as 'Already-Developed': A Pastaza Runa Critique of Development." Article draft presented at the Development Studies Association Conference, University of Oxford, September12–14, 2016, Oxford.

Jenkins, C. N., S. L. Pimm, and L. N. Joppa. "Global Patterns of Terrestrial Vertebrate Diversity and Conservation." *Proceedings of the National Academy of Sciences* 110, no. 28 (2013): E2602–10.

Kohn, E. *How Forests Think: Toward an Anthropology Beyond the Human*. Oakland: University of California Press, 2013.

Kursar, T. A., K. G. Dexter, J. Lokvam, R. Toby Pennington, J. E. Richardson, M. G. Weber, E. T. Murakami, C. Drake, R. McGregor, and P. D. Coley. "The Evolution of Antiherbivore Defenses and Their Contribution to Species Coexistence in the Tropical Tree Genus *Inga*." *Proceedings of the National Academy of Sciences* 106, no. 43 (2009): 18073–78.

Lowman, M. D., and H. B. Rinker, eds. *Forest Canopies*. 2nd ed. Burlington, MA: Elsevier, 2004.

McCracken, S. F. and M. R. J. Forstner. "Oil Road Effects on the Anuran Community of a High Canopy Tank Bromeliad (*Aechmea zebrina*) in the Upper Amazon Basin, Ecuador." *PLoS ONE* 9, no. 1 (2014), doi:10.1371/journal.pone.0085470.

Mena, V. P., J. R. Stallings, J. B. Regalado, and R. L. Cueva. "The Sustainability of Current Hunting Practices by the Huaorani." In *Hunting for Sustainability in Tropical Forests*, edited by J. Robinson and E. Bennett, 57–78. New York: Columbia University Press, 2000.

Miroff, N. "Commodity Boom Extracting Increasingly Heavy Toll on Amazon Forests." *Guardian Weekly*, January 9, 2015, pages 12–13.

Nebel, G., L. P. Kvist, J. K. Vanclay, H. Christensen, L. Freitas, and J. Ruíz. "Structure and Floristic Composition of Flood Plain Forests in the Peruvian Amazon: I. Overstorey." *Forest Ecology and Management* 150, no. 1 (2001): 27–57.

Rival, L. "Towards an Understanding of the Huaorani Ways of Knowing and Naming Plants." In *Mobility and Migration in Indigenous Amazonia: Contemporary Ethnoecological Perspectives*, edited by Miguel N. Alexiades, 47–68. New York: Berghahn, 2009.

Rival, L. W. *Trekking Through History: The Huaorani of Amazonian Ecuador*. New York: Columbia University Press, 2002.

Sabagh, L. T., R. J. P. Dias, C. W. C. Branco, and C. F. D. Rocha. "New Records of Phoresy and Hyperphoresy Among Treefrogs, Ostracods, and Ciliates in Bromeliad of Atlantic Forest." *Biodiversity and Conservation* 20, no. 8 (2011): 1837–41.

Schultz, T. R., and S. G. Brady. "Major Evolutionary Transitions in Ant Agriculture." *Proceedings of the National Academy of Sciences* 105, no. 14 (2008): 5435–40.

Suárez, E., M. Morales, R. Cueva, V. Utreras Bucheli, G. Zapata-Ríos, E. Toral, J. Torres, W. Prado, and J. Vargas Olalla. "Oil Industry, Wild Meat Trade and Roads: Indirect Effects of Oil Extraction Activities in a Protected Area in North-Eastern Ecuador." *Animal Conservation* 12, no. 4 (2009): 364–73.

Suárez, E., G. Zapata-Ríos, V. Utreras, S. Strindberg, and J. Vargas. "Controlling Access to Oil Roads Protects Forest Cover, but Not Wildlife Communities: A Case Study from the Rainforest of Yasuní Biosphere Reserve (Ecuador)." *Animal Conservation* 16, no. 3 (2013): 265–74.

Thoreau, H. D. *Walden*. 1854. Available at Digital Thoreau, digitalthoreau.org/fluid-text-toc.

Vidal, J. "Ecuador Rejects Petition to Stop Drilling in National Park." *Guardian Weekly*, May 16, 2014, page 13.

Viteri Gualingo, C. "Visión Indígena del Desarrollo en la Amazonía." *Polis: Revista del Universidad Bolivariano* 3 (2002), doi:10.4000/polis.7678.

Wade, L. "How the Amazon Became a Crucible of Life." *Science*, October 28, 2015. www.sciencemag.org/news/2015/10/feature-how-amazon-became-crucible-life.

Watts, J. "Ecuador Approves Yasuni National Park Oil Drilling in Amazon Rainforest." *Guardian*, August 13, 2013.

## 香冷杉

An, Y. S., B. Kriengwatana, A. E. Newman, E. A. MacDougall-Shackleton, and S. A. MacDougall-Shackleton. "Social Rank, Neophobia and Observational Learning in Black-capped Chickadees." *Behaviour* 148, no. 1 (2011): 55–69.

Aplin, L. M., D. R. Farine, J. Morand-Ferron, A. Cockburn, A. Thornton, and B. C. Sheldon. "Experimentally Induced Innovations Lead to Persistent Culture via Conformity in Wild Birds." *Nature* 518, no. 7540 (2015): 538–41.

Appel, H. M., and R. B. Cocroft. "Plants Respond to Leaf Vibrations Caused by Insect Herbivore Chewing." *Oecologia* 175, no. 4 (2014): 1257–66.

Averill, C., B. L. Turner, and A. C. Finzi. "Mycorrhiza-Mediated Competition Between Plants and Decomposers Drives Soil Carbon Storage." *Nature* 505, no. 7484 (2014): 543–45.

Awramik, S. M., and E. S. Barghoorn. "The Gunflint Microbiota." *Precambrian Research* 5, no. 2 (1977): 121–42.

Babikova, Z., L. Gilbert, T. J. A. Bruce, M. Birkett, J. C. Caulfield, C. Woodcock, J. A. Pickett, and D. Johnson. "Underground Signals Carried Through Common Mycelial Networks Warn Neighbouring Plants of Aphid Attack." *Ecology Letters* 16, no. 7 (2013): 835–43.

Beauregard, P. B., Y. Chai, H. Vlamakis, R. Losick, and R. Kolter. "*Bacillus subtilis* Biofilm Induction by Plant Polysaccharides." *Proceedings of the National Academy of Sciences* 110, no. 17 (2013): E1621–30.

Bond-Lamberty, B., S. D. Peckham, D. E. Ahl, and S. T. Gower. "Fire as the Dominant Driver of Central Canadian Boreal Forest Carbon Balance." *Nature* 450, no. 7166 (2007): 89–92.

Bradshaw, C. J. A., and I. G. Warkentin. "Global Estimates of Boreal Forest Carbon Stocks and Flux." *Global and Planetary Change* 128 (2015): 24–30.

Cossins, D. "Plant Talk." *Scientist* 28, no. 1 (2014): 37–43.

Darwin, C. R. *The Power of Movement in Plants*. London: John Murray, 1880.

Food and Agriculture Organization of the United Nations. *Yearbook of Forest Products*. FAO Forestry Series No. 47, Rome, 2014.

Foote, J. R., D. J. Mennill, L. M. Ratcliffe, and S. M. Smith. "Black-capped Chickadee (*Poecile atricapillus*)." In *The Birds of North America Online*, edited by A. Poole. Ithaca, NY: Cornell Lab of Ornithology, 2010. bna.birds.cornell.edu.bnaproxy.birds.cornell.edu/bna/species/039.

Frederickson, J. K. "Ecological Communities by Design." *Science* 348, no. 6242 (2015): 1425–27.

Ganley, R. J., S. J. Brunsfeld, and G. Newcombe. "A Community of Unknown, Endophytic Fungi in Western White Pine." *Proceedings of the National Academy of Sciences* 101, no. 27 (2004): 10107–12.

Hammerschmidt, K., C. J. Rose, B. Kerr, and P. B. Rainey. "Life Cycles, Fitness Decoupling and the Evolution of Multicellularity." *Nature* 515, no. 7525 (2014): 75–79.

Hansen, M. C., P. V. Potapov, R. Moore, M. Hancher, S. A. Turubanova, A. Tyukavina, D. Thau, et al. "High-Resolution Global Maps of 21st-Century Forest Cover Change." *Science* 342, no. 6160 (2013): 850–53.

Hata, K., and K. Futai. "Variation in Fungal Endophyte Populations in Needles of the Genus *Pinus*." *Canadian Journal of Botany* 74, no. 1 (1996): 103–14.

Hom, E. F. Y., and A. W. Murray. "Niche Engineering Demonstrates a Latent Capacity for Fungal-Algal Mutualism." *Science* 345, no. 6192 (2014): 94–98.

Hordijk, W. "Autocatalytic Sets: From the Origin of Life to the Economy." *BioScience* 63, no. 11 (2013): 877–81.

Karhu, K., M. D. Auffret, J. A. J. Dungait, D. W. Hopkins, J. I. Prosser, B. K. Singh, J.-A. Subke, et al. "Temperature Sensitivity of Soil Respiration Rates Enhanced by Microbial Community Response." *Nature* 513, no. 7516 (2014): 81–84.

Karzbrun, E., A. M. Tayar, V. Noireaux, and R. H. Bar-Ziv. "Programmable On-Chip DNA Compartments as Artificial Cells." *Science* 345, no. 6198 (2014): 829–32.

Keller, M. A., A. V. Turchyn, and M. Ralser. "Non-enzymatic Glycolysis and Pentose Phosphate Pathway-like Reactions in a Plausible Archean Ocean." *Molecular Systems Biology* 10, no. 4 (2014), doi:10.1002/msb.20145228.

Knoll, A. H., E. S. Barghoorn, and S. M. Awramik. "New Microorganisms from the Aphebian Gunflint Iron Formation, Ontario." *Journal of Paleontology* 52, no. 5 (1978): 976–92.

Libby, E., and W. C. Ratcliff. "Ratcheting the Evolution of Multicellularity." *Science* 346, no. 6208 (2014): 426–27.

Liu, C., T. Liu, F. Yuan, and Y. Gu. "Isolating Endophytic Fungi from Evergreen Plants and Determining Their Antifungal Activities." *African Journal of Microbiology Research* 4, no. 21 (2010): 2243–48.

Lyons, T. W., C. T. Reinhard, and N. J. Planavsky. "The Rise of Oxygen in Earth's Early Ocean and Atmosphere." *Nature* 506, no. 7488 (2014): 307–15.

Molinier, J., G. Ries, C. Zipfel, and B. Hohn. "Transgeneration Memory of Stress in Plants." *Nature* 442, no. 7106 (2006): 1046–49.

Mousavi, S. A. R., A. Chauvin, F. Pascaud, S. Kellenberger, and E. E. Farmer. "Glutamate Receptor-like Genes Mediate Leaf-to-Leaf Wound Signalling." *Nature* 500, no. 7463 (2013): 422–26.

Nelson-Sathi, S., F. L. Sousa, M. Roettger, N. Lozada-Chávez, T. Thiergart, A. Janssen, D. Bryant, et al. "Origins of Major Archaeal Clades Correspond to Gene Acquisitions from Bacteria." *Nature* 517, no. 7532 (2014): 77–80.

Ortiz-Castro, R., C. Díaz-Pérez, M. Martínez-Trujillo, E. Rosa, J. Campos-García, and J. López-Bucio. "Transkingdom Signaling Based on Bacterial Cyclodipeptides with Auxin Activity in Plants." *Proceedings of the National Academy of Sciences* 108, no. 17 (2011): 7253–58.

Pagès, A., K. Grice, M. Vacher, D. T. Welsh, P. R. Teasdale, W. W. Bennett, and P. Greenwood. "Characterizing Microbial Communities and Processes in a Modern Stromatolite (Shark Bay) Using Lipid Biomarkers and Two-Dimensional Distributions of Porewater Solutes." *Environmental Microbiology* 16, no. 8 (2014): 2458–74.

Parniske, M. "Arbuscular Mycorrhiza: The Mother of Plant Root Endosymbioses." *Nature Reviews Microbiology* 6 (2008): 763–75.

Roth, T. C., and V. V. Pravosudov. "Hippocampal Volumes and Neuron Numbers Increase Along a Gradient of Environmental Harshness: A Large-Scale Comparison." *Proceedings of the Royal Society B: Biological Sciences* 276, no. 1656 (2009): 401–5.

Schopf, J. W. "Solution to Darwin's Dilemma: Discovery of the Missing Precambrian Record of Life." *Proceedings of the National Academy of Sciences* 97, no. 13 (2000): 6947–53.

Song, Y. Y., R. S. Zeng, J. F. Xu, J. Li, X. Shen, and W. G. Yihdego. "Interplant Communication of Tomato Plants Through Underground Common Mycorrhizal Networks." *PLoS ONE* 5, no. 10 (2010): e13324.

Stal, L. J. "Cyanobacterial Mats and Stromatolites." In *Ecology of Cyanobacteria II*, edited by B. A. Whitton, 61–120. Dordrecht, Netherlands: Springer, 2012.

Tedersoo, L., T. W. May, and M. E. Smith. "Ectomycorrhizal Lifestyle in Fungi: Global Diversity, Distribution, and Evolution of Phylogenetic Lineages." *Mycorrhiza* 20, no. 4 (2010): 217–63.

Templeton, C. N., and E. Greene. "Nuthatches Eavesdrop on Variations in Heterospecific Chickadee Mobbing Alarm Calls." *Proceedings of the National Academy of Sciences* 104, no. 13 (2007): 5479–82.

Trewavas, A. *Plant Behaviour and Intelligence*. Oxford: Oxford University Press, 2014.

———. "What Is Plant Behaviour?" *Plant, Cell & Environment* 32, no. 6 (2009): 606–16.

Vaidya, N., M. L. Manapat, I. A. Chen, R. Xulvi-Brunet, E. J. Hayden, and N. Lehman. "Spontaneous Network Formation Among Cooperative RNA Replicators." *Nature* 491, no. 7422 (2012): 72–77.

Wacey, D., N. McLoughlin, M. R. Kilburn, M. Saunders, J. B. Cliff, C. Kong, M. E. Barley, and M. D. Brasier. "Nanoscale Analysis of Pyritized Microfossils Reveals Differential Heterotrophic Consumption in the ~1.9-Ga Gunflint Chert." *Proceedings of the National Academy of Sciences* 110, no. 20 (2013): 8020–24.

Woolf, V. *A Room of One's Own*. London: Hogarth Press, 1929.

## 菜棕

Amin, S. A., L. R. Hmelo, H. M. van Tol, B. P. Durham, L. T. Carlson, K. R. Heal, R. L. Morales, et al. "Interaction and Signaling Between a Cosmopolitan Phytoplankton and Associated Bacteria." *Nature* 522, no. 7554 (2015): 98–101.

Anelay, J. 2014. Written Answers: Mediterranean Sea. October 15, 2014. *Hansard Parliamentary Debates*, Lords, vol. 756, part 39, col. WA41. Source of "We do not support planned search and rescue . . ."

Böhm, E., J. Lippold, M. Gutjahr, M. Frank, P. Blaser, B. Antz, J. Fohlmeister, N. Frank, M. B. Andersen, and M. Deininger. "Strong and Deep Atlantic Meridional Overturning Circulation During the Last Glacial Cycle." *Nature* 517, no. 7532 (2015): 73–76.

Boyce, D. G., M. R. Lewis, and B. Worm. "Global Phytoplankton Decline over the Past Century." *Nature* 466, no. 7306 (2010): 591–96.

Buckley, F. "Thoreau and the Irish." *New England Quarterly* 13, no. 3 (September 1, 1940): 389–400.

Chen, X., and K.-K. Tung. "Varying Planetary Heat Sink Led to Global-Warming Slowdown and Acceleration." *Science* 345, no. 6199 (2014): 897–903.

Cózar, A., F. Echevarría, J. I. González-Gordillo, X. Irigoien, B. Úbeda, S. Hernández-León, Á. T. Palma, et al. "Plastic Debris in the Open Ocean." *Proceedings of the National Academy of Sciences* 111, no. 28 (2014): 10239–44.

Desantis, L. R. G., S. Bhotika, K. Williams, and F. E. Putz. "Sea-Level Rise and Drought Interactions Accelerate Forest Decline on the Gulf Coast of Florida, USA." *Global Change Biology* 13, no. 11 (2007): 2349–60.

Gemenne, F. "Why the Numbers Don't Add Up: A Review of Estimates and Predictions of People Displaced by Environmental Changes." *Global Environmental Change* 21 (2011): S41–49.

Gráda, C. O. "A Note on Nineteenth-Century Irish Emigration Statistics." *Population Studies* 29, no. 1 (1975): 143–49.

Hay, C. C., E. Morrow, R. E. Kopp, and J. X. Mitrovica. "Probabilistic Reanalysis of Twentieth-Century Sea-Level Rise." *Nature* 517, no. 7535 (2015): 481–84.

Holbrook, N. M., and T. R. Sinclair. "Water Balance in the Arborescent Palm, *Sabal palmetto*. I. Stem Structure, Tissue Water Release Properties and Leaf Epidermal Conductance." *Plant, Cell & Environment* 15, no. 4 (1992): 393–99.

———. "Water Balance in the Arborescent Palm, *Sabal palmetto*. II. Transpiration and Stem Water Storage." *Plant, Cell & Environment* 15, no. 4 (1992): 401–9.

Jambeck, J. R., R. Geyer, C. Wilcox, T. R. Siegler, M. Perryman, A. Andrady, R. Narayan, and K. L. Law. "Plastic Waste Inputs from Land into the Ocean." *Science* 347, no. 6223 (2015): 768–71.

Joughin, I., B. E. Smith, and B. Medley. "Marine Ice Sheet Collapse Potentially Under Way for the Thwaites Glacier Basin, West Antarctica." *Science* 344, no. 6185 (2014): 735–38.

Lee, D. S. "Floridian Herpetofauna Associated with Cabbage Palms." *Herpetologica* 25 (1969): 70–71.

Limardo, A. J., and A. Z. Worden. "Microbiology: Exclusive Networks in the Sea." *Nature* 522, no. 7554 (2015): 36–37.

Mansfield, K. L., J. Wyneken, W. P. Porter, and J. Luo. "First Satellite Tracks of Neonate Sea Turtles Redefine the 'Lost Years' Oceanic Niche." *Proceedings of the Royal Society B: Biological Sciences* 281, no. 1781 (2014), doi:10.1098/rspb.2013.3039.

Maranger, R., and D. F. Bird. "Viral Abundance in Aquatic Systems: A Comparison Between Marine and Fresh Waters." *Marine Ecology Progress Series* 121 (1995): 217–26.

McPherson, K., and K. Williams. "Establishment Growth of Cabbage Palm, *Sabal palmetto* (Arecaceae)." *American Journal of Botany* 83, no. 12 (1996): 1566–70.

———. "The Role of Carbohydrate Reserves in the Growth, Resilience, and Persistence of Cabbage Palm Seedlings (*Sabal palmetto*)." *Oecologia* 117, no. 4 (1998): 460–68.

Meyer, B. K., G. A. Bishop, and R. K. Vance. "An Evaluation of Shoreline Dynamics at St. Catherine's Island, Georgia (1859–2009) Utilizing the Digital Shoreline Analysis System (USGS)." *Geological Society of America Abstracts with Programs* 43, no. 2 (2011): 68.

Morris, J. J., R. E. Lenski, and E. R. Zinser. "The Black Queen Hypothesis: Evolution of Dependencies Through Adaptive Gene Loss." *MBio* 3, no. 2 (2012), doi:10.1128/mBio.00036-12.

National Park Service. "Cape Cod National Seashore: Shipwrecks." N.d. www.nps.gov/caco/learn/historyculture/shipwrecks.htm (accessed May 7, 2015).

Nicholls, R. J., N. Marinova, J. A. Lowe, S. Brown, P. Vellinga, D. De Gusmao, J. Hinkel, and R. S. J. Tol. "Sea-Level Rise and Its Possible Impacts Given a 'Beyond 4 C World' in the Twenty-first Century." *Philosophical Transactions of the Royal Society A: Mathematical, Physical and Engineering Sciences* 369, no. 1934 (2011): 161–81.
Nuwer, R. "Plastic on Ice." *Scientific American* 311, no. 3 (2014): 25.
Osborn, A. M., and S. Stojkovic. "Marine Microbes in the Plastic Age." *Microbiology Australia* 35, no. 4 (2014): 207–10.
Paolo, F. S., H. A. Fricker, and L. Padman. "Volume Loss from Antarctic Ice Is Accelerating." *Science* 348 (2015): 327–31.
Perry, L., and K. Williams. "Effects of Salinity and Flooding on Seedlings of Cabbage Palm (*Sabal palmetto*)." *Oecologia* 105, no. 4 (1996): 428–34.
Reisser, J., B. Slat, K. Noble, K. du Plessis, M. Epp, M. Proietti, J. de Sonneville, T. Becker, and C. Pattiaratchi. "The Vertical Distribution of Buoyant Plastics at Sea: An Observational Study in the North Atlantic Gyre." *Biogeosciences* 12, no. 4 (2015): 1249–56.
Rohling, E. J., G. L. Foster, K. M. Grant, G. Marino, A. P. Roberts, M. E. Tamisiea, and F. Williams. "Sea-Level and Deep-Sea-Temperature Variability over the Past 5.3 Million Years." *Nature* 508, no. 7497 (2014): 477–82.
Swan, B. K., B. Tupper, A. Sczyrba, F. M. Lauro, M. Martinez-Garcia, J. M. González, H. Luo, et al. "Prevalent Genome Streamlining and Latitudinal Divergence of Planktonic Bacteria in the Surface Ocean." *Proceedings of the National Academy of Sciences* 110, no. 28 (2013): 11463–68.
Thomas, D. H., C. F. T. Andrus, G. A. Bishop, E. Blair, D. B. Blanton, D. E. Crowe, C. B. DePratter, et al. "Native American Landscapes of St. Catherines Island, Georgia." *Anthropological Papers of the American Museum of Natural History*, no. 88 (2008).
Thoreau, H. D. *Cape Cod*. Boston: Ticknor and Fields, 1865. Source of "waste and wrecks . . . ," "why waste . . . ," and quotes from beach list.
Tomlinson P. B. "The Uniqueness of Palms." *Botanical Journal of the Linnean Society* 151 (2006): 5–14.
Tomlinson, P. B., J. W. Horn, and J. B. Fisher. *The Anatomy of Palms*. Oxford: Oxford University Press, 2011.
U.S. Department of Defense. *FY 2014 Climate Change Adaptation Roadmap*. Alexandria, VA: Office of the Deputy Undersecretary of Defense for Installations and Environment, 2014.
Woodruff, J. D., J. L. Irish, and S. J. Camargo. "Coastal Flooding by Tropical Cyclones and Sea-Level Rise." *Nature* 504, no. 7478 (2013): 44–52.
Wright, S. L., D. Rowe, R. C. Thompson, and T. S. Galloway. "Microplastic Ingestion Decreases Energy Reserves in Marine Worms." *Current Biology* 23, no. 23 (2013): R1031–33.
Zettler, E. R., T. J. Mincer, and L. A. Amaral-Zettler. "Life in the 'Plastisphere': Microbial Communities on Plastic Marine Debris." *Environmental Science & Technology* 47, no. 13 (2013): 7137–46.
Zona, S. "A Monograph of *Sabal* (Arecaceae: Coryphoideae)." *Aliso* 12, no. 4 (1990): 583–666.

## 綠梣樹

Allender, M. C., D. B. Raudabaugh, F. H. Gleason, and A. N. Miller. "The Natural History, Ecology, and Epidemiology of *Ophidiomyces ophiodiicola* and Its Potential Impact on Free-Ranging Snake Populations." *Fungal Ecology* 17 (2015): 187–96.

Chambers, J. Q., N. Higuchi, J. P. Schimel, L. V. Ferreira, and J. M. Melack. "Decomposition and Carbon Cycling of Dead Trees in Tropical Forests of the Central Amazon." *Oecologia* 122, no. 3 (2000): 380–88.

Gerdeman, B. S., and G. Rufino. "Heterozerconidae: A Comparison Between a Temperate and a Tropical Species." In *Trends in Acarology, Proceedings of the 12th International Congress*, edited by M. W. Sabelis and J. Bruin, 93–96. Dordrecht, Netherlands: Springer, 2011.

Hérault, B., J. Beauchêne, F. Muller, F. Wagner, C. Baraloto, L. Blanc, and J. Martin. "Modeling Decay Rates of Dead Wood in a Neotropical Forest." *Oecologia* 164, no. 1 (2010): 243–51.

Hulcr, J., N. R. Rountree, S. E. Diamond, L. L. Stelinski, N. Fierer, and R. R. Dunn. "Mycangia of Ambrosia Beetles Host Communities of Bacteria." *Microbial Ecology* 64, no. 3 (2012): 784–93.

Pan, Y., R. A. Birdsey, J. Fang, R. Houghton, P. E. Kauppi, W. A. Kurz, O. L. Phillips, et al. "A Large and Persistent Carbon Sink in the World's Forests." *Science* 333, no. 6045 (2011): 988–93.

Rodrigues, R. R., R. P. Pineda, J. N. Barney, E. T. Nilsen, J. E. Barrett, and M. A. Williams. "Plant Invasions Associated with Change in Root-Zone Microbial Community Structure and Diversity." *PLoS ONE* 10, no. 10 (2015): e0141424.

Vandenbrink, J. P., J. Z. Kiss, R. Herranz, and F. J. Medina. "Light and Gravity Signals Synergize in Modulating Plant Development." *Frontiers in Plant Science* 5 (2014), doi:10.3389/fpls.2014.00563.

## 榛樹

BBC Radio 4. Interviews of Dorothy Thompson, CEO Drax Group, and Harry Huyton, Head of Climate Change Policy and Campaigns, RSPB. *Today*, July 24, 2014.

Birks, H. J. B. "Holocene Isochrone Maps and Patterns of Tree-Spreading in the British Isles." *Journal of Biogeography* 16, no. 6 (1989): 503–40.

Bishop, R. R., M. J. Church, and P. A. Rowley-Conwy. "Firewood, Food and Human Niche Construction: The Potential Role of Mesolithic Hunter-Gatherers in Actively Structuring Scotland's Woodlands." *Quaternary Science Reviews* 108 (2015): 51–75.

Carlyle, T. *Historical Sketches of Notable Persons and Events in the Reigns of James I and Charles I*. London: Chapman and Hall, 1898.

Carrell, S. "Longannet Power Station to Close Next Year." *Guardian,* March 23, 2015.

*Climate Change (Scotland) Act 2009*. www.legislation.gov.uk/asp/2009/12/contents (accessed June 1, 2015).

Dinnis, R., and C. Stringer. *Britain: One Million Years of the Human Story.* London: Natural History Museum Publications, 2014.

Edwards, K. J., and I. Ralston. "Postglacial Hunter-Gatherers and Vegetational History in Scotland." *Proceedings of the Society of Antiquaries of Scotland* 114 (1984): 15–34.

Evans, J. M., R. J. Fletcher Jr., J. R. R. Alavalapati, A. L. Smith, D. Geller, P. Lal, D. Vasudev, M. Acevedo, J. Calabria, and T. Upadhyay. *Forestry Bioenergy in the Southeast United States: Implications for Wildlife Habitat and Biodiversity.* Merrifield, VA: National Wildlife Federation, 2013.

Finsinger, W., W. Tinner, W. O. Van der Knaap, and B. Ammann. "The Expansion of Hazel (*Corylus avellana* L.) in the Southern Alps: A Key for Understanding Its Early Holocene History in Europe?" *Quaternary Science Reviews* 25, no. 5 (2006): 612–31.

Fodor, E. "Linking Biodiversity to Mutualistic Networks: Woody Species and Ectomycorrhizal Fungi." *Annals of Forest Research* 56 (2012): 53–78.

Furniture Industry Research Association. "Biomass Subsidies and Their Impact on the British Furniture Industry." Stevenage, UK, 2011.

*Glasgow Herald.* "Scots Pit Props: Developing a Rural Industry," January 8, 1938, page 3.

Mather, A. S. "Forest Transition Theory and the Reforesting of Scotland." *Scottish Geographical Magazine* 120, no. 1–2 (2004): 83–98.

Meyfroidt, P., T. K. Rudel, and E. F. Lambin. "Forest Transitions, Trade, and the Global Displacement of Land Use." *Proceedings of the National Academy of Sciences* 107, no. 49 (2010): 20917–22.

Palmé, A. E., and G. C. Vendramin. "Chloroplast DNA Variation, Postglacial Recolonization and Hybridization in Hazel, *Corylus avellana*." *Molecular Ecology* 11 (2002): 1769–79.

Regnell, M. "Plant Subsistence and Environment at the Mesolithic Site Tågerup, Southern Sweden: New Insights on the 'Nut Age.'" *Vegetation History and Archaeobotany* 21 (2012): 1–16.

Robertson, A., J. Lochrie, and S. Timpany. "Built to Last: Mesolithic and Neolithic Settlement at Two Sites Beside the Forth Estuary, Scotland." *Proceedings of the Society of Antiquaries of Scotland* 143 (2013): 1–64.

Schoch, W., I. Heller, F. H. Schweingruber, and F. Kienast. "Wood Anatomy of Central European Species." 2004. www.woodanatomy.ch.

Scott, W. *The Abbot.* Edinburgh: Longman, 1820.

Scottish Government. "High Level Summary of Statistics Trend Last Update: Renewable Energy. December 18, 2014. www.gov.scot/Topics/Statistics/Browse/Business/TrenRenEnergy.

Scottish Mining. "Accidents and Disasters." www.scottishmining.co.uk/5.html.

Soden, L. 2012. *Landscape Management Plan.* Rosyth, UK: Forth Crossing Bridge Constructors, 2012. www.transport.gov.scot/system/files/documents/tsc-basic-pages/10%20REP-00028-01%20Landscape%20Management%20Plan%20%28EM%20update%20for%20website%29.pdf.

Stephenson, A. L., and D. J. C. MacKay. *Life Cycle Impacts of Biomass Electricity in 2020: Scenarios for Assessing the Greenhouse Gas Impacts and Energy Input Requirements of Using North American Woody Biomass for Electricity Generation in the UK*. London: United Kingdom Department of Energy and Climate Change, 2014.

Stevenson, R. L. *Kidnapped*. New York and London: Harper, 1886.

"The Supply of Pitwood." *Nature* 94 (1914): 393–95.

Tallantire, P. A. "The Early-Holocene Spread of Hazel (*Corylus avellana* L.) in Europe North and West of the Alps: An Ecological Hypothesis." *Holocene* 12 (2002): 81–96.

Ter-Mikaelian, M. T., S. J. Colombo, and J. Chen. "The Burning Question: Does Forest Bioenergy Reduce Carbon Emissions? A Review of Common Misconceptions About Forest Carbon Accounting." *Journal of Forestry* 113, no. 1 (2015): 57–68.

United Kingdom. *Electricity, England and Wales: Renewables Obligation Order 2009*. Statutory Instrument 2009/785, March 24, 2009.

———. Office of Gas and Electricity Markets. "Renewables Obligation (RO) Annual Report 2013–14." February 16, 2015. www.ofgem.gov.uk//publications-and-updates/renewables-obligation-ro-annual-report-2013-14.

U.S. Energy Information Administration. *International Energy Statistics*. Washington, DC: U.S. Department of Energy, 2015. www.eia.gov/beta/international/.

U.S. Environmental Protection Agency. *Framework for Assessing Biogenic CO2 Emissions from Stationary Sources*. Washington, DC: Office of Air and Radiation, Office of Atmospheric Programs, Climate Change Division, 2014.

West Fife Council. 1994. "Kingdom of Fife Mining Industry Memorial Book." www.fifepits.co.uk/starter/m-book.htm/.

Warrick, J. 2015. "How Europe's Climate Policies Led to More U.S. Trees Being Cut Down." *Washington Post*, June 2, 2105. wpo.st/bARKo.

## 紅杉與美西黃松

Allen, C. D., A. K. Macalady, H. Chenchouni, D. Bachelet, N. McDowell, M. Vennetier, T. Kitzberger, et al. "A Global Overview of Drought and Heat-Induced Tree Mortality Reveals Emerging Climate Change Risks for Forests." *Forest Ecology and Management* 259, no. 4 (2010): 660–84.

Baker, J. A. *The Peregrine*. London: Collins, 1967.

Bannan, M. W. "The Length, Tangential Diameter, and Length/Width Ratio of Conifer Tracheids." *Canadian Journal of Botany* 43, no. 8 (1965): 967–84.

Bijl, P. K., A. J. P. Houben, S. Schouten, S. M. Bohaty, A. Sluijs, G.-J. Reichart, J. S. Sinninghe Damsté, and H. Brinkhuis. "Transient Middle Eocene Atmospheric $CO_2$ and Temperature Variations." *Science* 330, no. 6005 (2010), doi:10.1126/science.1193654.

Borsa, A. A., D. C. Agnew, and D. R. Cayan. "Ongoing Drought-Induced Uplift in the Western United States." *Science* 345, no. 6204 (2014), doi:10.1126/science.1260279.

Callaham, R. Z. "*Pinus ponderosa*: Geographic Races and Subspecies Based on Morphological Variation." Research Paper PSW-RP-265, U.S. Department of Agriculture, Forest Service, Pacific Southwest Research Station, Albany, CA, 2013.

Carswell, C. "Don't Blame the Beetles." *Science* 346, no. 6206 (2014), doi:10.1126/science.346.6206.154.

Chapman, S. S., G. E. Griffith, J. M. Omernik, A. B. Price, J. Freeouf, and D. L. Schrupp. *Ecoregions of Colorado*. Reston, VA: U.S. Geological Survey, 2006.

DeConto, R. M., and D. Pollard. "Rapid Cenozoic Glaciation of Antarctica Induced by Declining Atmospheric $CO_2$." *Nature* 421, no. 6920 (2003): 245–49.

Domec, J. C., J. M. Warren, F. C. Meinzer, J. R. Brooks, and R. Coulombe. "Native Root Xylem Embolism and Stomatal Closure in Stands of Douglas-Fir and Ponderosa Pine: Mitigation by Hydraulic Redistribution." *Oecologia* 141, no. 1 (2004): 7–16.

Editorial Board. "Congress Should Give the Government More Money for Wildfires." *New York Times*, September 28, 2015. www.nytimes.com/2015/09/28/opinion/congress-should-give-the-government-more-money-for-wildfires.html.

Evanoff, E., K. M. Gregory-Wodzicki, and K. R. Johnson, eds. *Fossil Flora and Stratigraphy of the Florissant Formation, Colorado*. Denver: Denver Museum of Nature and Science, 2011.

Feynman, R. *The Character of Physical Law*. Cambridge: MIT Press, 1967. Source of "nature has a simplicity" and "the deepest beauty."

Frost, R. "The Sound of Trees." *The Poetry of Robert Frost: The Collected Poems, Complete and Unabridged*. New York: Holt, 2002. Source of "all measure . . ."

Ganey, J. L., and S. C. Vojta. "Tree Mortality in Drought-Stressed Mixed-Conifer and Ponderosa Pine Forests, Arizona, USA." *Forest Ecology and Management* 261, no. 1 (2011): 162–68.

Hume, D. *Four Dissertations. IV. Of the Standard of Taste*. 1757. Available at www.davidhume.org/texts/fd.html. Source of "Beauty is no quality in things . . ." and "Strong sense, united to delicate sentiment . . ."

Kawabata, Y. *Snow Country*. Translated by E. G. Seidensticker. New York: A. A. Knopf, 1956.

Keegan, K. M., M. R. Albert, J. R. McConnell, and I. Baker. "Climate Change and Forest Fires Synergistically Drive Widespread Melt Events of the Greenland Ice Sheet." *Proceedings of the National Academy of Sciences* 111, no. 22 (2014), doi:10.1073/pnas.1405397111.

Keller, L., and M. G. Surette. "Communication in Bacteria: An Ecological and Evolutionary Perspective." *Nature Reviews Microbiology* 4, no. 4 (2006): 249–58.

Kikuta, S. B., M. A. Lo Gullo, A. Nardini, H. Richter, and S. Salleo. "Ultrasound Acoustic Emissions from Dehydrating Leaves of Deciduous and Evergreen Trees." *Plant, Cell & Environment* 20, no. 11 (1997): 1381–90.

Laschimke, R., M. Burger, and H. Vallen. "Acoustic Emission Analysis and Experiments with Physical Model Systems Reveal a Peculiar Nature of the Xylem Tension." *Journal of Plant Physiology* 163, no. 10 (2006): 996–1007.

Maherali, H., and E. H. DeLucia. "Xylem Conductivity and Vulnerability to Cavitation of Ponderosa Pine Growing in Contrasting Climates." *Tree Physiology* 20, no. 13 (2000): 859–67.

Maxbauer, D. P., D. L. Royer, and B. A. LePage. "High Arctic Forests During the Middle Eocene Supported by Moderate Levels of Atmospheric $CO_2$." *Geology* 42, no. 12 (2014): 1027–30.

Meko, D. M., C. A. Woodhouse, C. A. Baisan, T. Knight, J. J. Lukas, M. K. Hughes, and M. W. Salzer. "Medieval Drought in the Upper Colorado River Basin." *Geophysical Research Letters* 34, no. 10 (2007), doi:10.1029/2007GL029988.

Meyer, H. W. *The Fossils of Florissant*. Washington, DC: Smithsonian Books, 2003.

Monson, R. K., and M. C. Grant. "Experimental Studies of Ponderosa Pine. III. Differences in Photosynthesis, Stomatal Conductance, and Water-Use Efficiency Between Two Genetic Lines." *American Journal of Botany* 76, no. 7 (1989): 1041–47.

Moritz, M. A., E. Batllori, R. A. Bradstock, A. M. Gill, J. Handmer, P. F. Hessburg, J. Leonard, et al. "Learning to Coexist with Wildfire." *Nature* 515, no. 7525 (2014), doi:10.1038/nature13946.

Muir, J. *The Mountains of California*. New York: Century Company, 1894. Source of "finest music . . . hum."

Murdoch, I. *The Sovereignty of Good*. London: Routledge, 1970. Source of "unselfing" and "patently . . ."

Oliver, W. W., and R. A. Ryker. "Ponderosa Pine." In *Silvics of North America*, edited by R. M. Burns and B. H. Honkala. Agriculture Handbook 654. U.S. Department of Agriculture, Forest Service, Washington, DC, 1990. www.na.fs.fed.us/spfo/pubs/silvics_manual/Volume_1/pinus/ponderosa.htm.

Pais, A., M. Jacob, D. I. Olive, and M. F. Atiyah. *Paul Dirac: The Man and His Work*. Cambridge, UK: Cambridge University Press, 1998. Source of "getting beauty . . ."

Pierce, J. L., G. A. Meyer, and A. J. T. Jull. "Fire-Induced Erosion and Millennial-Scale Climate Change in Northern Ponderosa Pine Forests." *Nature* 432, no. 7013 (2004), doi:10.1038/nature03058.

Pross, J., L. Contreras, P. K. Bijl, D. R. Greenwood, S. M. Bohaty, S. Schouten, J. A. Bendle, et al. "Persistent Near-Tropical Warmth on the Antarctic Continent During the Early Eocene Epoch." *Nature* 488, no. 7409 (2012), doi:10.1038/nature11300.

Ryan, M. G., B. J. Bond, B. E. Law, R. M. Hubbard, D. Woodruff, E. Cienciala, and J. Kucera. "Transpiration and Whole-Tree Conductance in Ponderosa Pine Trees of Different Heights." *Oecologia* 124, no. 4 (2000): 553–60.

Shen, F., Y. Wang, Y. Cheng, and L. Zhang. "Three Types of Cavitation Caused by Air Seeding." *Tree Physiology* 32, no. 11 (2012): 1413–19.

Svensen, H., S. Planke, A. Malthe-Sørenssen, B. Jamtveit, R. Myklebust, T. R. Eidem, and S. S. Rey. "Release of Methane from a Volcanic Basin as a Mechanism for Initial Eocene Global Warming." *Nature* 429, no. 6991 (2004), doi:10.1038/nature02566.

Underwood, E. "Models Predict Longer, Deeper U.S. Droughts." *Science* 347, no. 6223 (2015), doi:10.1126/science.347.6223.707. Source of "quaint."

van Riper III, C., J. R. Hatten, J. T. Giermakowski, D. Mattson, J. A. Holmes, M. J. Johnson, E. M. Nowak, et al. "Projecting Climate Effects on Birds and Reptiles of the Southwestern United States." U.S. Geological Survey Open-File Report 2014-1050, 2014, doi:10.3133/ofr20141050.

Warren, J. M., J. R. Brooks, F. C. Meinzer, and J. L. Eberhart. "Hydraulic Redistribution of Water from *Pinus ponderosa* Trees to Seedlings: Evidence for an Ectomycorrhizal Pathway." *New Phytologist* 178, no. 2 (2008): 382–94.

Weed, A. S., M. P. Ayres, and J. A. Hicke. "Consequences of Climate Change for Biotic Disturbances in North American Forests." *Ecological Monographs* 83, no. 4 (2013): 441–70.

Westerling, A. L., H. G. Hidalgo, D. R. Cayan, and T. W. Swetnam. "Warming and Earlier Spring Increase Western US Forest Wildfire Activity." *Science* 313, no. 5789 (2006): 940–43.

Zachos, J., M. Pagani, L. Sloan, E. Thomas, and K. Billups. "Trends, Rhythms, and Aberrations in Global Climate 65 Ma to Present." *Science* 292, no. 5517 (2001): 686–93.

Zhang, Y. G., M. Pagani, Z. Liu, S. M. Bohaty, and R. DeConto. (2013). "A 40-Million-Year History of Atmospheric $CO_2$." *Philosophical Transactions of the Royal Society A: Mathematical, Physical and Engineering Sciences* 371, no. 2001 (2013), doi:10.1098/rsta.2013.0096.

## 棉白楊

Barbaccia, T. G. "A Benchmark for Snow and Ice Management in the Mile High City." Equipment World's Better Roads, August 25, 2010. www.equipmentworld.com/a-benchmark-for-snow-and-ice-management-in-the-mile-high-city/.

Belk, J. 2003. "Big Sky, Open Arms." *New York Times*, June 22, 2003. www.nytimes.com/2003/06/22/travel/big-sky-open-arms.html. Source of "Four black folks . . ."

Blasius, B. J., and R. W. Merritt. "Field and Laboratory Investigations on the Effects of Road Salt (NaCl) on Stream Macroinvertebrate Communities." *Environmental Pollution* 120, no. 2 (2002): 219–31.

Clancy, K. B. H., R. G. Nelson, J. N. Rutherford, and K. Hinde. "Survey of Academic Field Experiences (SAFE): Trainees Report Harassment and Assault." *PLoS ONE* 9, no. 7 (July 16, 2014), doi:10.1371/journal.pone.0102172. Source of "hostile field environments."

Coates, T. *Between the World and Me*. New York: Spiegel & Grau, 2015. Source of "Catholic, Corsican . . ."

Conathan, L., ed. "Arapaho text corpus." Endangered Language Archive, 2006. elar.soas.ac.uk/deposit/0083.

Davidson, J. "Former Legislator Joe Shoemaker Led Cleanup of the S. Platte River." *Denver Post*, August 16, 2012. www.denverpost.com/ci_21323273/former-legislator-joe-shoemaker-led-cleanup-s-platte.

Dillard, A. "Innocence in the Galapagos." *Harper's*, May 1975. Source of "pristine . . ." and "the greeting . . ."

Finney, C. *Black Faces, White Spaces: Reimagining the Relationship of African Americans to the Great Outdoors*. Chapel Hill: University of North Carolina Press, 2014. Source of "geographies of fear."

Greenway Foundation. *The River South Greenway Master Plan*. Greenwood Village, CO: Greenway Foundation, 2010. www.thegreenwayfoundation.org/uploads/3/9/1/5/39157543/riso.pdf.

———. *The Greenway Foundation Annual Report*. Denver, CO: Greenway Foundation, April 2012. www.thegreenwayfoundation.org/uploads/3/9/1/5/39157543/2012_greenway_current.pdf.

Gwaltney, B. Interviewed in "James Mills on African Americans and National Parks." To the Best of Our Knowledge, August 29, 2010. www.ttbook.org/book/james-mills-african-americans-and-national-parks. Source of "There are a lot of trees . . ."

Jefferson, T. "Notes on the State of Virginia." 1787. Available at Yale University Avalon Project. avalon.law.yale.edu/18th_century/jeffvir.asp. Source of "mobs of great cities . . ." and "husbandmen."

Kranjcec, J., J. M. Mahoney, and S. B. Rood. "The Responses of Three Riparian Cottonwood Species to Water Table Decline." *Forest Ecology and Management* 110, no. 1 (1998): 77–87.

Lanham, J. D. "9 Rules for the Black Birdwatcher." *Orion* 32, no. 6 (November 1, 2013): 7. Source of "Don't bird . . ."

Leopold, A. "The Last Stand of the Wilderness." *American Forests and Forest Life* 31, no. 382 (October 1925): 599–604. Source of "segregated . . . wilderness."

———. *A Sand County Almanac, and Sketches Here and There*. Oxford: Oxford University Press, 1949. Source of "soils, waters . . ." and "man-made changes."

Limerick, P. N. *A Ditch in Time: The City, the West, and Water*. Golden, CO: Fulcrum, 2012. Source of "perpetually brilliant" and "tonic, healthy."

Louv. R. *Last Child in the Woods*. Chapel Hill, NC: Algonquin, 2005. Source of "nature deficit."

Marotti, A. "Denver's Camping Ban: Survey Says Police Don't Help Homeless Enough." *Denver Post*, June 26, 2013. www.denverpost.com/politics/ci_23539228/denvers-camping-ban-survey-says-police-dont-help.

Meinhardt, K. A., and C. A. Gehring. "Disrupting Mycorrhizal Mutualisms: A Potential Mechanism by Which Exotic Tamarisk Outcompetes Native Cottonwoods." *Ecological Applications* 22, no. 2 (2012): 532–49.

Merchant, C. "Shades of Darkness: Race and Environmental History." *Environmental History* 8, no. 3 (2003): 380–94.

Mills, J. E. *The Adventure Gap*. Seattle, WA: Mountaineers Books, 2014. Source of "cultural barrier . . ."

Muir, J. *A Thousand-Mile Walk to the Gulf*. Boston: Houghton, 1916. Source of "would easily pick . . ."

———. *My First Summer in the Sierra*. Boston: Houghton, 1917. Source of "dark-eyed . . ." and "strangely dirty . . ."

———. *Steep Trails*. Boston: Houghton, 1918. Source of "bathed in the bright river," "last of the town fog," "brave and manly . . . and crime," "intercourse with stupid town . . . ," and "doomed . . ."

*Negro Motorist Green Book*. New York: Green, 1949.

Online Etymology Dictionary. "Ecology." www.etymonline.com/index.php?term =ecology.
Pinchot, G. *The Training of a Forester.* Philadelphia: Lippincott, 1914. Source of "pines and hemlocks . . . general and unfailing."
*Revised Municipal Code of the City and County of Denver, Colorado.* Chapter 38: Offenses, Miscellaneous Provisions, Article IV: Offenses Against Public Order and Safety, July 21, 2015. municode.com/library/co/denver/codes/code_of_ordinances?nodeId-TITIIREMUCO_CH38OFMIPR_ARTIVOFAGPUORSA.
Roden, J. S., and R. W. Pearcy. "Effect of Leaf Flutter on the Light Environment of Poplars." *Oecologia* 93 (1993): 201–7.
Royal Society for the Protection of Birds. "Giving Nature a Home." www.rspb.org.uk (accessed July 28, 2016).
Scott, M. L., G. T. Auble, and J. M. Friedman. "Flood Dependency of Cottonwood Establishment Along the Missouri River, Montana, USA." *Ecological Applications* 7, no. 2 (1997): 677–90.
Shakespeare, W. *As You Like It.* 1623. Available at http://www.gutenberg.org/ebooks/1121.
Strayed, C. *Wild.* New York: A. A. Knopf, 2012. Source of "myself a different story . . ."
The Nature Conservancy. "What's the Return on Nature?" www.nature.org/photos -and-video/photography/psas/natures-value-psa-pdf.pdf
*U.S. Code*, Title 16: Conservation, Chapter 23: National Wilderness Preservation System.
Vandersande, M. W., E. P. Glenn, and J. L. Walworth. "Tolerance of Five Riparian Plants from the Lower Colorado River to Salinity Drought and Inundation." *Journal of Arid Environments* 49, no. 1 (2001): 147–59.
Williams, T. T. *When Women Were Birds: Fifty-four Variations on Voice.* New York: Sarah Crichton Books, 2014. Source of "growing beyond . . . ," "things that happen . . . ," and "our own lips speaking."
Wohlforth, C. "Conservation and Eugenics." *Orion* 29, no. 4 (July 1, 2010): 22–28.

## 豆梨

Anderson, L. M., B. E. Mulligan, and L. S. Goodman. "Effects of Vegetation on Human Response to Sound." *Journal of Arboriculture* 10 (1984): 45–49.
Aronson, M. F. J., F. A. La Sorte, C. H. Nilon, M. Katti, M. A. Goddard, C. A. Lepczyk, P. S. Warren, et al. "A Global Analysis of the Impacts of Urbanization on Bird and Plant Diversity Reveals Key Anthropogenic Drivers." *Proceedings of the Royal Society of London B: Biological Sciences* 281, no. 1780 (2014), doi:10.1098 /rspb.2013.3330.
Bettencourt, L. M. A. "The Origins of Scaling in Cities." *Science* 340, no. 6139 (2013): 1438–41.
Borden, J. *I Totally Meant to Do That.* New York: Broadway Paperbacks, 2011.
Buckley, C. "Behind City's Painful Din, Culprits High and Low." *New York Times*, July 12, 2013. www.nytimes.com/2013/07/12/nyregion/behind-citys-painful-din -culprits-high-and-low.html.

Calfapietra, C., S. Fares, F. Manes, A. Morani, G. Sgrigna, and F. Loreto. "Role of Biogenic Volatile Organic Compounds (BVOC) Emitted by Urban Trees on Ozone Concentration in Cities: A Review." *Environmental Pollution* 183 (2013): 71–80.

Campbell, L. K. "Constructing New York City's Urban Forest." In *Urban Forests, Trees, and Greenspace: A Political Ecology Perspective*, edited by L. A. Sandberg, A. Bardekjian, and S. Butt, 242–60. New York: Routledge, 2014.

Campbell, L. K., M. Monaco, N. Falxa-Raymond, J. Lu, A. Newman, R. A. Rae, and E. S. Svendsen. *Million TreesNYC: The Integration of Research and Practice*. New York: New York City Department of Parks and Recreation, 2014.

Cortright, J. *New York City's Green Dividend*. Chicago: CEOs for Cities, 2010.

Crisinel, A.-S., S. Cosser, S. King, R. Jones, J. Petrie, and C. Spence. "A Bittersweet Symphony: Systematically Modulating the Taste of Food by Changing the Sonic Properties of the Soundtrack Playing in the Background." *Food Quality and Preference* 24, no. 1 (2012): 201–4.

Culley, T. M., and N. A. Hardiman. "The Beginning of a New Invasive Plant: A History of the Ornamental Callery Pear in the United States." *BioScience* 57, no. 11 (2007): 956–64. Source of "marvel."

de Langre, E. "Effect of Wind on Plants." *Annual Review of Fluid Mechanics* 40 (2008): 141–68.

Dodman, D. "Blaming Cities for Climate Change? An Analysis of Urban Greenhouse Gas Emissions Inventories." *Environment and Urbanization* 21, no. 1 (2009): 185–201.

Engels, S., N.-L. Schneider, N. Lefeldt, C. M. Hein, M. Zapka, A. Michalik, D. Elbers, A. Kittel, P. J. Hore, and H. Mouritsen. "Anthropogenic Electromagnetic Noise Disrupts Magnetic Compass Orientation in a Migratory Bird." *Nature* 509, no. 7500 (2014): 353–56.

Environmental Defense Fund. "A Big Win for Healthy Air in New York City." *Solutions*, Winter 2014, page 13.

Farrant-Gonzalez, T. "A Bigger City Is Not Always Better." *Scientific American* 313 (2015): 100.

Gick, B., and D. Derrick. "Aero-tactile Integration in Speech Perception." *Nature* 462, no. 7272 (November 26, 2009), doi:10.1038/nature08572.

Girling, R. D., I. Lusebrink, E. Farthing, T. A. Newman, and G. M. Poppy. "Diesel Exhaust Rapidly Degrades Floral Odours Used by Honeybees." *Scientific Reports* 3 (2013), doi:10.1038/srep02779.

Hampton, K. N., L. S. Goulet, and G. Albanesius. "Change in the Social Life of Urban Public Spaces: The Rise of Mobile Phones and Women, and the Decline of Aloneness over 30 Years." *Urban Studies* 52, no. 8 (2015): 1489–1504.

Li, H., Y. Cong, J. Lin, and Y. Chang. "Enhanced Tolerance and Accumulation of Heavy Metal Ions by Engineered *Escherichia coli* Expressing *Pyrus calleryana* Phytochelatin Synthase." *Journal of Basic Microbiology* 55, no. 3 (2015): 398–405.

Lu, J. W. T., E. S. Svendsen, L. K. Campbell, J. Greenfeld, J. Braden, K. King, and N. Falxa-Raymond. "Biological, Social, and Urban Design Factors Affecting

Young Street Tree Mortality in New York City." *Cities and the Environment* 3, no. 1 (2010): 1–15.

Maddox, V., J. Byrd, and B. Serviss. "Identification and Control of Invasive Privets (*Ligustrum* spp.) in the Middle Southern United States." *Invasive Plant Science and Management* 3 (2010): 482–88.

Mao, Q., and D. R. Huff. "The Evolutionary Origin of *Poa annua* L." *Crop Science* 52 (2012): 1910–22.

Nemerov, H. "Learning the Trees." In *The Collected Poems of Howard Nemerov*. Chicago: The University of Chicago Press, 1977. Source of "comprehensive silence."

Newman, A. "In Leafy Profusion, Trees Spring Up in a Changing New York." *New York Times*, December 1, 2014. www.nytimes.com/2014/12/02/nyregion/in-leafy-blitz-trees-spring-up-in-a-changing-new-york.html.

New York City Comptroller. "ClaimStat: Protecting Citizens and Saving Taxpayer Dollars: FY 2014–2015 Update." comptroller.nyc.gov/reports/claimstat/#treeclaims.

New York City Department of Environmental Protection. "Heating Oil." www.nyc.gov/html/dep/html/air/buildings_heating_oil.shtml (accessed May 16, 2016).

———. "New York City's Wastewater." www.nyc.gov/html/dep/html/wastewater/index.shtml (accessed July 22, 2015).

*New York State Penal Law*. Part 3, Title N, Article 240: Offenses Against Public Order. ypdcrime.com/penal.law/article240.htm.

Niklas, K. J. "Effects of Vibration on Mechanical Properties and Biomass Allocation Pattern of *Capsella bursa-pastoris* (Cruciferae)." *Annals of Botany* 82, no. 2 (1998): 147–56.

North, A. C. "The Effect of Background Music on the Taste of Wine." *British Journal of Psychology* 103, no. 3 (2012): 293–301.

Nowak, D. J., R. E. Hoehn III, D. E. Crane, J. C. Stevens, and J. T. Walton. "Assessing Urban Forest Effects and Values: New York City's Urban Forest." Resource Bulletin NRS-9, U.S. Department of Agriculture, Forest Service, Northern Research Station, Newtown Square, PA, 2007.

Nowak, D. J., S. Hirabayashi, A. Bodine, and E. Greenfield. "Tree and Forest Effects on Air Quality and Human Health in the United States." *Environmental Pollution* 193 (2014): 119–29.

O'Connor, A. "After 200 Years, a Beaver Is Back in New York City." *New York Times*, February 23, 2007. www.nytimes.com/2007/02/23/nyregion/23beaver.html.

Peper, P. J., E. G. McPherson, J. R. Simpson, S. L. Gardner, K. E. Vargas, and Q. Xiao. *New York City, New York Municipal Forest Resource Analysis*. Davis, CA: Center for Urban Forest Research, USDA Forest Service, Pacific Southwest Research Station, 2007.

Rosenthal, J. K., R. Ceauderueff, and M. Carter. *Urban Heat Island Mitigation Can Improve New York City's Environment: Research on the Impacts of Mitigation Strategies on the Urban Environment*. New York: Sustainable South Bronx, 2008.

Roy, J. 2015. "What Happens When a Woman Walks Like a Man?" *New York*, January 8, 2015.

Rueb, E. S. "Come On In, Paddlers, the Water's Just Fine. Don't Mind the Sewage." *New York Times*, August 29, 2013. www.nytimes.com/2013/08/30/nyregion/in-water-they-wouldnt-dare-drink-paddlers-find-a-home.html.

Sanderson, E. W. *Mannahatta: A Natural History of New York City*. New York: Abrams, 2009.

Sarudy, B. W. *Gardens and Gardening in the Chesapeake, 1700–1805*. Baltimore, MD: Johns Hopkins University Press, 1998.

Schläpfer, M., L. M. A. Bettencourt, S. Grauwin, M. Raschke, R. Claxton, Z. Smoreda, G. B. West, and C. Ratti. "The Scaling of Human Interactions with City Size." *Journal of the Royal Society Interface* 11, no. 98 (2014), doi:10.1098/rsif.2013.0789.

Spence, C., and O. Deroy. "On Why Music Changes What (We Think) We Taste." *i-Perception* 4, no. 2 (2013): 137–40.

Tavares, R. M., A. Mendelsohn, Y. Grossman, C. H. Williams, M. Shapiro, Y. Trope, and D. Schiller. "A Map for Social Navigation in the Human Brain." *Neuron* 87, no. 1 (2015): 231–43.

Taylor, W. *Agreement for South China Explorations*. Washington, DC: Bureau of Plant Industries, U.S. Department of Agriculture, July 25, 1916.

West Side Rag. "Weekend History: Astonishing Photo Series of Broadway in 1920." November 30, 2014. www.westsiderag.com/2014/11/30/uws-history-astonishing-photo-series-of-broadway-in-the-1920s.

Wildlife Conservation Society. "Welikia Project." welikia.org (accessed July 24, 2015).

Woods, A. T., E. Poliakoff, D. M. Lloyd, J. Kuenzel, R. Hodson, H. Gonda, J. Batchelor, G. B. Dijksterhuis, and A. Thomas. "Effect of Background Noise on Food Perception." *Food Quality and Preference* 22, no. 1 (2011): 42–47.

Zhao, L., X. Lee, R. B. Smith, and K. Oleson. "Strong Contributions of Local Background Climate to Urban Heat Islands." *Nature* 511, no. 7508 (2014): 216–19.

Zouhar, K. "*Linaria* spp." In "Fire Effects Information System," produced by U.S. Department of Agriculture, Forest Service, Rocky Mountain Research Station, Fire Sciences Laboratory, 2003. www.fs.fed.us/database/feis/plants/forb/linspp/all.html.

## 橄欖樹

Besnard, G., B. Khadari, M. Navascués, M. Fernández-Mazuecos, A. El Bakkali, N. Arrigo, D. Baali-Cherif, et al. "The Complex History of the Olive Tree: From Late Quaternary Diversification of Mediterranean Lineages to Primary Domestication in the Northern Levant." *Proceedings of the Royal Society of London B: Biological Sciences* 280, no. 1756 (2013), doi:10.1098/rspb.2012.2833.

Cohen, S. E. *The Politics of Planting*. Chicago: University of Chicago Press, 1993.

deMenocal, P. B. "Climate Shocks." *Scientific American*, September 2014, pages 48–53.

Diez C. M., I. Trujillo, N. Martinez-Urdiroz, D. Barranco, L. Rallo, P. Marfil, and B. S. Gaut. "Olive Domestication and Diversification in the Mediterranean Basin." *New Phytologist* 206, no. 1 (2015), doi:10.1111/nph.13181.

Editors of the Encyclopædia Britannica. "Baal." *Encyclopædia Britannica Online*, last updated February 26, 2016. www.britannica.com/topic/Baal-ancient-deity.

Fernández, J. E., and F. Moreno. "Water Use by the Olive Tree." *Journal of Crop Production* 2, no. 2 (2000): 101–62.

*Forward* and Y. Schwartz. "Foreign Workers Are the New Kibbutzniks." *Haaretz*, September 27, 2014. www.haaretz.com/news/features/1.617887.

Friedman, T. L. "Mystery of the Missing Column." *New York Times*, October 23, 1984.

Griffith, M. P. "The Origins of an Important Cactus Crop, *Opuntia ficus-indica* (Cactaceae): New Molecular Evidence." *American Journal of Botany* 91 (2004): 1915–21.

Hass, A. "Israeli 'Watergate' Scandal: The Facts About Palestinian Water." *Haaretz*, February 16, 2014. www.haaretz.com/middle-east-news/1.574554.

Hasson, N. "Court Moves to Solve E. Jerusalem Water Crisis to Prevent 'Humanitarian Disaster.'" *Haaretz*, July 4, 2015. www.haaretz.com/israel-news/.premium-1.664337.

Hershkovitz, I., O. Marder, A. Ayalon, M. Bar-Matthews, G. Yasur, E. Boaretto, V. Caracuta, et al. "Levantine Cranium from Manot Cave (Israel) Foreshadows the First European Modern Humans." *Nature* 520, no. 7546 (2015): 216–19.

International Olive Oil Council. *World Olive Encyclopaedia*. Barcelona: Plaza & Janés Editores, 1996.

Josephus. *Jewish Antiquities, Volume VIII: Books 18–19*. Translated by L. H. Feldman. Loeb Classical Library 433. Cambridge, MA: Harvard University Press, 1965. Source of "construction of an aqueduct . . . ," "and tens of thousands of men . . . ," and "inflicted much harder blows . . ."

Kadman, N., O. Yiftachel, D. Reider, and O. Neiman. *Erased from Space and Consciousness: Israel and the Depopulated Palestinian Villages of 1948*. Bloomington: Indiana University Press, 2015.

Kaniewski, D., E. Van Campo, T. Boiy, J. F. Terral, B. Khadari, and G. Besnard. "Primary Domestication and Early Uses of the Emblematic Olive Tree: Palaeobotanical, Historical and Molecular Evidence from the Middle East." *Biological Reviews* 87, no. 4 (2012): 885–99.

Keren Kayemeth LeIsrael Jewish National Fund. "Sataf: Ancient Agriculture in Action." www.kkl.org.il/eng/tourism-and-recreation/forests-and-parks/sataf-site.aspx.

Khalidi, W. *All That Remains: The Palestinian Villages Occupied and Depopulated by Israel in 1948*. Washington, DC: Institute for Palestine Studies, 1992.

Langgut, D., I. Finkelstein, T. Litt, F. H. Neumann, and M. Stein. "Vegetation and Climate Changes During the Bronze and Iron Ages (~3600–600 BCE) in the Southern Levant Based on Palynological Records." *Radiocarbon* 57, no. 2 (2015): 217–35.

Langgut, D., F. H. Neumann, M. Stein, A. Wagner, E. J. Kagan, E. Boaretto, and I. Finkelstein. "Dead Sea Pollen Record and History of Human Activity in the Judean Highlands (Israel) from the Intermediate Bronze into the Iron Ages (~2500–500 BCE)." *Palynology* 38, no. 2 (2014): 280–302.

Lawler, A. "In Search of Green Arabia." *Science* 345, no. 6200 (2014): 994–97.

Litt, T., C. Ohlwein, F. H. Neumann, A. Hense, and M. Stein. "Holocene Climate Variability in the Levant from the Dead Sea Pollen Record." *Quaternary Science Reviews* 49 (2012): 95–105.

Lumaret, R., and N. Ouazzani. "Plant Genetics: Ancient Wild Olives in Mediterranean Forests." *Nature* 413, no. 6857 (2001): 700.

Luo, T., R. Young, and P. Reig. "Aqueduct Projected Water Stress Country Rankings." Washington, DC: World Resources Institute, 2015. www.wri.org/sites/default/files/aqueduct-water-stress-country-rankings-technical-note.pdf.

Neumann, F. H., E. J. Kagan, S. A. G. Leroy, and U. Baruch. "Vegetation History and Climate Fluctuations on a Transect Along the Dead Sea West Shore and Their Impact on Past Societies over the Last 3500 Years." *Journal of Arid Environments* 74 (2010): 756–64.

Perea, R., and A. Gutiérrez-Galán. "Introducing Cultivated Trees into the Wild: Wood Pigeons as Dispersers of Domestic Olive Seeds." *Acta Oecologica* 71 (2015): 73–79.

Pope, M. H. "Baal Worship." In *Encyclopaedia Judaica,* 2nd ed., vol. 3, edited by F. Skolnik and M. Berenbaum, pages 9–13. New York: Thomas Gale, 2007.

Prosser, M. C. "The Ugaritic Baal Myth, Tablet Four." Cuneiform Digital Library Initiative. cdli.ox.ac.uk/wiki/doku.php?id=the_ugaritic_baal_myth.

Ra'ad, B. *Hidden Histories: Palestine and the Eastern Mediterranean.* London: Pluto, 2010.

Snir, A., D. Nadel, and E. Weiss. "Plant-Food Preparation on Two Consecutive Floors at Upper Paleolithic Ohalo II, Israel." *Journal of Archaeological Science* 53 (2015): 61–71.

Stein, M., A. Torfstein, I. Gavrieli, and Y. Yechieli. "Abrupt Aridities and Salt Deposition in the Post-Glacial Dead Sea and Their North Atlantic Connection." *Quaternary Science Reviews* 29, no. 3 (2010): 567–75.

Terral, J., E. Badal, C. Heinz, P. Roiron, S. Thiebault, and I. Figueiral. "A Hydraulic Conductivity Model Points to Post-Neogene Survival of the Mediterranean Olive." *Ecology* 85, no. 11 (2004): 3158–65.

Tourist Israel. "Sataf." www.touristisrael.com/sataf/2503/ (accessed November 29, 2015).

Waldmann, N., A. Torfstein, and M. Stein. "Northward Intrusions of Low- and Midlatitude Storms Across the Saharo-Arabian Belt During Past Interglacials." *Geology* 38, no. 6 (2010): 567–70.

Weiss, E. "'Beginnings of Fruit Growing in the Old World': Two Generations Later." *Israel Journal of Plant Sciences* 62 (2015): 75–85.

Zhang, C., J. Gomes-Laranjo, C. M. Correia, J. M. Moutinho-Pereira, B. M. Carvalho Goncalves, E. L. V. A. Bacelar, F. P. Peixoto, and V. Galhano. "Response, Tolerance and Adaptation to Abiotic Stress of Olive, Grapevine and Chestnut in the Mediterranean Region: Role of Abscisic Acid, Nitric Oxide and MicroRNAs." In *Plants and Environment*, edited by H. K. N. Vasanthaiah and D. Kambiranda, pages 179–206. Rijeka, Croatia: InTech, 2011.

## 日本五葉松

Auders, A. G., and D. P. Spicer. *Royal Horticultural Society Encyclopedia of Conifers: A Comprehensive Guide to Cultivars and Species.* Nicosia, Cyprus: Kingsblue, 2013.

Batten, B. L. "Climate Change in Japanese History and Prehistory: A Comparative Overview." Occasional Paper No. 2009-01, Edwin O. Reischauer Institute of Japanese Studies, Harvard University, 2009.

Chan, P. *Bonsai Masterclass.* Sterling: New York, 1988.

Donoghue, M. J., and S. A. Smith. "Patterns in the Assembly of Temperate Forests Around the Northern Hemisphere." *Philosophical Transactions of the Royal Society B: Biological Sciences* 359, no. 1450 (2004): 1633–44.

Fridley, J. D. "Of Asian Forests and European Fields: Eastern US Plant Invasions in a Global Floristic Context." *PLoS ONE* 3, no. 11 (2008): e3630.

Gorai, S. "Shugendo Lore." *Japanese Journal of Religious Studies* 16 (1989): 117–42.

National Bonsai & Penjing Museum. "Hiroshima Survivor." www.bonsai-nbf.org/hiroshima-survivor.

Nelson, J. "Gardens in Japan: A Stroll Through the Cultures and Cosmologies of Landscape Design." *Lotus Leaves, Society for Asian Art* 17, no. 2 (2015): 1–9.

Omura, H. "Trees, Forests and Religion in Japan." *Mountain Research and Development* 24, no. 2 (2004): 179–82.

Slawson, D. A. *Secret Teachings in the Art of Japanese Gardens: Design Principles, Aesthetic Values.* New York: Kodansh, 2013. Source of "if you have not received . . ."

Takei, J., and M. P. Keane. *Sakuteiki, Visions of the Japanese Garden: A Modern Translation of Japan's Gardening Classic.* Rutland, VT: Tuttle, 2008. Source of "wild nature" and "past master."

Voice of America. "Hiroshima Survivor Recalls Day Atomic Bomb Was Dropped." October 30, 2009. www.voanews.com/content/a-13-2005-08-05-voa38-67539217/285768.html.

Yi, S., Y. Saito, Z. Chen, and D. Y. Yang. "Palynological Study on Vegetation and Climatic Change in the Subaqueous Changjiang (Yangtze River) Delta, China, During the Past About 1600 Years." *Geosciences Journal* 10, no. 1 (2006): 17–22.

國家圖書館出版品預行編目資料

樹之歌：生物學家對宇宙萬物的哲學思索 / 大衛.喬治.哈思克(David George Haskell)著；蕭寶森譯. -- 初版. -- 臺北市：商周出版：家庭傳媒城邦分公司發行, 2017.09
面；　公分. -- (科學新視野；137)
譯自：The songs of trees : stories from nature's great connectors
ISBN 978-986-477-300-8(平裝)

1.森林生態學 2.共生

436.12　　106013135

科學新視野 137

# 樹之歌：生物學家對宇宙萬物的哲學思索

作　　者／大衛・喬治・哈思克（David George Haskell）
譯　　者／蕭寶森
企畫選書／羅珮芳
責任編輯／羅珮芳

版　　權／吳亭儀、江欣瑜
行銷業務／周佑潔、黃崇華、賴玉嵐
總 編 輯／黃靖卉
總 經 理／彭之琬
事業群總經理／黃淑貞
發 行 人／何飛鵬
法律顧問／元禾法律事務所王子文律師
出　　版／商周出版
台北市104民生東路二段141號9樓
電話：(02) 25007008　傳眞：(02)25007759
E-mail：bwp.service@cite.com.tw
發　　行／英屬蓋曼群島商家庭傳媒股份有限公司城邦分公司
台北市中山區民生東路二段141號2樓
書虫客服服務專線：02-25007718；25007719
服務時間：週一至週五上午09:30-12:00；下午13:30-17:00
24小時傳眞專線：02-25001990；25001991
劃撥帳號：19863813；戶名：書虫股份有限公司
讀者服務信箱：service@readingclub.com.tw
城邦讀書花園 www.cite.com.tw
香港發行所／城邦（香港）出版集團
香港灣仔駱克道193號東超商業中心1F　E-mail: hkcite@biznetvigator.com
電話：(852) 25086231　傳眞：(852) 25789337
馬新發行所／城邦（馬新）出版集團【Cite (M) Sdn Bhd】
41, Jalan Radin Anum, Bandar Baru Sri Petaling,
57000 Kuala Lumpur, Malaysia.
電話：(603) 90563833　傳眞：(603) 90576622
Email: service@cite.com.my

封面設計／廖韡
內頁排版／立全電腦印前排版有限公司
印　　刷／中原造像股份有限公司
經　　銷／聯合發行股份有限公司　電話：(02) 29178022　傳眞：(02)2911-0053
新北市231新店區寶橋路235巷6弄6號2樓

■2017年9月5日初版
■2022年11月3日初版5.5刷
定價420元
Printed in Taiwan

Original title: The Songs of Trees


城邦讀書花園
www.cite.com.tw

 ISBN 978-986-477-300-8